彩色图版

焰熔法合成刚玉类宝石梨晶

焰熔法合成红宝石的弧形生长纹和气泡

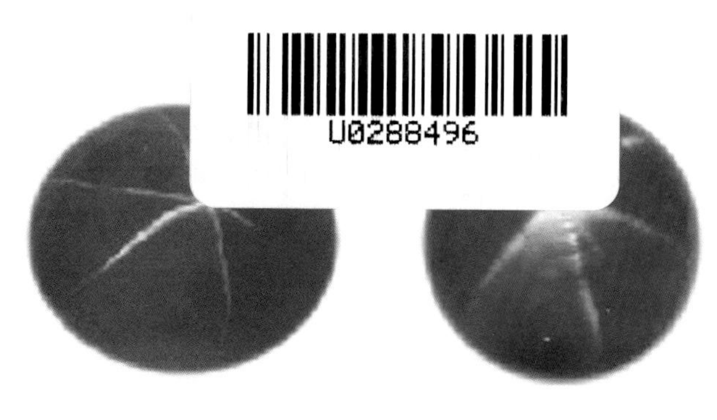

星光红宝石　　星光蓝宝石

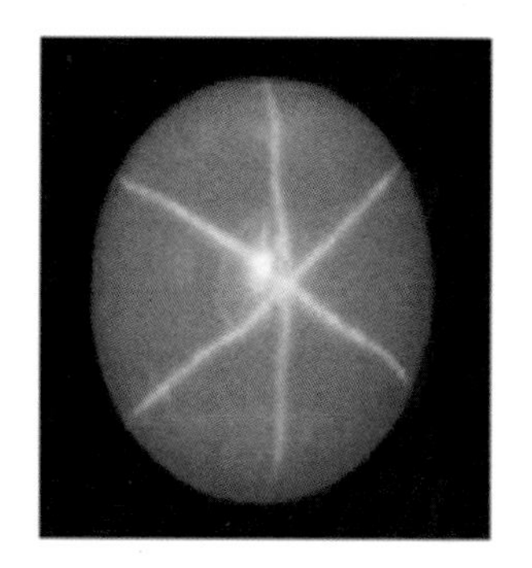

合成星光红宝石

合成星光蓝宝石

水热法合成红宝石内部的云烟状裂隙

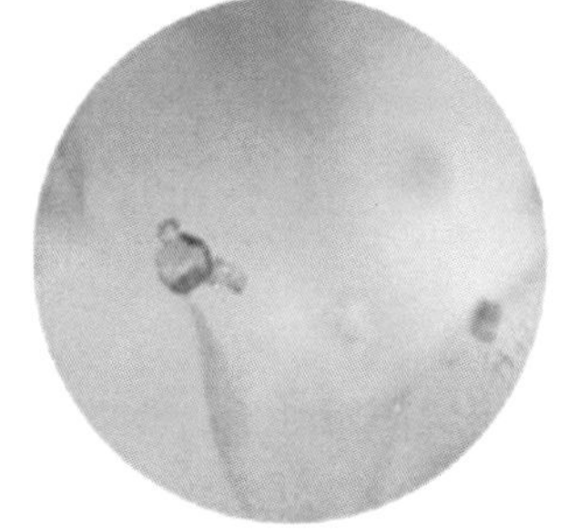

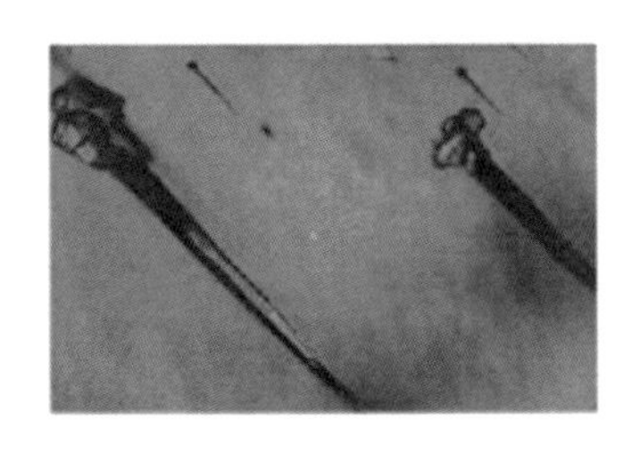

水热法合成祖母绿中的包裹体

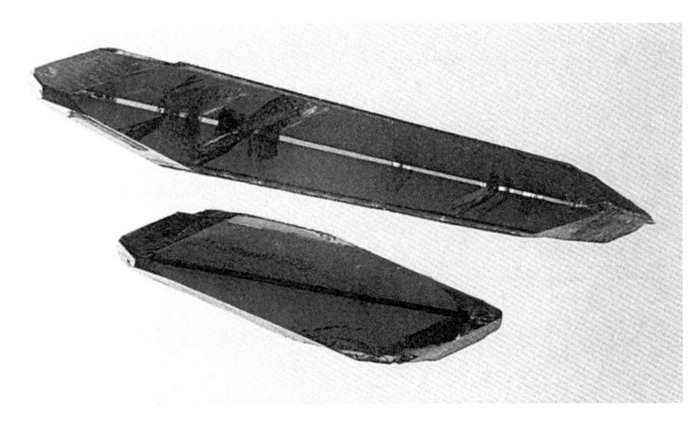

莫斯科晶体研究所水热法合成的红色绿柱石晶体和刻面成品

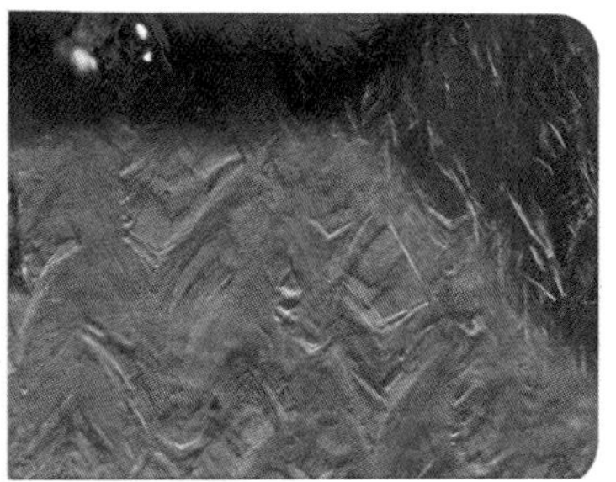

水热法合成红色绿柱石内部的 v 字形
交叉的生长纹（左 3X，右 9X）

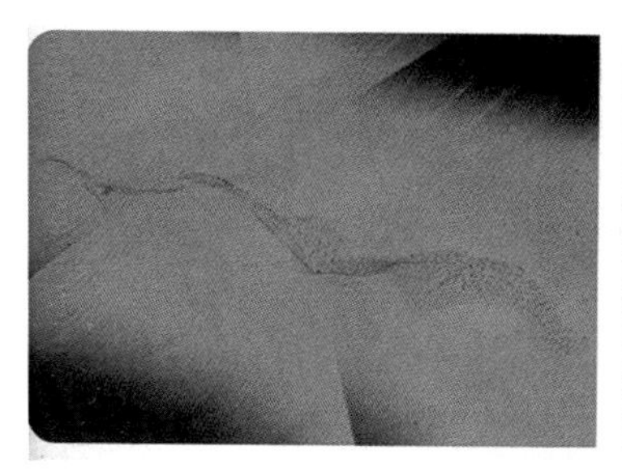

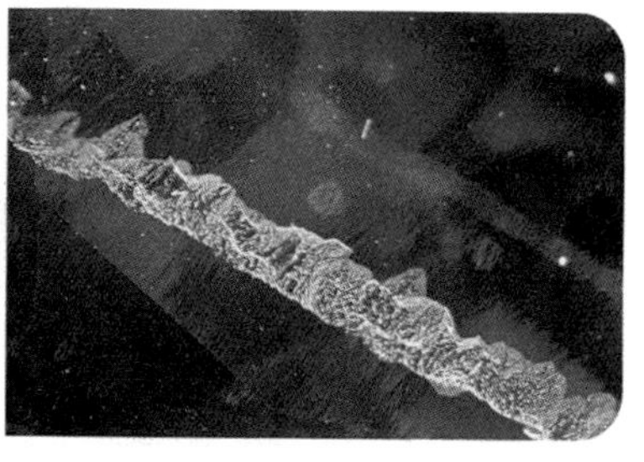

某些水热法合成红色绿柱石晶体内部的
愈合裂隙（左 8X，右 14X）

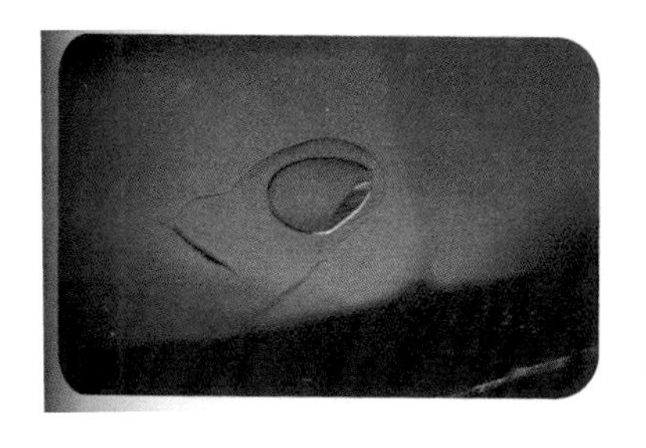

水热法合成红色绿柱石样品内部孤立的气液或固体包裹体（左 25X，中 20X，右 15X）

水热法合成红色绿柱石晶体内部籽晶附近的钉头状包裹体（左 40X，右 40X）

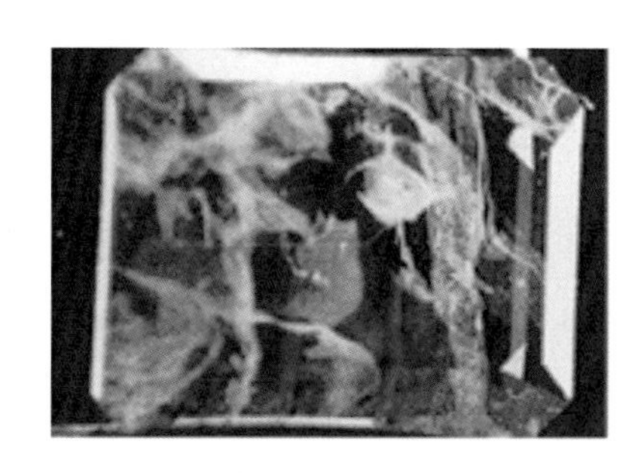

助熔剂法合成祖母绿中的
纱状和粗粒助熔剂包裹体

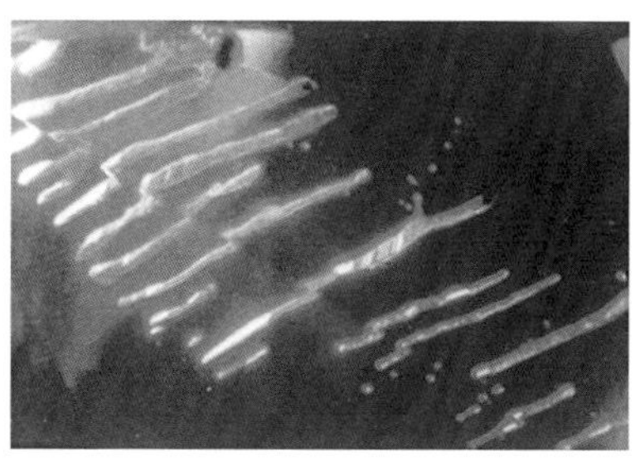

助熔剂法合成红宝石中的
平行条带状助熔剂包裹体

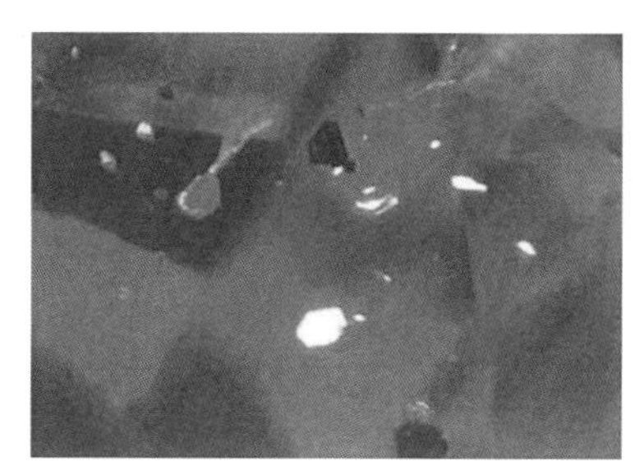

助熔剂法合成红宝石内部
的三角形、六边形铂片和未
熔的助熔剂包裹体

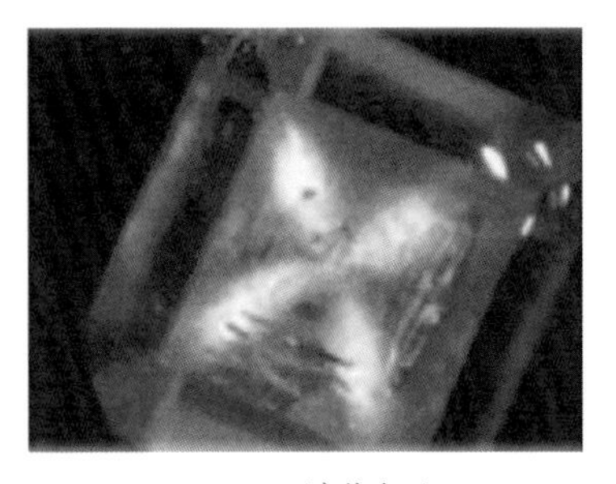

(a) 正交偏光下

(b) 紫外光下

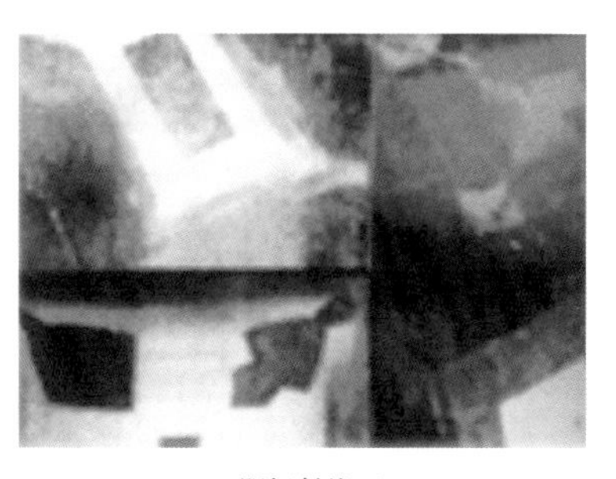

(c) 阴极射线下

合成钻石的异常双折射和发光特征

合成钻石的晶形及晶面特征

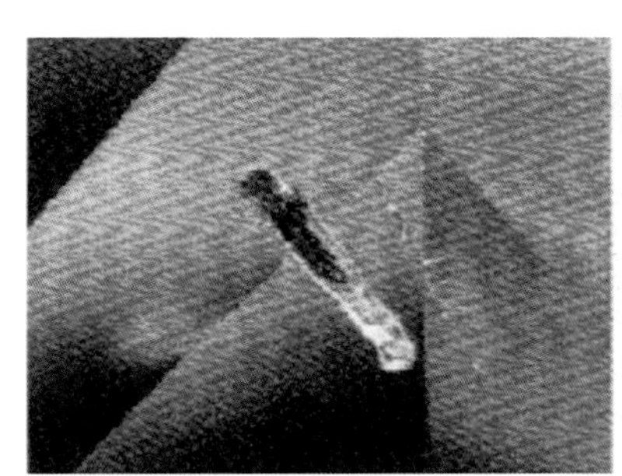

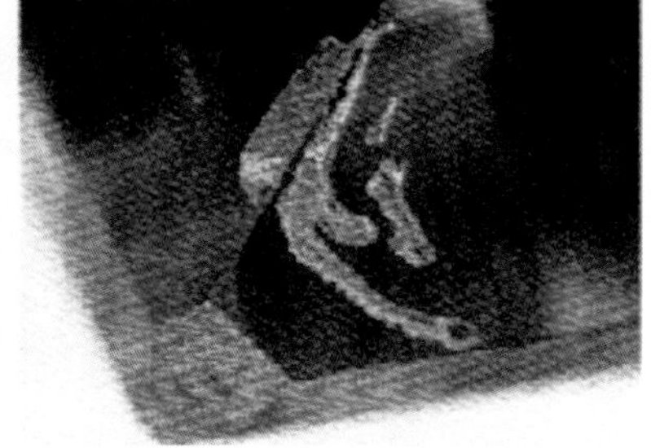

合成钻石的金属触媒包裹体

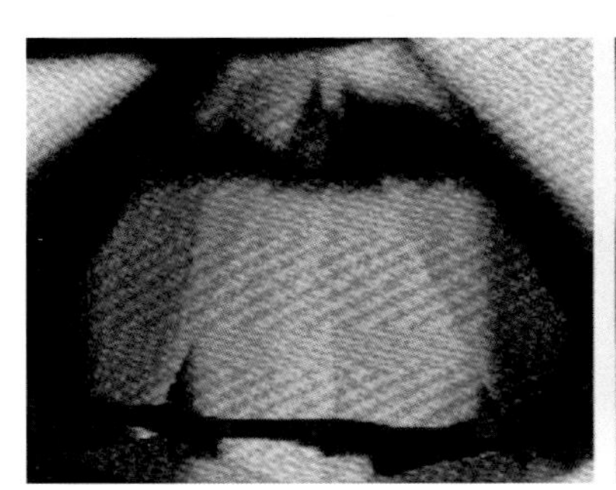

“BARS”法黄色合成钻石的色带

合成欧泊结构特征

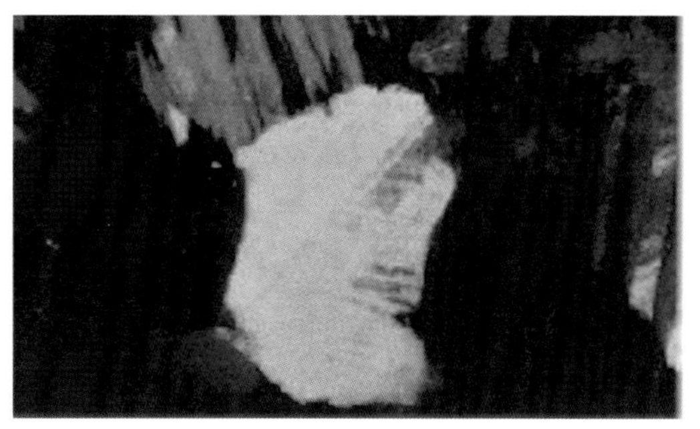

天然欧泊结构特征

HTHP 合成钻石

CVD 合成钻石

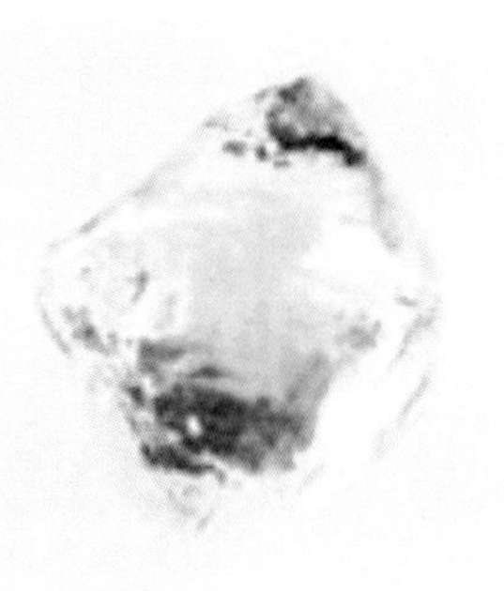

天然钻石

掺氮褐色 CVD 合成钻石

掺硼蓝色 CVD 合成钻石

高纯度 CVD 合成钻石

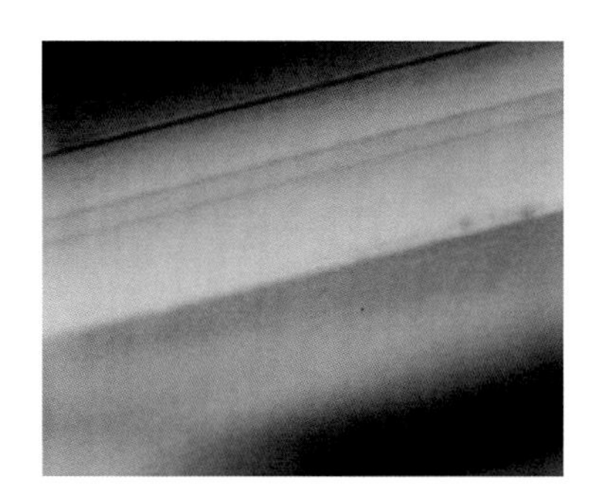

掺氮的褐色 CVD 合成
钻石中可见褐色的条带

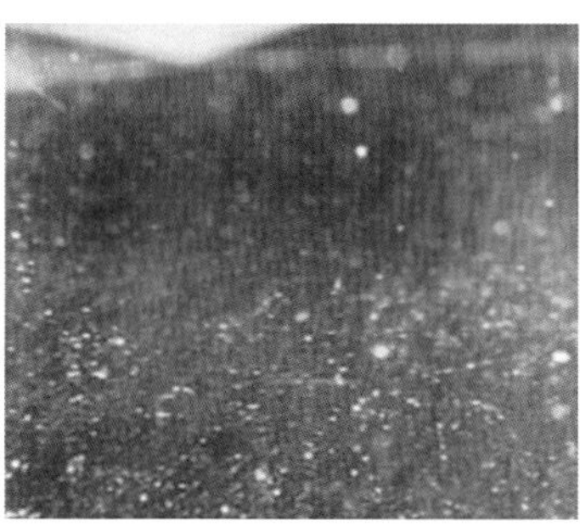

CVD 合成钻石中的针点状包裹体
和非钻石碳包裹体

合成碳硅石的重影

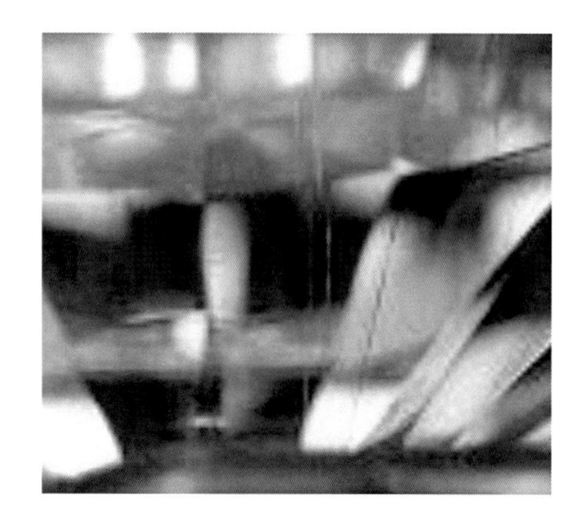

合成碳硅石的内部包裹体特征

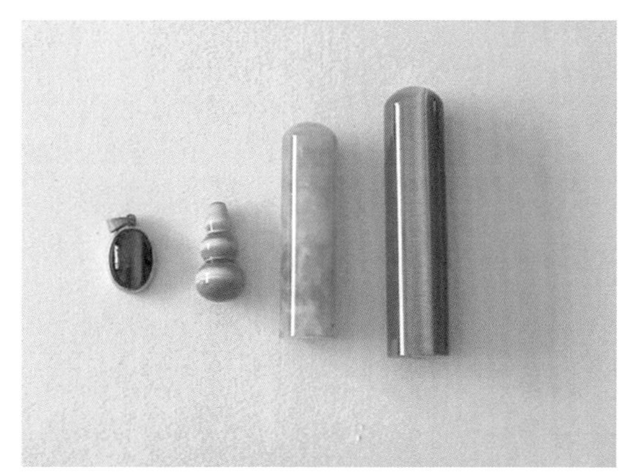

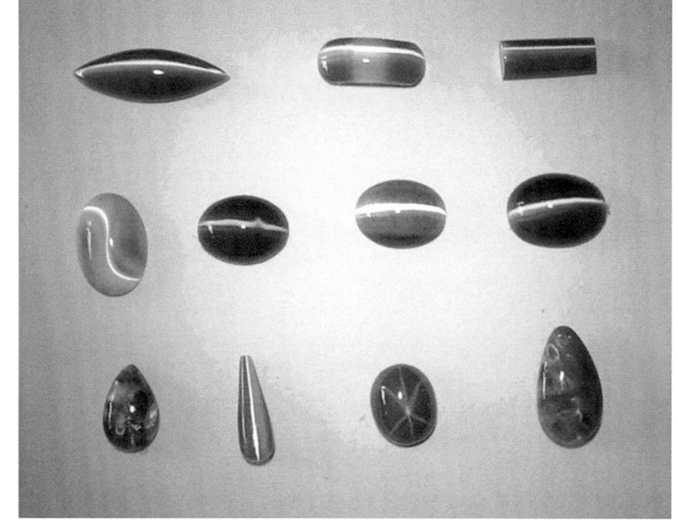

各种玻璃猫眼制品

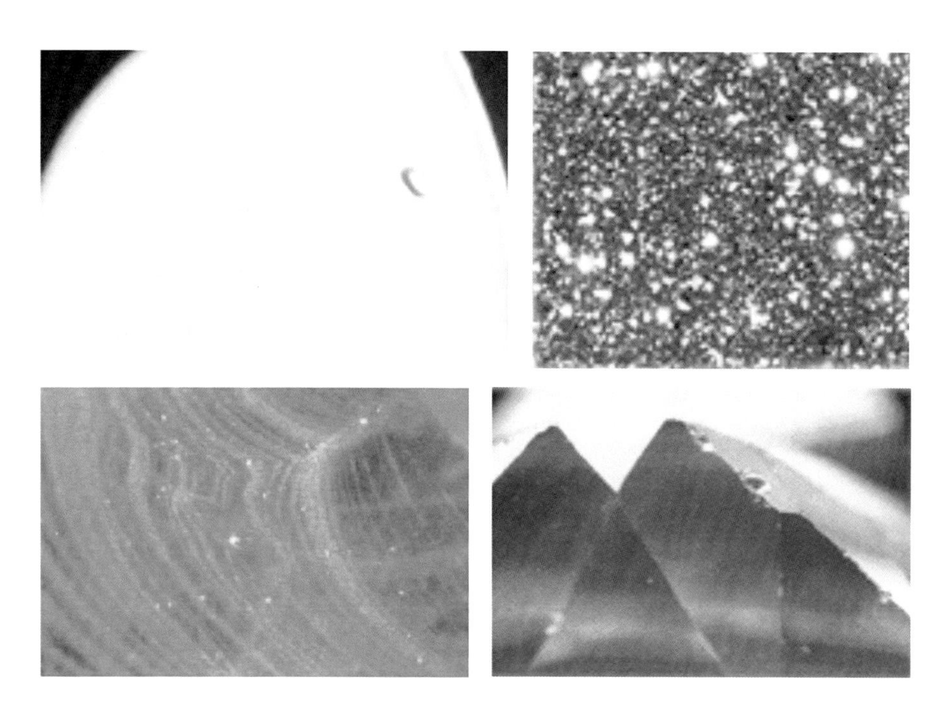

玻璃仿宝石制品中的气泡、铜粒包裹体、流纹状构造和粗糙断口

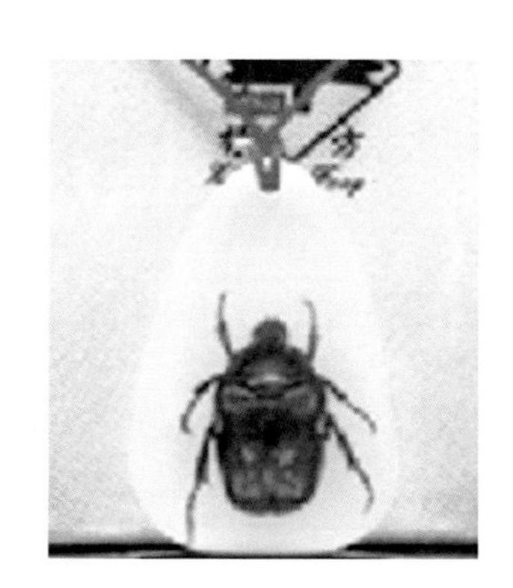

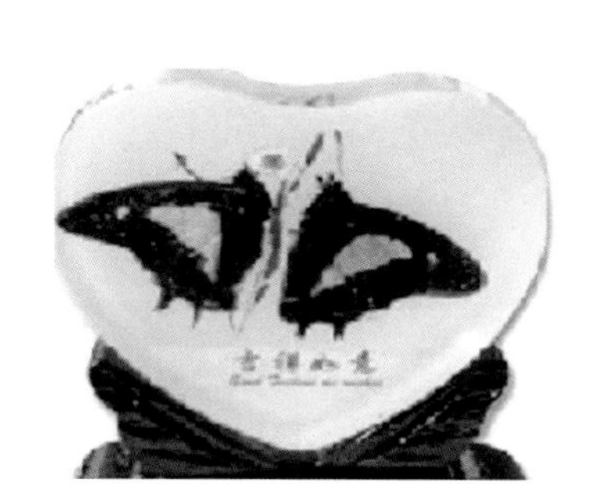

塑料仿琥珀制品

塑料仿欧泊制品

合成欧泊拼合石

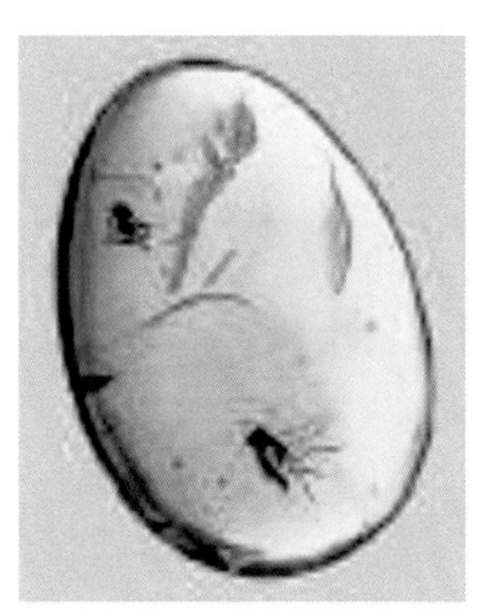

再造琥珀

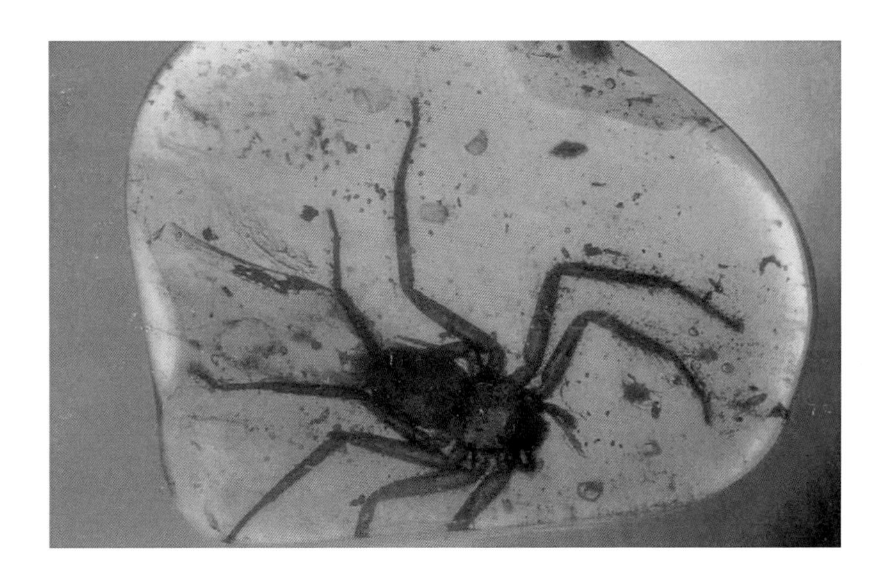

天然琥珀

合成立方氧化锆晶体

合成立方氧化锆刻面宝石

各种人工合成宝石晶体及切磨成品

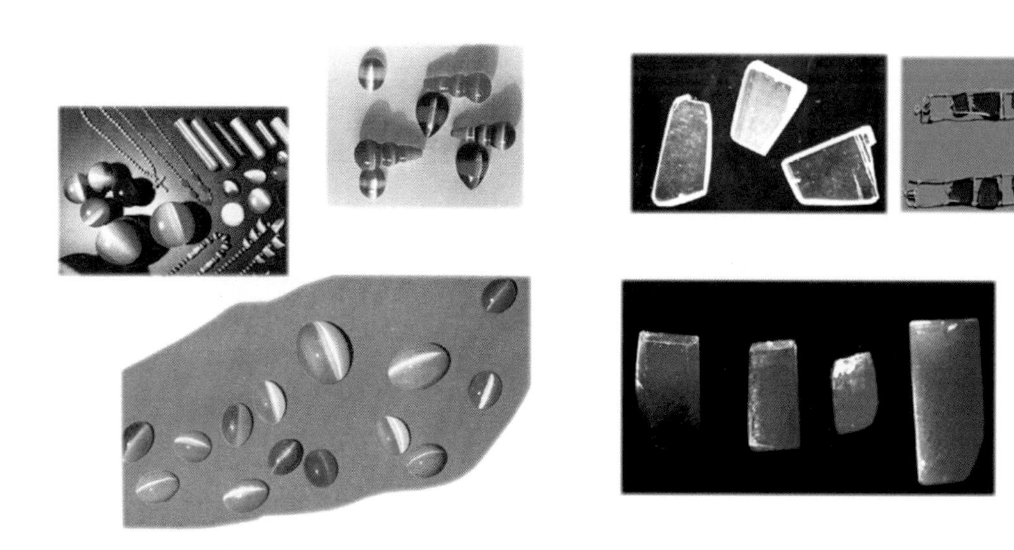

各种人造猫眼制品

广西桂林水热法合成红宝石和合成蓝宝石晶体

水热法生长水晶装置

合成欧泊拼合石（Flaming doublet）饰品

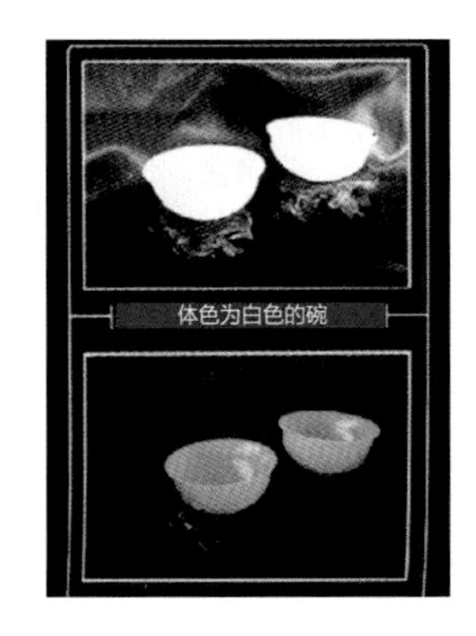

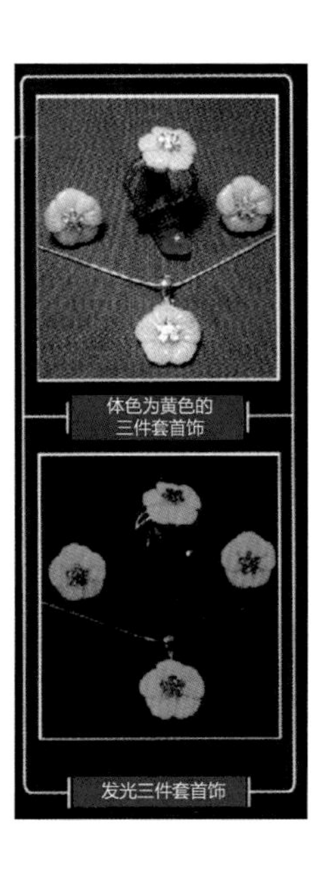

华隆亚阳公司生产的夜光宝石

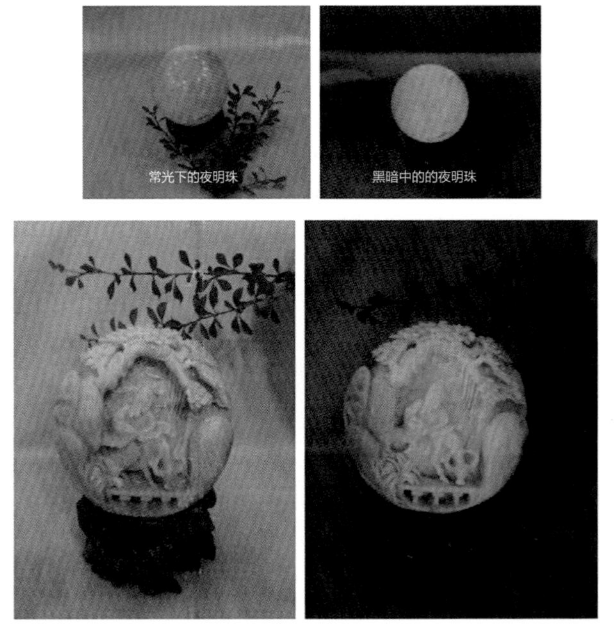

华隆亚阳公司生产的夜明珠（夜光宝石）

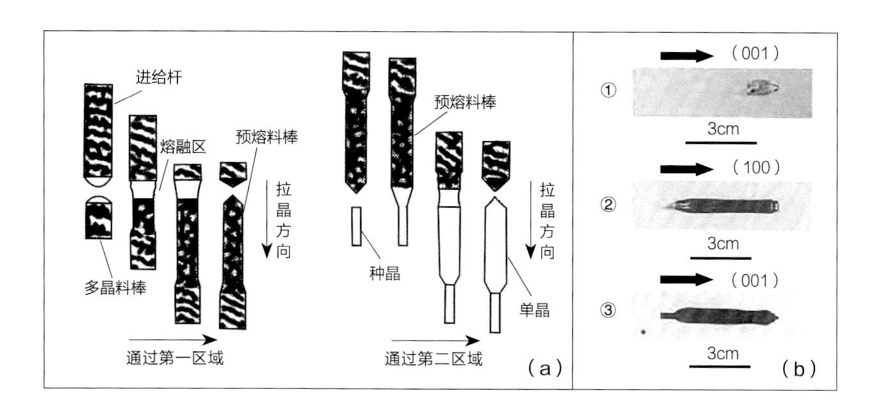

双通浮区法示意图（a）和
双通浮区得到的不同铁含量的橄榄石晶体（b）

玻璃猫眼

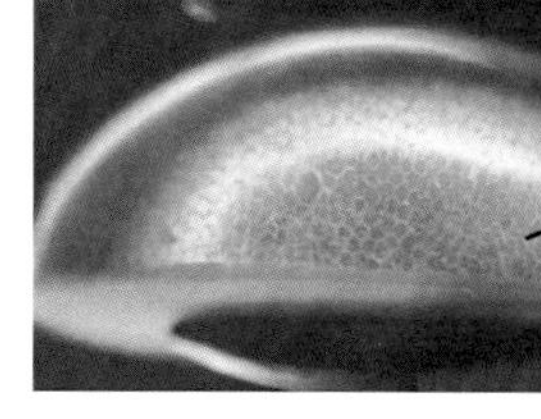

蜂窝状结构

20g 合成无色托帕石晶体

CVD 合成钻石

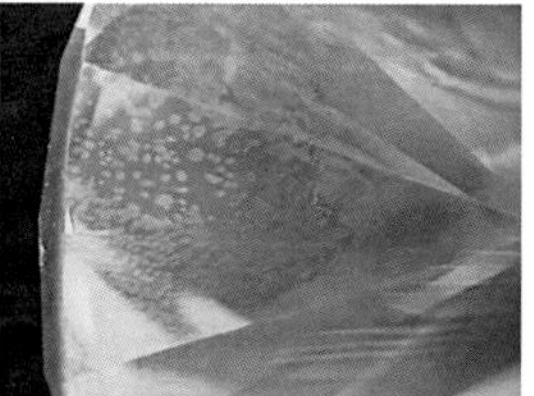

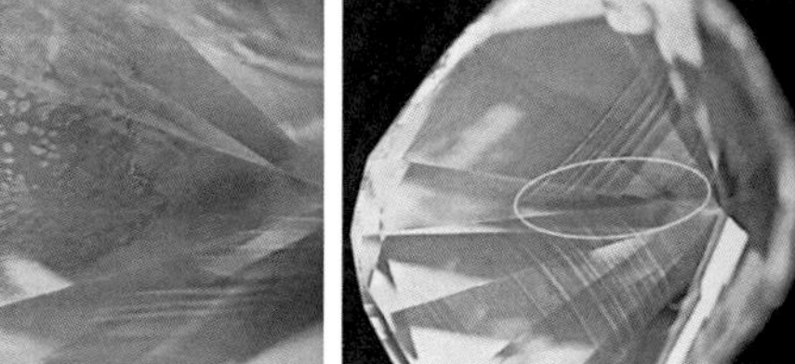

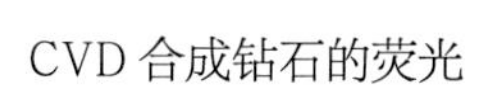

CVD 合成钻石的荧光

CVD 合成钻石中的包裹体

Gemsis HPHT 法合成黄色钻石

HPHT 法合成黄色金刚石

HPHT 法合成金刚石

HPHT 法合成蓝色金刚石

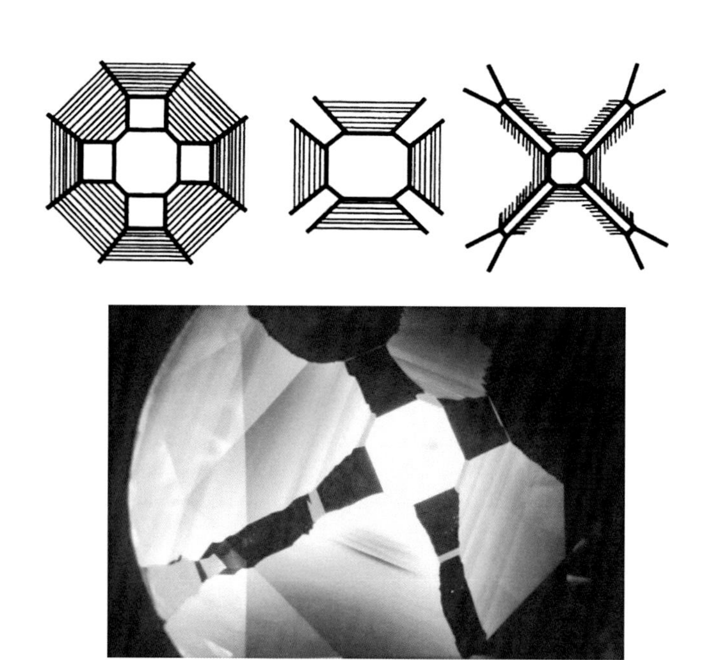

HPHT 法合成钻石的荧光

HPHT 法合成钻石（左）、CVD 法合成钻石（中）和天然钻石（右）

合成蓝宝石

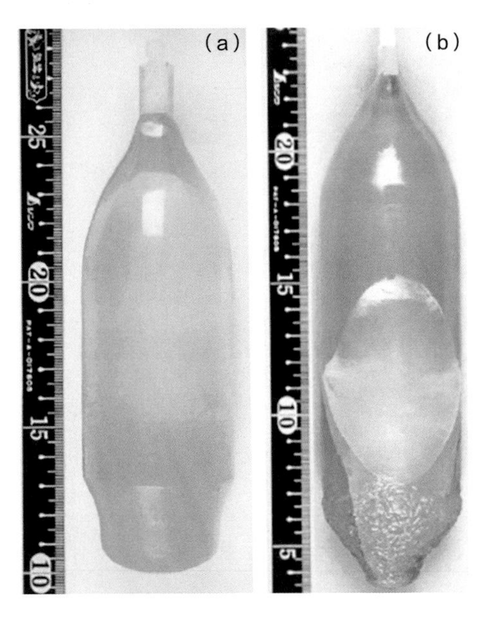

掺锰的镁橄榄石单晶

掺锰合成橄榄石刻面宝石

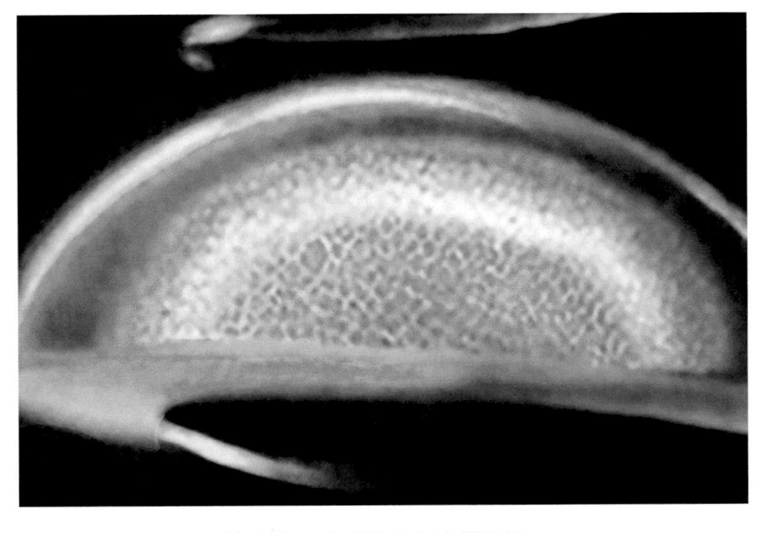

放大检查玻璃猫眼的蜂巢结构

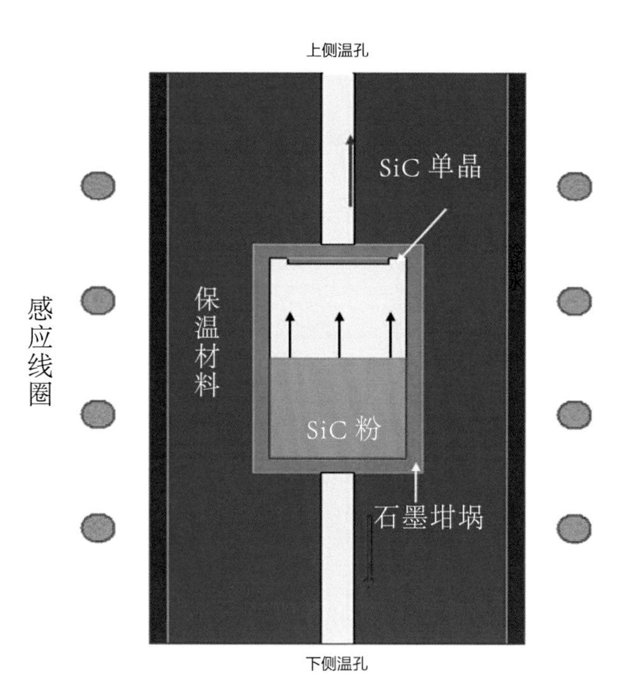

国内生产碳硅石单晶示意

合成红宝石

合成红宝石和合成蓝宝石

合成红宝石内部的弧形生长纹

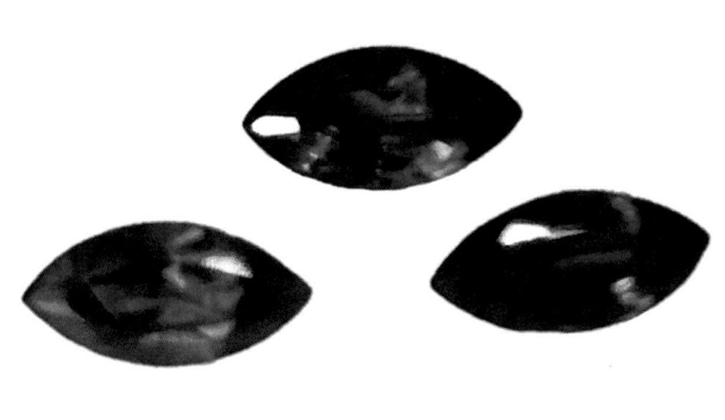

合成尖晶石

河南黄河旋风公司生长的 HPHT 黄色合成钻石

华晶 HPHT 温差晶种法生长无色小钻原石

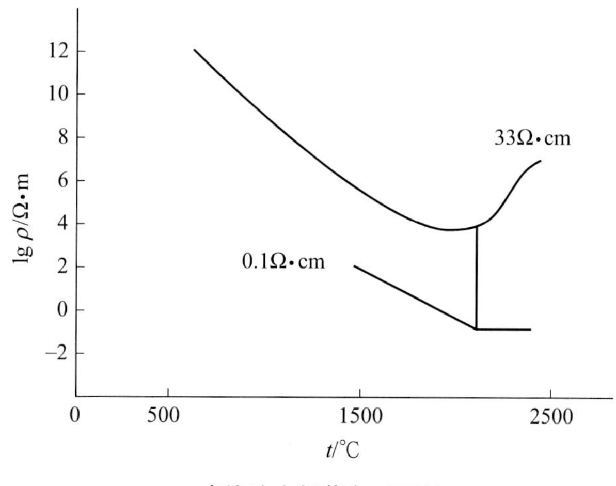

壳熔法生长蓝宝石原理

壳熔法生长无色蓝宝石晶体

壳熔法生长无色蓝宝石晶体的装置

泡生法合成的无色蓝宝石

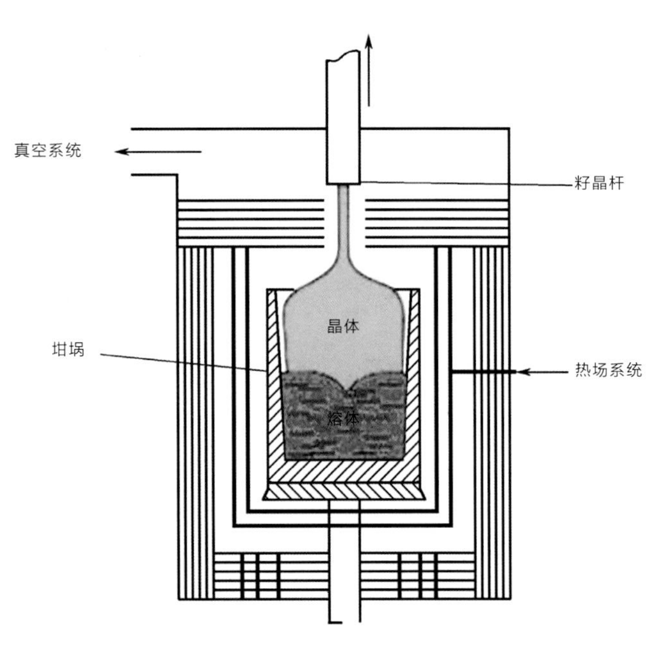

泡生法生长晶体原理

泡生法生长蓝宝石晶体

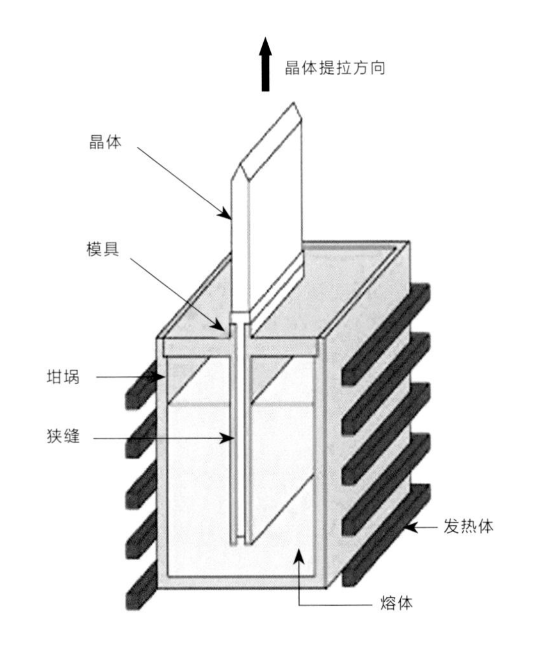

熔体导模法生长晶体示意

熔体导模法生长蓝宝石超大晶片

熔焰法生长的蓝宝石晶体

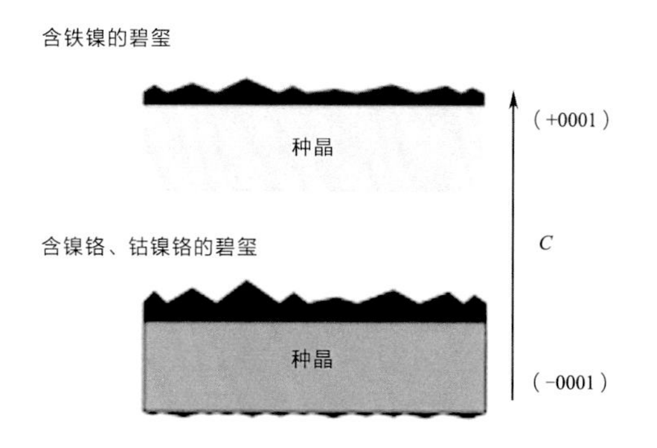

水热法合成碧玺示意

水热法合成的紫晶（带种晶片）

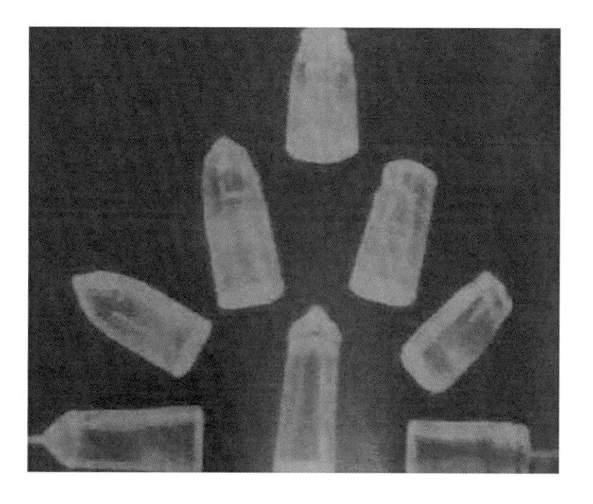

提拉法合成尖晶石晶体

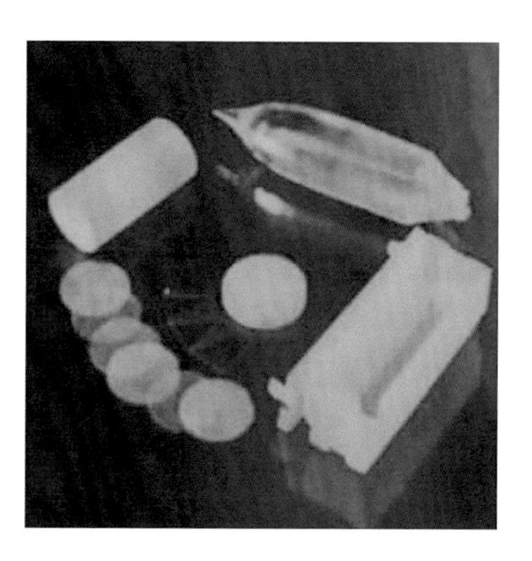

提拉法合成蓝宝石晶体

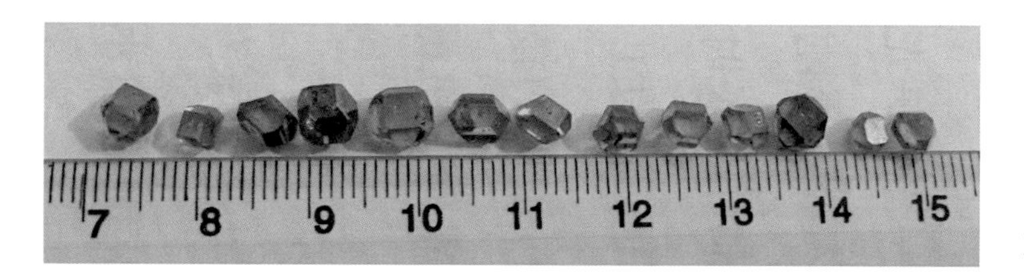

HPHT 法合成金黄色钻石原石

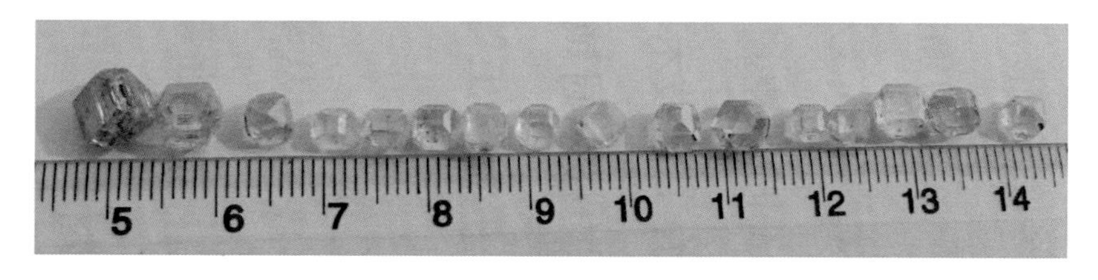

HPHT 法合成无色钻石原石

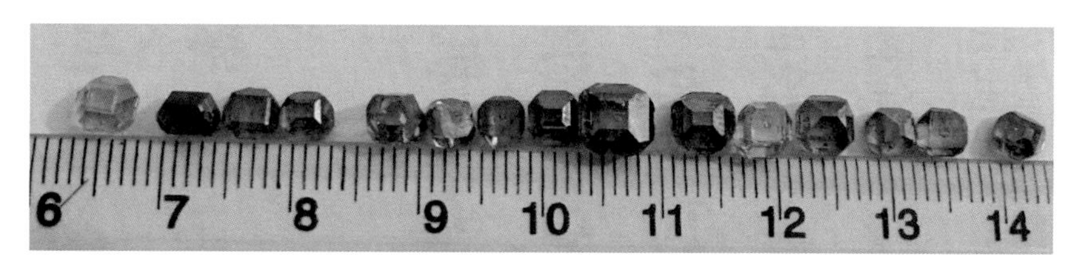

HPHT 法合成蓝色钻石原石

冷坩埚法生长的蓝宝石单晶

郑州华晶生长的 HPHT 法黄色合成钻石

郑州华晶生长的 HPHT 法无色合成钻石

中乌公司 HPHT 法工艺

宝石人工合成技术

第三版

何雪梅　沈才卿　编著

·北京·

内容提要

《宝石人工合成技术（第二版）》自出版以来已近十年，十年间，多种宝石合成技术有了长足的发展。本书在第二版的基础上结合近十年的最新进展，增加了水热法合成碧玺和托帕石、熔体泡生法合成蓝宝石、熔体热交换法合成蓝宝石等内容，并对人工合成红宝石、人工合成祖母绿宝石、人工合成水晶、人工合成绿松石晶体和CVD法合成钻石等内容进行了增补修订。

本书技术先进，内容全面，适宜从事人工宝石晶体合成的技术人员使用，也可供相关专业的师生参考。

图书在版编目（CIP）数据

宝石人工合成技术/何雪梅，沈才卿编著．—3版．—北京：化学工业出版社，2020.9（2024.4重印）

ISBN 978-7-122-37308-3

Ⅰ.①宝… Ⅱ.①何…②沈… Ⅲ.①宝石-人工合成 Ⅳ.①TQ164

中国版本图书馆CIP数据核字（2020）第113866号

责任编辑：邢　涛　　　　文字编辑：袁　宁　陈小滔
责任校对：王素芹　　　　装帧设计：韩　飞

出版发行：化学工业出版社（北京市东城区青年湖南街13号　邮政编码100011）
印　　装：北京盛通数码印刷有限公司
787mm×1092mm　1/16　印张14　彩插10　字数342千字　2024年4月北京第3版第6次印刷

购书咨询：010-64518888　　　　售后服务：010-64518899
网　　址：http://www.cip.com.cn
凡购买本书，如有缺损质量问题，本社销售中心负责调换。

定　　价：68.00元

前言

科学技术的发展促进了社会的进步和人民生活水平的提高，作为珠宝领域中科技含量较大的宝石人工合成技术也日新月异，近十年来取得了长足的进步和发展，出现了很多人工宝石新品种和新技术，许多原有的人工宝石产品更新换代，在外观、品质、大小和性能等方面均有了显著提高。作为国内全面介绍人工宝石知识的《宝石人工合成技术（第二版）》已经陪伴广大读者走过了近十年的时间，为顺应科技的发展和读者的需求，尤其是全国高等院校师生课程教学的需要，我们开展了对本书的再次修订工作，主要修订内容如下。

① 根据最新颁布的国家标准《珠宝玉石名称》（GB/T 16552—2017），对原书中的概念和定义进行了修正，与国家标准保持一致。

② 在第一章概论部分补充了“人工宝石的发展历程”一节，补充了近年来人工宝石发展的相关内容，并考虑到知识的衔接，将“世界人工宝石发展历程简表”置于该节内容中，便于读者直观了解。

③ 根据人工宝石合成技术的特点，对重点章节进行了调整。例如，将原书的“晶体提拉法生长宝石晶体”和“熔体导模法生长宝石晶体”两章合并，并补充了“熔体泡生法”和“熔体热交换法”的新内容，将此四种属于狭义熔体法生长宝石晶体的方法各成一节归为新的一章（即“第六章　熔体法生长宝石晶体”）进行介绍，既可以丰富熔体法生长宝石晶体的内容，扩展对熔体法正确认知的知识面，还可以对四种方法进行对比学习，便于知识点的理解掌握。此外，还将原书属于广义熔体法的“冷坩埚熔壳法生长宝石晶体”和“区域熔炼法合成宝石晶体”两章合并，并将其各自的技术名称改为行业中更常用、更贴切的名称——壳熔法和浮区法，合并后的章节为“第七章　壳熔法和浮区法生长宝石晶体”。

④ 将近十年来人工宝石领域的最新研究成果（包括新技术和新品种），分门别类补充到本书的不同章节（包括附录）中，如增加了水热法合成托帕石、水热法合成碧玺、晶体提拉法合成镁橄榄石晶体、浮区法合成铁橄榄石晶体的生长工艺、熔体泡生法合成无色蓝宝石、熔体热交换法合成蓝宝石和壳熔法合成无色蓝宝石等新内容，并对高温高压法和CVD法合成钻石以及CVD法合成碳硅石方面近年来的新进展进行了补充。

⑤ 在原有内容的基础上，增添了一些生长装置和原理示意图，以及生长出的晶体和切磨好的成品彩图。

新版内容，力求图文并茂，相信能够使广大读者更加直观地认知人工宝石和合成技术，并及时了解人工宝石领域的新进展和新动态。

在本书的再版过程中，研究生连圆亚、张天翼协助完成了新内容的资料收集和图片的整理工作，王笃福、苑执中和廖永健为本书提供了大量图片，在此一并表示感谢！

由于编著者水平有限，书中内容难免存在不足之处，欢迎读者批评指正。

何雪梅
2020 年 3 月

目 录

第一章 概论

宝石以其特有的晶莹剔透、色彩缤纷、光彩夺目的属性，一直是人们追求和寻觅的对象。在西方，宝石饰物从某种意义上来说是衡量一个人财富和社会地位的标志之一；在我国古代，宝石也是财富和权力的象征。随着社会的发展和进步，时至今日，宝石已成为大众消费品，进入了平常百姓家。这里所说的宝石大多为取自自然界的一些矿物，这些矿物晶莹绚丽，具有独特的美和神奇的魅力。但是，天然宝石资源并不是取之不尽、用之不竭的，随着天然宝石的不断开采，其储量将会不断减少，并逐渐呈现枯竭之势，而人们对宝石的需求量却在不断地增加。这种需求与供给之间越来越大的差距促使人们尝试着用人工合成的方法制造宝石，以弥补天然宝石资源不足的缺陷。多年来，在人们坚持不懈的努力下，人工宝石真的应运而生了。

随着科学技术的发展，人工合成宝石技术得到了飞速的发展，人工宝石的品种和数量也在不断增多，人工宝石的市场在日益扩大。迄今为止，人工宝石已成为宝石学的一个重要组成部分，并迅速发展成为集科研、生产和销售为一体的产业。

第一节 人工宝石的概念、分类及定名

一、人工宝石的概念

人工宝石是相对于天然宝石而言的，是为缓解天然宝石供需矛盾而产生和发展的产物，是人工制作而非天然产出的宝石。根据目前我国实施的国家标准《珠宝玉石名称》(GB/T 16552—2017）的规定，人工宝石（manufactured products）的定义是：完全或部分由人工生产或制造用作饰品的材料（单纯的金属材料除外)。换句话说，人工宝石是指人们运用现代科学技术的基本原理和方法，选用适宜的原材料，通过合理的工艺、技术流程，在实验室或工厂里制造出来的用作首饰及装饰品的材料，不包括单纯的金属材料。

二、人工宝石的分类

按照我国国家标准规定，人工宝石分为合成宝石、人造宝石、拼合宝石和再造宝石。

（一）合成宝石（synthetic stones)

完全或部分由人工制造且自然界有已知对应物的晶质体、非晶质体或集合体，其物理性质、化学成分和晶体结构与所对应的天然珠宝玉石基本相同。定名时必须在其所对应的天然

珠宝玉石名称前加“合成”二字，如“合成红宝石”“合成祖母绿”等。例如：合成红宝石和合成蓝宝石的化学成分为 Al_2O_3，矿物名称为刚玉，六方晶系，硬度 9，密度 3.90～4.00g/cm^3，折射率 1.762～1.778。由此可见，其物理性质、化学性质及光学特征均与天然红宝石和蓝宝石基本相同，因此可被称为合成宝石。

需要说明的是，在珠宝玉石表面再生长与原材料成分、结构基本相同的薄层，此类宝石也属于合成宝石，又称再生宝石（synthetic gemstone overgrowth）。

据不完全统计，现今世界上已研究成功并投入批量生产的合成宝石多达 30 多种，其中特别重要的有 10 余种。

（二）人造宝石（artificial stones）

由人工制造且自然界无已知对应物的晶质体、非晶质体或集合体。定名时必须在材料名称前加“人造”二字，如“人造钆镓榴石（GGG)”“人造钇铝榴石（YAG)”，但玻璃、塑料除外。人造宝石具有宝石的属性，可以用作宝石饰物，主要用于代替或仿造某种类型的天然宝石，如人造钛酸锶、人造钇铝榴石、人造钆镓榴石以其高色散的特性，常用于仿钻石。另外，近年来我国生产的加稀土元素改性的高折射率玻璃基质宝石以及玻璃基质的仿猫眼宝石、仿绿松石和仿珊瑚等材料，也属于人造宝石范畴。

值得指出的是：以前人们认为自然界中不存在立方相构型的氧化锆，合成立方氧化锆曾一度被列入人造宝石范畴，但根据珠宝玉石国家标准释义“立方氧化锆这类物质曾发现于天然锆石的包裹体中”，并且美国宝石学院（GIA）的《宝石参考书指南（Gem Reference Guide)》一书也将传统的所谓“人造立方氧化锆”划归为合成宝石。因此，人工生产的立方氧化锆应称之为“合成立方氧化锆”，属合成宝石范畴。

（三）拼合宝石（composite stones）

由两块或两块以上材料经人工拼合而成，且给人以整体印象的珠宝玉石，简称“拼合石”。有两种定名方式：一是逐层写出组成材料名称，并在组成材料名称之后加“拼合石”三字，如“蓝宝石、合成蓝宝石拼合石”；二是以顶层材料名称加“拼合石”三字，如“蓝宝石拼合石”。

此外，由同种材料组成的拼合石，在组成材料名称之后加“拼合石”三字，如“锆石拼合石”。而对于分别用天然珍珠、珍珠、欧泊或合成欧泊为主要材料组成的拼合石，分别用拼合天然珍珠、拼合珍珠、拼合欧泊或拼合合成欧泊的名称即可，不必逐层写出材料名称。

（四）再造宝石（reconstructed stones）

通过人工手段将天然珠宝玉石的碎块或碎屑熔接或压结成具有整体外观的珠宝玉石，可辅加胶结物质。定名时在所组成天然珠宝玉石名称前加“再造”二字，如“再造琥珀”“再造绿松石”等。

本书重点介绍人工宝石中占绝大多数的合成宝石和人造宝石两大类。对于拼合宝石及再造宝石，由于其所占比例较少，本书仅作简单介绍。

三、人工宝石的定名原则

有关人工宝石的名称，在行业内外一直比较混乱。为了规范市场，我国的国家标准中制定了相关的定名原则，并特别提出了一些“不参与定名因素”，归纳起来主要有 4 条：

① 禁止使用生产厂或制造商的名称直接定名，如“查塔姆（Chatham）祖母绿”“林德

(Linde) 祖母绿”等；

② 禁止使用生产国名或地名参与定名，如“苏联钻”“奥地利钻”等；

③ 禁止使用易混淆或含混不清的名词定名，如“鲁宾石”“红刚玉”“合成品”等；

④ 不允许用生产方法参与定名，如“焰熔法红宝石”“水热法祖母绿”等。

关于仿宝石 (imitation stones)，国家标准的定义是：用于模仿某一种天然珠宝玉石的颜色、特殊光学效应等外观特征的珠宝玉石或其他材料称为仿宝石。“仿宝石”一词不能单独作为珠宝玉石的名称使用。定名时应在所模仿天然珠宝玉石名称前，冠以“仿”字，如“仿祖母绿”“仿珍珠”等；或者应尽量确定给出具体珠宝玉石名称，且采用下列表示方式，如“人造钇铝榴石”或“仿祖母绿（人造钇铝榴石）”“玻璃”或“仿水晶（玻璃）”。

“仿宝石”一词使用时应注意以下几点：

① 仿宝石不代表珠宝玉石的具体类别；

② 当使用“仿某种珠宝玉石”（例如“仿钻石”）这种表示方式作为珠宝玉石名称时，意味着该珠宝玉石：a. 不是所仿的珠宝玉石（如上例，“仿钻石”不是“钻石”）；b. 具体模仿材料有多种可能性（如“仿钻石”可能是玻璃、合成立方氧化锆、合成碳硅石或水晶等）。

第二节　人工宝石的合成技术

随着社会的进步和科学技术的发展，人工宝石的合成方法和技术手段也在不断增多与更新，有的宝石还可以用多种方法合成生长。目前，常用的人工宝石合成技术主要有以下几种。

一、焰熔法

焰熔法是使原料粉末在氢氧焰中，边投入边熔融而结晶生成宝石晶体的方法。由于此法是法国的 A. 维尔纳叶 (A. Verneuil) 在 1902 年发明的，所以又称“维尔纳叶法”。这是目前合成宝石的主要方法之一。现今的合成红宝石、合成蓝宝石、合成彩色尖晶石、合成金红石、合成星光红宝石、合成星光蓝宝石及人造钛酸锶等宝石大多用此法制得。

二、水热法

水热法也称热液法，是在密封的高压容器内，从水溶液中生长出晶体的方法，在一定程度上再现了地下热液矿床矿物结晶的过程。用此法合成的宝石有合成水晶、合成祖母绿、合成红宝石、合成蓝宝石、合成海蓝宝石等。

三、助熔剂法

助熔剂法是在常压高温下，借助助熔剂的作用在较低温度下加速原料的熔融，从熔融体中生长出宝石晶体的方法。此法在一定程度上模拟了自然界的岩浆分异结晶成矿过程。通常某些文献中所提及的“卡善 (Kashan)”合成红宝石、“查塔姆”合成祖母绿以及市场上出现的某些人造钇铝榴石、人造钆镓榴石、合成金绿宝石、合成蓝宝石、合成尖晶石等，均可用此法生产。

四、晶体提拉法

晶体提拉法也称丘克拉斯基（Czochralski）法，是一种直接熔化宝石原料，然后利用种晶从熔体中提拉出宝石晶体的方法。适用于合成红宝石、合成蓝宝石、合成星光红宝石、合成星光蓝宝石、合成变石、人造钇铝榴石、人造钆镓榴石等宝石晶体的生长。

五、熔体导模法

熔体导模法也称斯切帕诺夫（Степанов A. B.）法，是晶体提拉法的变种，是利用模具和籽晶（种晶）从熔体中提拉出宝石晶体的方法。主要用于生长合成红宝石、无色合成蓝宝石、合成金绿猫眼宝石等。

六、熔体泡生法

熔体泡生法也称基罗波洛斯法（Kyropoulos method），也是晶体提拉法的变种，通过改变提拉速度和位移，有效地解决了晶体提拉法不能拉大直径晶体的问题。主要用于生长优质无色合成蓝宝石大晶体。

七、熔体热交换法

熔体热交换法（heat exchanger method），可简称 HEM 法，是通过控制温度，让熔体在坩埚内直接凝固结晶出晶体的方法。主要用于生长优质合成蓝宝石大晶体。

八、浮区法

浮区法是区域熔炼法的一种，是将原料逐区熔融并重结晶而生长出宝石晶体的方法。用此法可生长出合成刚玉类宝石、合成变石和人造钇铝榴石等。

九、壳熔法

壳熔法也称冷坩埚熔壳法，主要用于生产合成立方氧化锆（CZ）晶体和合成蓝宝石晶体。其原理与熔体法相近，但具体方法及工艺过程较为复杂。

十、高温超高压法

高温超高压法是在高温超高压条件下，模拟变质成矿过程合成宝石的方法。常用于合成金刚石、合成翡翠等。

十一、化学沉淀法

化学沉淀法是一种经化学反应和沉淀（或沉积），进而加热加压合成非单晶质宝石的方法，如合成欧泊、合成绿松石等。另外，用于生产合成金刚石薄膜的化学气相沉淀（CVD）法以及合成碳硅石单晶生长技术，也归属于此类。

十二、其他方法

主要是指利用玻璃、陶瓷、塑料或其他材料制作人造宝石（如玻璃仿猫眼宝石、玻璃仿绿松石、玻璃仿欧泊、塑料仿琥珀、玻璃或塑料仿珍珠、人造夜光宝石等）和拼合宝石（蓝宝石拼合石、红宝石拼合石、欧泊拼合石和石榴石拼合石等）以及再造宝石（再造琥珀、再造绿松石等）的方法。

各种人工宝石的生长和制造往往需要采取不同的晶体生长工艺来实现，而各种人工宝石的合成方法又各有其制作原理、生产工艺和设备的特点。不同的方法有时能够生长出相同的宝石晶体，但某些宝石晶体目前只能用某种方法进行生长，其他方法不能代替。例如，合成红宝石晶体可以采用焰熔法或助熔剂法，也可以采用丘克拉斯基法；而合成立方氧化锆（CZ）晶体只能采用冷坩埚熔壳法；合成钻石也只能用高温超高压法；合成水晶只能用水热法；等等。

根据不同人工宝石合成技术的发展规模和其在人工宝石领域中的不同地位，我们在以后的章节中将有侧重地分别予以介绍。

第三节　宝石人工合成的四个阶段及产品的检验

一、宝石人工合成的四个阶段

众所周知，几乎所有天然宝石都是结晶体物质，且其中的大多数又是单晶体物质，因此，研究人工宝石的历史也可以说是不断开发晶体生长技术的发展史。一般来说，任何一项宝石人工合成过程都必须经历如下四个阶段。

第一阶段：了解和掌握相应天然宝石的性质以及在自然界成矿的条件，为选择人工合成宝石的方法提供理论依据。例如，1797 年人们已经认识到钻石（金刚石）是由碳原子所构成，并且具有立方晶体结构，后来又认识到钻石是在高温超高压条件下形成的；而对于欧泊，直到 1946 年人们才掌握了它的基本结构，是由密集排列整齐的 SiO_2 小球堆积而成的，这一发现为合成欧泊宝石提供了依据。

第二阶段：通过一些特殊的技术和方法制作出极小的晶体。例如，用焊接喷枪嘴烧熔 Al_2O_3 粉制作出极小的红宝石晶体，由此证明用某种方法能够人工合成出某种宝石的可能性，并为继续研究提供动力和增强信心。

第三阶段：进行多种方法的尝试，并对工艺方法的现实可行性及其经济效益进行评估，逐步发展成为较为成熟、切实可行的工艺方法。在这一阶段，通常对于晶体的尺寸和缺陷的改进考虑不多。

第四阶段：进一步对选定的晶体生长工艺方法进行细致而科学的研究，精确地确定各种晶体生长参数，保证晶体能够生长到足够大的尺寸，并克服各种晶体生长缺陷以达到能琢磨出精美宝石的水平。

二、人工宝石产品的检验

宝石人工合成是否获得成功，或者说人工合成的产品能否作为设计的宝石应用，还必须经过以下严格的检测。

（一）结构分析

首先要对合成出的产品进行结构的检测和分析，可以采用 X 射线衍射分析、红外光谱分析等，检测合成出的产品是否是晶体，以及能否定名为所设计宝石的相对应矿物。例如设计合成的是红宝石，红宝石所对应的天然矿物是刚玉，因此需要对生长出的红色材料进行结构分析。如果分析结果为刚玉结构，说明该红色材料具有所希望得到的红宝石的结构，该红色材料可初步定名为合成红色刚玉矿物；反之，则说明合成出的红色材料不具有红色刚玉的结构，合成出的不是红色刚玉，更不可能是红宝石。

（二）成分分析和物理化学性质测定

在结构分析确定合成产品是设计宝石相对应矿物的前提下，进一步对合成出的产品进行成分分析和物理化学性质（包括折射率、密度、硬度、光性、吸收光谱、荧光等）的测试，若测试结果与天然宝石矿物的成分基本一致，并且物理化学性质非常接近，才能肯定合成宝石的相对应矿物已合成成功。例如对上述生长出的红色材料进行成分分析和物理化学性质测试，若其化学成分主要为 Al_2O_3 和少量的 Cr_2O_3，并且其折射率为 1.762～1.778，密度为 $4.00g/cm^3$，硬度 9，呈现非均质体的光性特征，以上特征和性质与天然红刚玉矿物基本相同，只有吸收光谱和荧光特征与天然红刚玉略有不同，则说明合成出的产品即为合成红色刚玉矿物。

（三）检验是否达到宝石要求

合成宝石相对应矿物能否作宝石用，还必须用宝石的指标来衡量，包括颗粒度大小、颜色、透明度、裂绺和包裹体等，达到宝石使用指标的才能宣布某种人工合成宝石合成成功。例如，进一步对上述红色材料进行检验，若晶体透明、颜色鲜艳、内部裂隙和包裹体少，并且颗粒度达到了宝石的加工尺寸大小，则表明生长出的红色刚玉材料已达到宝石的要求，可以声明采用该工艺方法生长出的合成红宝石已获得成功。

成功的合成宝石在矿物成分、内部结构、折射率、色散、密度和硬度等方面与其相对应的天然宝石是基本相同的，如合成红宝石、合成蓝宝石、合成祖母绿、合成尖晶石、合成水晶等。

人工宝石与人工晶体或人造矿物既有联系也有区别。只有当人工晶体或人造矿物达到宝石的要求（即颜色漂亮、透明度好、硬度高、晶体大小符合宝石加工工艺条件等）时，才能被称为人工宝石。

因为人工宝石是天然宝石的代用品，所以要求人工宝石尽可能与天然宝石相接近，越逼真越好。人工宝石合成技术经历了近百年的研究和发展后，目前工艺日趋完善，产品几乎达到了与天然宝石真假难辨的境地。人工宝石是人类智慧的结晶，其中的珍品具有色泽艳丽、纯净无瑕、质地优良、艺术造型美观优雅等特点，深受人们的喜爱。

至 20 世纪 70 年代，各种人工宝石合成技术已基本成熟。20 世纪 70 年代至今，人工宝石合成技术更是日新月异，技艺高超。如 20 世纪 90 年代，美国和我国桂林用水热法生产的红宝石，不仅外观颜色、透明度等光学性质与天然红宝石相同，而且包裹体特征也与天然红宝石极为相似，足以达到以假乱真的境地，在整个宝石业内引起了很大的反响。

第四节 人工宝石的价值和价格

一、人工宝石的价值

众所周知，作为宝石应具备“美丽”“耐久”“稀少”三要素，并因此具有装饰、保值、货币、药用、收藏和鉴赏等多方面的价值。人工宝石与天然宝石相比，更侧重于“美丽”的特征和具有装饰的价值。就美丽和装饰而言，人工宝石可以与天然宝石相媲美，有时甚至超过了天然宝石。但在其他方面，人工宝石则显得稍有逊色。这是因为人工宝石可以在短时期内从实验室或工厂里被大量生产出来，而不像天然宝石那样往往经历了数百万年以上的时间才能形成，并且产量极其有限。然而就人工宝石与天然宝石的总量来比较，人工宝石仍不失“稀少”的特性，目前许多著名的人工宝石，由于其年代久远，随着时间的推移，其价值在不断提高，有些甚至可以达到收藏的水平，如 1902 年维尔纳叶制造出的第一颗合成红宝石。

二、人工宝石的价格

价格通常是指商品价值的货币表现。人工宝石商品价格的含义也不例外。人工宝石及其制作的首饰作为一种商品，同天然宝石及其制作的首饰一样，在确定其价格时有它的评估要素，例如质量的优劣、重量或粒径块度的大小、款式或艺术造型的好坏、加工工艺及技术水平的高低等，常作为确定价格的主要或重要因素。同时，人工宝石的价格还因社会制度、时代风尚、民族传统、人民喜好等因素的不同而出现差别。如琥珀，尽管本身价值并不高，但在 20 世纪 30 年代经大力宣传，琥珀及再造琥珀在美国一直非常抢手，其价格也随之上涨；西方白色人种眼睛多呈蓝色，故而喜欢佩戴蓝色宝石，天然和合成的蓝色宝石备受青睐；东方民族喜欢翠绿的翡翠，因此在这些地区相应的宝石价格就高。此外，国际上政治、经济、金融形势、各类商人的自身素质及心理因素等，也都会影响甚至严重影响人工宝石商品的市场价格。

从 20 世纪 50 年代至今，国际市场的人工宝石价格总的来说是呈上扬的趋势，但各种人工宝石的价格相差很大，主要表现为以下三种情况：①不同品种的人工宝石价格相差悬殊；②同一品种但质量级别不同的人工宝石价格相差很大；③同一品种同一质量级别的人工宝石，由于人为或社会因素的影响，其价格也可以不同。从整体来看，天然宝石的价格要远远高于人工宝石的价格。

除上述因素外，人工宝石的价格在很大程度上还取决于它生产过程的技术难度和生产能力。如焰熔法是较为简单和快速的合成宝石方法，通常能很快地生产出产品，用这类方法生长的宝石，其价格较低廉。而用助熔剂法和水热法合成的宝石需要一个较为漫长的生产过程，有时为模仿自然生长环境甚至要花费一年的时间；同时，还需大量的电能来维持它们特殊的生长环境；水热法合成祖母绿宝石等还需要用昂贵的铂坩埚和金衬套来作为它们的生长空间。这使得它们具有很高的生产成本和很大的风险，因而其价格很昂贵。这也是通常水热法合成祖母绿价格较高的原因。

“物以稀为贵”。同一种合成宝石由于生产时间不同、工艺水平不同以及产量不同，其价格也相差甚远。如焰熔法合成红宝石在 1902 年问世时的价格和目前的价格相差近百倍。因此，对人工宝石进行评价，首先要确定其人工合成的方法和生产能力，然后对宝石进行分级。所有人工宝石都有其质量级别，从制造者那里掌握宝石的分级，对确定人工宝石的价格非常重要。

标价较稳定的要数那些昂贵且难得的人工宝石。如“卡善”助熔剂法合成的合成红宝石价格：重量＞1ct（即 1 克拉，1ct＝200mg），级别为 1～4A，刻面型为 150～400＄/ct，弧面型为 50～150＄/ct；重量＜1ct，级别为 1～4A，刻面型为 120～300＄/ct。而“吉尔森

(Gilson)”助熔剂法合成的合成祖母绿价格：重量为4ct时，三星级为360$/ct，四星级为440$/ct；当重量>4ct时，特殊定价。另外还有“查塔姆”助熔剂法合成的合成祖母绿等，其价格依据级别不同而相差甚大。

第五节　人工宝石的发展历程

人工宝石经历了一个从简单到复杂、由低级到高级的发展过程。

早在5000多年前，古埃及人就开始用上釉陶瓷来模拟、仿制绿松石或其他不透明宝石。这种方法虽然不是完全意义上的合成宝石工艺方法，然而从某种程度上说明了人类早在原始社会时期就已经开始了模仿宝石的行为和做法，但限于当时的社会生产力水平，只能是一些简单的模仿而已。随着社会生产力的发展，人们便开始用更为先进的方法制造装饰品和合成宝石。在我国古代西汉和战国的墓葬和遗址中，出土了大量各种形状的高铅钡玻璃珠和不同纹饰的玻璃璧。16世纪，埃及人开始用玻璃来模仿祖母绿、碧玉、青金石和绿松石；1656年，法国人用空心玻璃充填蜡和重晶石以仿珍珠，1758年又制作出铅玻璃用于仿钻石等。这段时期内，人们用玻璃仿制宝石的品种多，但工艺相对简单，因此只是人工宝石工艺的起步阶段。

人工宝石的蓬勃兴起要追溯到18世纪中下叶和19世纪。由于矿物学研究的不断深入和化学分析方法的逐步改进，人们逐渐了解和掌握了宝石的化学成分和各种性质。之后，随着化学工业的发展以及对于结晶过程的认识和了解，化学家们开始学会如何从水溶液以及熔体中生长出简单的晶体物质，并试图生长出更复杂的晶体。1837年，法国化学家马克·高丁(M. Goudin)正式从化学的角度对宝石进行研究。他使用含有重铬酸钾的明矾和硫酸钾饱和溶液进行反应，将残留物熔融得到氧化铝结晶体，开始了正式以化学方法合成宝石的历史。1877年，法国的E. 弗雷米(E. Fremy)和费尔(Feil)又用焰熔法将Al_2O_3熔于PbO中，在20天内长出小片状红宝石晶体。1885年，二人与瑞士的乌泽(Wyse)在红色Al_2O_3粉末中加入少量重铬酸钾，用氢氧焰熔化生长出合成红宝石，并开始大量投放欧洲市场，这种合成红宝石被称为“再造红宝石”或称“日内瓦红宝石”。1902年，法国化学家维尔纳叶在弗雷米等人的基础之上改进了焰熔技术，以γ-Al_2O_3为原料，用氢氧焰熔化，成功合成出了数克拉的合成红宝石，这是人工宝石史上具有重大意义的一个发明，它使商业化生产人工宝石成为可能，是人工宝石史上的一个分水岭。

科学技术和工业的发展对于宝石矿物的合成具有明显的影响和推动作用。在19世纪，虽然了解了宝石矿物的成分和结构，但是没有设备，也没有现代化的加工手段和测试方法，因而研究工作只能停留在初级阶段。而今天，现代化的微电子技术、激光、信息和记忆系统以及透光材料等，需要人们去研究、开发大型和高纯的晶体材料；人们不断地用先进的科学知识和工艺方法将这些晶体生长出来，这些高质量晶体的应用又对人工宝石晶体的进一步开发有着很大的促进和推动作用，使人们可以合成出结构更为复杂、工艺水平更高的宝石。

人工宝石的发展还与国防建设有密切的关系：德国科学家理查德·纳肯(Richard Nacken)在1928年放弃水热法合成祖母绿的研究而转向水热法合成水晶的研究，这是因为水热法合成出的合成水晶有很好的压电性能，可以用作控制和稳定无线电频率的振荡片，并且是有线电话多路通信滤波元件和雷达发射元件最理想的材料。在第二次世界大战期间，德国人因为军事工业的需要，使人工合成水晶产业得到了飞速发展。20 世纪 60 年代后期，又因激光技术在军事上和科学技术上的应用及发展，需要高质量的基质材料，使得钇铝榴石（YAG）、钆镓榴石（GGG）等人造宝石晶体也相继问世了。

我国对于人工宝石的研究起步较晚，始于 20 世纪 50 年代。从 20 世纪 50 年代末研究焰熔法生长合成刚玉类宝石和水热法生长合成水晶技术开始，到 60 和 70 年代研制成功合成钻石、人造钇铝榴石（YAG）、人造钆镓榴石（GGG）和合成变色猫眼石等宝石晶体，继而在 80 和 90 年代研制冷坩埚熔壳法生长合成立方氧化锆晶体、水热法生长合成祖母绿和合成红宝石晶体以及在制作玻璃猫眼、金星玻璃系列品种等方面获得成功，而在 20 世纪末至 21 世纪初又成功研发了人造夜光宝石等新型的人工宝石品种，近十年来在泡生法合成刚玉类宝石、化学气相沉淀（CVD）法合成碳硅石和合成钻石大单晶生长技术方面均取得了长足的进展，在国际领域引起了巨大的反响，因此，我国的人工宝石合成技术在数十年的时间里得到了不断进步和发展，并逐渐趋于成熟。总的来说，我国的人工宝石不但在品种上而且在数量上和生产规模方面有了大的飞跃，人工宝石的产品质量也已达到或部分超过了国外同类产品，并且由此所带来的经济效益让越来越多的商家投入到了人工宝石这一领域中。到目前为止，全国已有 400 多家单位在进行人工宝石的研究和生产，主要分布在北京、天津、上海、江苏、福建、吉林、河南、江西、辽宁、广东、广西、浙江、陕西、安徽、四川等地区，生产技术不断更新，产品种类繁多，极大地丰富了我国的宝石市场，且价廉物美，深受广大消费者的喜爱。

人工宝石的出现弥补了天然宝石的不足，缓解了宝石供需矛盾，丰富了宝石市场，为美化人民生活做出了贡献，因而在经历了近百年的发展后，至今仍兴盛不衰，与天然宝石互为补充，形成并行不悖的局面。由此可见，人工宝石的研究很有前途，且大有可为。

为使读者能够更加系统而清晰地了解人工宝石的发展历程，本书编排了“世界人工宝石发展历程简表”（见表 1-1），供读者参考。

表 1-1　世界人工宝石发展历程简表（1902 年起不完全统计）

年份	发明者及改进者	方法	人工宝石品种
1902	A. 维尔纳叶(法国)	焰熔法	合成红宝石
1908	G. 斯佩齐亚(G. Spezia)(意大利)	水热法	合成水晶
1908	L. 帕里斯(L. Paris)	焰熔法	合成蓝色尖晶石
1910	A. 维尔纳叶(法国)	焰熔法	合成蓝宝石
1920		水晶胶合	Souda 拼合祖母绿(三层)
1926	基罗波洛斯(Kyropouls)(苏联)	熔体泡生法	无色合成蓝宝石
1927		醋酸纤维素	仿珍珠
1928	理查德·纳肯(Richard Nakan)(德国)	助熔剂法	合成祖母绿(1ct)
1931		绿柱石拼合	Souda 拼合祖母绿(三层)
1934	H. 埃斯皮克(H. Espig)(德国)	助熔剂法	合成祖母绿
1936		丙烯酸树脂	仿紫晶、祖母绿、红宝石等
1940	C. 查塔姆(C. Chatham)(美国)	助熔剂法	合成祖母绿
1943	理查德·纳肯(德国)	水热法	合成水晶
1943	劳本盖耶(Laubengayer)和韦茨(Weitz)	水热法	合成红宝石

续表

年份	发明者及改进者	方法	人工宝石品种
1947	美国林德公司(Lende Company)	焰熔法	合成星光红、蓝宝石
1948	美国 National Lead 公司	焰熔法	合成金红石
1950	美国 Bell 实验室和 Clevite 协会	水热法	合成水晶商业化生产
1950	Y. 罗林(Y. Roulin)(法国)	助熔剂法	Lennix2000 祖母绿
1951	迈克(Merker)(美国)	焰熔法	人造钛酸锶
1951		尖晶石拼合	Souda 拼合祖母绿(三层)
1953	瑞士 ASEA 实验室	高温高压	合成金刚石(工业级)
1955	美国 GE 公司	高温高压	合成金刚石(工业级)
1955	莱利(Lely)(美国)	气相沉淀法	合成碳硅石
1957	J. 怀亚特(J. Wyart)和 S. 斯卡维卡(S. Scavincar)	水热法	合成祖母绿(小颗粒)
1958	劳迪斯(Laudise)和鲍尔曼(Ballman)	水热法	合成红宝石及绿色、无色蓝宝石
1958	A. J. 科恩(A. J. Cohen)和 E. S. 霍奇(E. S. Hodge)	水热法	烟色水晶
1958	J. W. 尼尔森(J. W. Nielsen)	助熔剂法	YAG、GGG、YIG
1959	斯切帕诺夫 (苏联)	熔体导模法	白色蓝宝石
1959	L. I. 西赫伯(L. I. Tsihober)等	水热法	合成紫晶
1960	J. 莱奇莱特纳(J. Lechleitner)(奥地利)	水热法	合成祖母绿
1960	美国、苏联	气相沉淀法	合成金刚石多晶薄膜
1960	斯切帕诺夫(苏联)	熔体导模法	合成红,蓝宝石,猫眼石,等
1962	P. 德卡里(P. Sdecarli)	爆炸法	合成金刚石(细粒)
1963	中科院物理所	静压法	合成金刚石(工业级)
1963	P. 吉尔森(P. Gilson)(法国)	助熔剂法	合成祖母绿(高纯度)
1963		助熔剂法	卡善合成红宝石(有籽晶)
1964	R. C. 利纳雷斯(R. C. Linares)	晶体提拉法	YAG
1964	A. E. 波拉迪诺(A. E. Poladino)和 B. D. 罗特(B. D. Rotter)	晶体提拉法	白色蓝宝石
1964	C. A. 梅(C. A. May)和 J. C. 沙阿(J. C. Shat)	水热法	白色蓝宝石
1965	美国林德公司	水热法	合成祖母绿(商业化生产)
1966	D. L. 伍德(D. L. Wood)和 A. A 鲍尔曼(A. A. Ballman)	水热法	蓝水晶
1967	B. V. 米尔(B. V. Mill)	水热法	YAG(颗粒小)
1967	中国	水热法	合成水晶
1967	A. B. 蔡斯和 C. O. 斯默尔(C. O. Smer)	助熔剂法	白色蓝宝石
1968	W. 克拉斯(W. Class)	浮区法	YAG
1968	沃斯克列森斯卡亚(Voskresenskaya)	水热法	合成含钴碧玺(3mm)
1969	Y. 罗林(法国)	壳熔法	合成 CZ(小晶体)
1970	美国通用电气公司	高温高压	合成钻石(宝石级金刚石)
1970	中国	晶体提拉法	YAG 和 GGG
1971	H. E. 拉贝尔(H. E. Labell)(美国)	导模法(EFG)	合成白色蓝宝石
1971	芬奇(Finch)	晶体提拉法	合成镁橄榄石($\phi 8\times L30$mm)

续表

年份	发明者及改进者	方法	人工宝石品种
1972	P. 吉尔森(法国)	化学沉淀法	合成欧泊、合成绿松石
1972	V. V. 奥西科(V. V. Osikol)等(苏联)	壳熔法	合成 CZ
1974	塔凯(Takei)	晶体提拉法	合成镁橄榄石(ϕ25mm×L60mm)
1976		拼合法	玻璃拼合三层(仿月光石)
1978	中国上海硅酸盐研究所	高温高压	合成金刚石单晶
1978	塔凯(Takei)	浮区法	合成铁橄榄石单晶
1980	南非戴比尔斯实验室	高温高压	合成钻石(3 颗 5ct 以上)
1980	J. O 晶体公司(美国)	助熔剂法	合成红宝石
1981	王崇鲁(中国)	晶体提拉法	白色蓝宝石
1982	霍索亚(Hosoya)	浮区法	合成铁橄榄石单晶，长 70mm
1983	中国	壳熔法	合成 CZ
1986	M. 霍萨克(M. Hosaka)和 T. 米亚特(T. Miyata)	水热法	合成玫瑰色水晶
1986	经和贞和胡秀云(中国)	水热法	合成彩色水晶
1987	王崇鲁(中国)	熔体导模法	合成红宝石猫眼
1987	Equity Finance 公司(澳大利亚)	水热法	布朗(Biron)合成祖母绿
1989	中国广西宝石研究所	水热法	合成祖母绿
1990	A. S. 列别德(A. S. Lebeder)(苏联)	水热法	合成海蓝宝石
1990	南非戴比尔斯实验室	高温高压	14.2ct 合成钻石
1990	中国上海	常压高温	玻璃猫眼和稀土玻璃产品
1990	王崇鲁(中国)	熔体导模法	合成变石猫眼
1992	中国	焰熔法	彩色合成刚玉、合成尖晶石
1993	中国广西宝石研究所	水热法	合成红宝石
1994	北京永奥人工宝石研究所	常压高温	人造金星石、绿松石、珊瑚
1995	中国	微晶玻璃法	玻璃瓷珠仿猫眼
1995	中国	气相沉淀法	黑色多晶合成金刚石
1996	中国西南技术物理研究所	晶体提拉法	绿色 YAG 仿祖母绿
1996	蔡(Tsai)	双通浮区法	合成铁橄榄石单晶(ϕ8mm)
1997	美国 Cree 公司	气相沉淀法	无色宝石级合成碳硅石
1998	俄罗斯	高温高压	无色合成钻石
1999	北京华隆亚阳公司	低压高温	人造夜光宝石
2000	日本住友公司	高温高压	8ct 优质Ⅱa 型钻石
2001	中国广西宝石研究所	水热法	合成祖母绿(接近天然)
2002	V. S. 巴利茨基(V. S. Balitsky)(俄罗斯)	水热法	合成托帕石(20g)
2003	伊藤(Ito)	晶体提拉法	合成镁橄榄石(250ct)
2007	卡纳扎瓦(Kanazawaa)	晶体提拉法	掺锰合成镁橄榄石(粉色)

续表

年份	发明者及改进者	方法	人工宝石品种
2008	中国西南技术物理研究所	壳熔法	无色合成蓝宝石单晶
2010	中国山东大学晶体材料研究所	CVD	3in 合成碳硅石单晶(1in=25.4mm)
2012	中国山东大学晶体材料研究所	CVD	4in 合成碳硅石单晶
2012	新加坡 IIa 公司	CVD	5ct 无色合成钻石
2015	俄罗斯新钻石科技公司	高温高压	32ct 无色合成钻石晶体
2018	俄罗斯新钻石科技公司	高温高压	100ct 合成黄钻毛坯

第二章　晶体生长理论

绝大多数的宝石都是结晶体物质，人工宝石（有机类宝石除外）的生长合成必然涉及晶体生长问题，其中最主要的问题是宝石晶体如何从溶液或熔体中结晶、形成和长大，这便是本章所涉及的重点。

对晶体生长现象的研究有助于我们进一步了解和认识矿物晶体、岩石、地质体的形成及发展历史，也为模拟人工晶体生长和解释天然晶体的生长过程提供有益的启发性资料，使人工晶体的合成技术得到迅速发展和提高，并为天然晶体和人工晶体的鉴别提供重要依据。

第一节　晶体和非晶体

一、晶体与非晶体的概念

自然界中所见到的固体物质可以分为两种：一种是结晶态固体，即晶体；另一种则是非晶态固体，即非晶体。

结晶学与矿物学理论告诉我们，晶体是具有格子构造的固体，其内部结构最基本的特征是质点在三维空间作有规律的周期性重复排列。晶体的格子构造决定了晶体具有自限性、均一性、异向性、对称性和稳定性等基本性质。

非晶体，也称非晶质体，是与晶体相对立的固体物质。它既不遵循晶体所共有的空间格子规律，也不具备晶体所共有的基本性质。非晶体的外部形态呈一种无定形的凝固态，它的内部构造则是统计上均一的各向同性体，其质点的分布类似于液体。因此，过去曾有人把它看成是过冷却了的液体。确切地说，非晶体是内部质点排列无规律、不具格子构造的无定形体。通常天然岩矿中的火山玻璃、胶体矿物、琥珀、松香以及部分人造无机固体物质中的玻璃、部分塑料、树脂、沥青等均属非晶体行列。

二、晶体与非晶体的区别

晶体与非晶体虽是固态物质的两种形态，但它们之间的差别却很大。

第一，晶体与非晶体的内部结构不同，这是两者之间最本质的区别。晶体内部具有格子构造，质点在三维空间作有规律的重复排列，被称为既“近程有序”又“远程有序”，见图 2-1(a)。石英晶体中每个硅周围的氧排列是一样的，而硅和氧这种组合方式在空间也是作有规律重复排列的。非晶体内部不具格子构造，被称为“近程有序”而“远

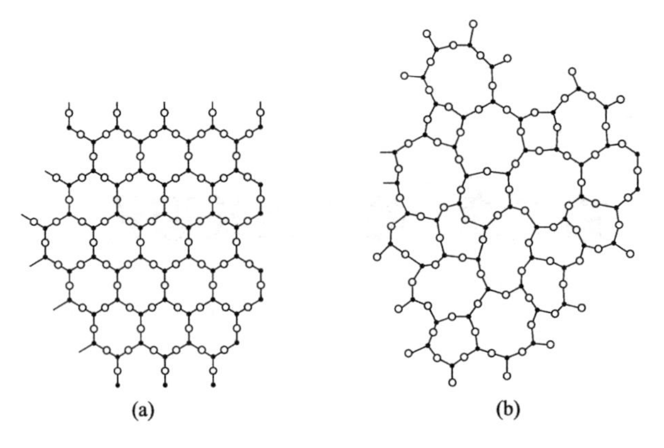

图 2-1 石英 SiO_2 晶体（a）与石英玻璃（b）的结构示意

圆圈代表氧；黑点代表硅

程无序”，如图2-1(b) 所示。石英玻璃属非晶体，其内部每个硅周围的氧排列虽然是一样的，但硅和氧的组合方式在空间却是无规律、杂乱无章地排布的。

第二，晶体与非晶体的外部形状不同。晶体由于具有格子构造，在适当的条件下可以自发地形成封闭的几何多面体外形。如金刚石晶体多具八面体外形，食盐晶体多具立方体外形等，而非晶体则无此性质，它只能通过人工切磨而成各种形状。如玻璃可以人为地制作成长方体、球体、锥体、筒体等各种形状，但却不能自发地形成。

第三，晶体与非晶体的均一性不同。晶体的均一性取决于其格子构造，可称为“结晶均一性”并具有各向异性的特征；而非晶体由于不具有格子构造，它的均一性是统一的、平均的、近似的均一，称为“统计均一性”。并且非晶体的性质不因方向不同而有所差别，具有等向性。两种均一性有本质的差别，不能混为一谈。

第四，晶体与非晶体的热稳定性不同。晶体内部质点作有规律的排列，其质点间距一定，相对势能稳定且较低。而非晶体内部质点排列无规律，质点间距离不可能是平衡距离，其势能较晶体大。因此，在相同的热力学条件下，非晶体的内能较晶体大，即晶体具有最小内能。图 2-2 和图 2-3 分别为晶体与非晶体的加热曲线。从图中可看出，当晶体受热时，起初温度随时间逐渐上升，当达到一定温度时，晶体开始熔解，同时温度停止上升。此时所加的热量用于破坏晶体的格子构造，直到晶体完全熔解，温度才继续上升。由于格子构造中各部分的质点是按同一方式排列的，在同样的温度下可以破坏晶体的各个部分，因此，晶体具有一定的熔点。非晶体则不同，加热时，非晶体首先变软，逐渐变为黏稠的熔体，最后变为真正的液体，在此过程中没有温度的停顿，因此，非晶体无一定的熔点。

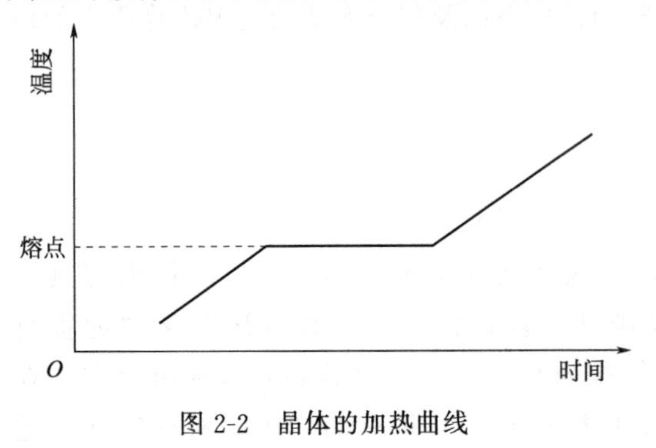

图 2-2 晶体的加热曲线

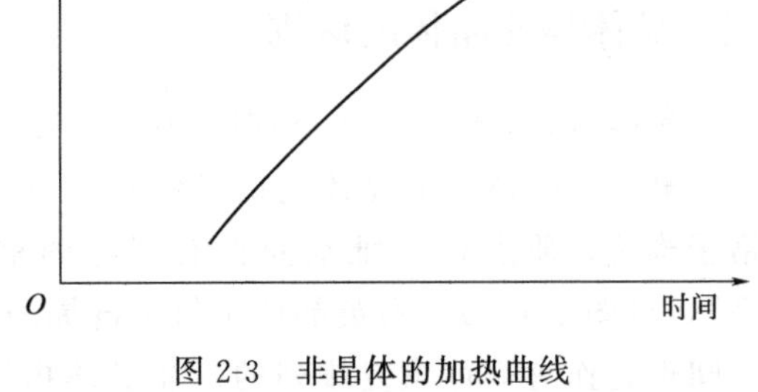

图 2-3 非晶体的加热曲线

第五，晶体与非晶体的分布范围不同。晶体的分布十分广泛，不仅在自然界中有，就是在工厂和实验室里以及在我们日常生活中也到处可见。天然产出的矿物绝大多数是晶体，工厂和实验室里生产的人造矿物、人工晶体及生活中使用的白糖、食盐和药品，甚至人工合成的有机蛋白质——结晶牛胰岛素等也是晶体。晶体不仅分布广、种类多，而且大小相差很大，大的如苏联乌拉尔产出的天河石，整座采石场就坐落在一个天河石晶体上；小的一般肉眼都无法分辨，必须借助于显微镜、X射线衍射分析乃至高分辨率的透射电镜才能判断。相比之下，非晶体的分布范围很小，而且种类也不如晶体繁多。

第六，晶体与非晶体在一定条件下可以相互转化。但晶体向非晶体转化较非晶体向晶体转化要难，这与能量的传入或物质成分的改变有关。因为结晶状态是一个相对稳定的状态，而非晶体相对于晶体而言是不稳定的，有自发地向晶体转化的趋向。如自然界早期喷发出的岩浆所形成的火山玻璃，由于经历了漫长的地质年代，其内部质点进行了缓慢的扩散和调整，逐渐趋向于形成规则的排列，并逐渐向结晶态转化：开始时形成如同毛发般细小的雏晶，而后逐渐长大，最后变成了结晶质矿物。这种由非晶质体调整其内部质点的排列方式向晶体转化的作用，称为退玻璃化（脱玻化）作用或晶化作用。相反的转化，称为玻璃化作用。如有些含放射性元素的矿物，由于受到破坏（但仍可保持原来的晶形）而转变成非晶质矿物。不过这种非晶质矿物，在高于室温的某个适合的温度下保持一段时间后，又可以恢复成为晶体。

第二节　晶体形成的方式

自然界的物质是以气体、液体（包括熔体）和固体三种状态存在的。物质的这三种状态在一定的物理化学条件下可以互相转化。例如，水（H_2O）在一般情况下呈液体状态出现，如果将水的温度降到0℃以下就结成冰，即从液相变成了固相；而若将水的温度加热到100℃以上时，又转变成为水蒸气，即从液相转变为气相。

绝大多数物质，在一定的物理化学条件下都可以从各种状态（气相、液相和固相）转变成为结晶态固相，即可以从各种状态结晶成晶体，这种作用称为结晶过程。各种状态下的结晶作用都必须具备必要的条件。在自然界、日常生活中、实验室和工厂里，结晶作用到处可见。例如天然矿物岩石在大自然条件下结晶（从岩浆变成晶体）成各种矿物（包括宝石），冬天的冰和雪，生活中食盐和砂糖的制取，各种化学试验的结晶沉淀，许多化工、制药、冶金和无机材料工业产品的制备，等等，都是进行不同结晶作用的结果，它们都必须遵循物质结晶作用的基本规律。

各种物质状态结晶作用的基本方式，归纳起来有以下三大类。

第一类：由气相物质直接结晶成晶体，即气-固结晶作用，称为升华结晶作用。

第二类：由液相物质结晶成晶体，即液-固结晶作用，包括溶液中的结晶过程和熔体中的结晶过程。

第三类：由一种固相物质转变为另一种固相物质，即固-固结晶作用，包括同质多象转变、再结晶作用、固相反应结晶作用和固溶体脱溶过程。通常将重结晶过程和退玻璃化作用也归为此种类型。

下面将各类结晶作用或过程作一介绍。

一、气-固结晶作用

由气相直接形成晶体的过程，也称升华结晶过程。这一过程发生的必要条件是：气相结晶物质要有足够低的蒸气压。以硫（S）为例，从图 2-4 可以看出，当硫的蒸气压为 P 时，气态硫从高温降低到 b 点温度时即开始凝结成液态硫；当温度继续降到 c 点时，液态硫就结晶成单斜晶系的硫；温度降低到 t 点，单斜硫又发生多晶型性转变成为斜方硫，不发生升华结晶作用。如果当硫的蒸气压降低到 P'点时，高温的硫蒸气在温度降低到 s 点时，将不经过凝结为液态硫的阶段而直接结晶成斜方硫晶体，升华结晶作用就发生了。

在无机材料和人工合成宝石工业中，也可利用升华结晶作用来制取许多单晶材料。例如碳化硅（SiC）、蓝宝石（Al_2O_3）、半导体镉（Cd）和硅（Si）等单晶体以及金（Au）、铝（Al）、碳（C）包括金刚石碳的薄膜等多晶薄膜材料。

二、液-固结晶作用

由液态物质形成晶体的过程一般由两个途径来实现，即从溶液中结晶和从熔体中结晶。此外还有溶（熔）蚀反应结晶作用。

1. 从溶液中结晶

溶液发生结晶作用的条件是溶液中结晶溶质达到过饱和。也就是说，只有在过饱和溶液中才能发生结晶。过饱和溶液的获得可采用下述三种方法。

① 降低饱和溶液温度：一般物质的溶解度与溶液的温度是成正比关系的。例如，明矾[$KAl(SO_4)_2 \cdot 12H_2O$]在水中的溶解度随着温度的升高而加大（见图 2-5）。若在较高温度条件下制得明矾的饱和溶液，当温度降低时即可获得明矾的过饱和溶液，此时溶液中就结晶出明矾晶体。

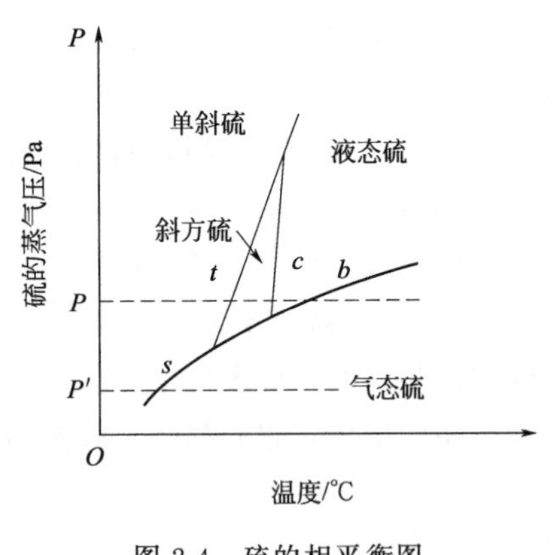

图 2-4 硫的相平衡图

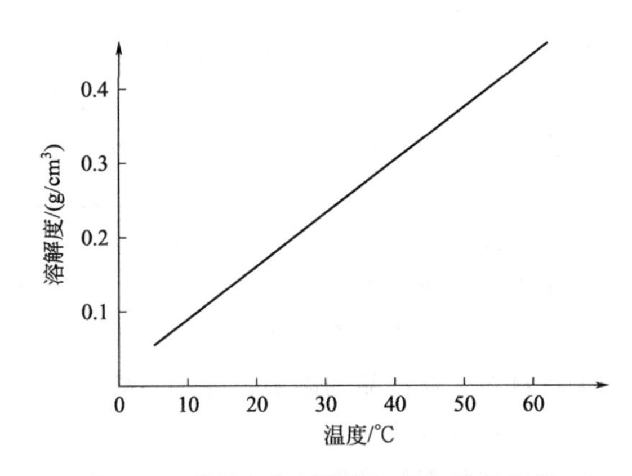

图 2-5 明矾在水中的溶解度与温度关系

② 蒸发饱和溶液：在蒸发饱和溶液时，溶剂被蒸发排出，便形成了过饱和溶液，溶质就从溶液中不断地结晶出来。用太阳光晒海水制取食盐就是利用这一原理。

③ 化学反应法：有许多易溶物质的饱和溶液，在互相混合后发生化学反应生成难溶的化合物结晶而沉淀。例如 $BaCl_2$ 和 K_2SO_4 的饱和溶液，在混合后反应生成 $BaSO_4$ 晶体沉淀：

$$BaCl_2 + K_2SO_4 \longrightarrow BaSO_4 \downarrow + 2KCl$$

从溶液中结晶是最常见的结晶作用之一。无机材料和人工合成宝石晶体工业中用水热法制取水晶、祖母绿等单晶体材料即属于此类。

2. 从熔体中结晶

当温度超过物质熔点时，物质将被熔化成液态的熔融体，这种熔融的液态物质称为熔体。例如水就是冰的熔体，1713℃以上的石英玻璃液是石英的熔体。

熔体内发生结晶作用的条件是熔体被过冷却，也就是说，只有当熔体的温度低于该结晶物质的熔点时才能发生结晶。

在无机材料工业中，常将各种物料按一定比例配好，放入高温炉中加热焙烧熔化成熔体，再将这些熔体在稍低于其熔点（过冷却）温度下缓慢冷却或保温一定时间，即可获得各种结晶质制品。如熔铸耐火材料、刚玉质磨料、微晶玻璃、铸石材料等的制备。人工合成宝石中的合成红宝石、合成蓝宝石（焰熔法或提拉法）、人造石榴石（YAG 或 GGG）、合成立方氧化锆等以及半导体材料中的单晶硅（Si）、锗（Ge）等的制取都是利用这一原理。

3. 溶（熔）蚀反应结晶

在固体或固态物质被周围液体溶蚀或被高温熔体熔蚀后，立即与溶液或熔体中部分物质发生化学反应而结晶出新的矿物晶体，称为溶（熔）蚀反应结晶作用。

这类结晶作用在无机材料工业中常见。如玻璃生产过程中，玻璃熔体与硅铝质耐火材料接触，在高温条件下，耐火材料被熔蚀而进入玻璃熔体并与熔体中碱金属反应而结晶出霞石、白榴石等矿物晶体。这些矿物晶体往往成为宝石或晶体的包裹体。

三、固-固结晶作用

1. 同质多象（同质异型、同质异构）转变

化学组成相同而内部构造不同的晶体称为同质多象变体，又称多型变体，由于其内部结构不同，各种物理性质将有很大的差异。典型的例子是金刚石和石墨，它们的化学成分都是碳（C），但具有完全不同的内部结构，因此其物理性质大不相同。金刚石的莫氏硬度为 10，是最高档名贵的宝石，是电绝缘体或半导体，无色透明；而石墨的莫氏硬度只有 1，是良好的导电体，呈黑色不透明状。

许多具有同质多象的晶体，在一定条件下，其变体可以互相转变，这种转变称为同质多象转变过程或作用。这种作用可以是可逆的，也可以是不可逆的。在一定压力下，转变的温度是固定的。例如二氧化硅（SiO_2）晶体在一般情况下有七种同质多象变体，它们是在不同温度下可逆转变的，其转变关系见图 2-6。随着同质多象转变作用的发生，晶体的各种物理性质将发生显著的变化，这在材料科学及工业生产上都具有非常重要的意义。

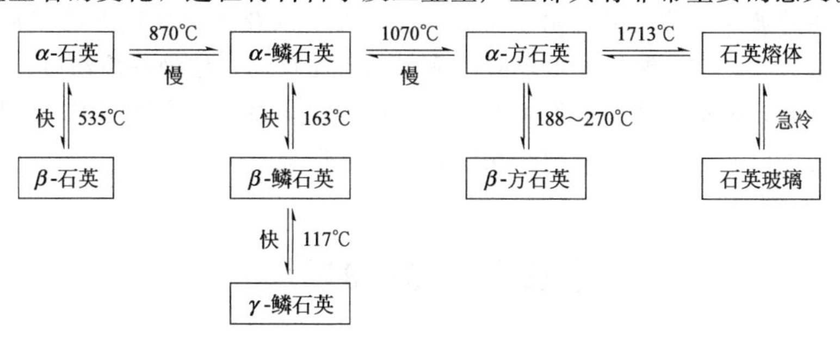

图 2-6　二氧化硅的同质多象转变关系

在无机材料工业上，同质多象转变作用对制品的生产工艺、性能和使用都有明显的影响，有时起着决定性作用。例如氧化铝（Al_2O_3）有多种同质多象变体，其中刚玉（α-Al_2O_3 为六方晶系）晶体的机电性能为最好，可用作宝石晶体。因此，在高铝质及刚玉质陶瓷和耐火材料、金刚砂磨料等制品中，都要求 α 型刚玉晶体存在。

2. 再结晶作用

细小的晶粒集合体在一定的温度和压力下，晶体结构中质点重新排列而使晶体逐渐长大的作用称为再结晶作用。再结晶作用可以有二次再结晶过程，它是在一次再结晶的基础上，随着温度、压力的进一步改变，密集在一起的细小晶粒之间相互吞并，逐渐长大成较粗大晶体的过程。

天然大理岩的形成、金属材料的加工硬化、陶瓷材料和耐火材料的烧结以及金刚石的人工合成都存在着再结晶作用。

3. 固溶体脱溶作用

许多结晶物质在高温条件下，两种成分和内部结构相近的不同物质可以按一定比例形成固溶体。当温度降低到一定限度时，构成固溶体的两种组分将互相分离，各自结晶成单独的晶体，这称为固溶体脱溶作用。这种作用在金属材料和无机硅酸盐材料工业中较为常见。

4. 固相反应结晶作用

在多晶质粉状物料混合后的烧结过程中，晶体中物质质点在高温条件下发生扩散和迁移，不同晶粒之间发生固相反应，不同物质质点互相置换而生成新的晶体，这称为固相反应结晶作用。它是物料在烧结过程中固相反应的一个组成部分，在传统的和新型的无机材料生产中都是比较多见的，如电子陶瓷中微波介质材料钛酸钡瓷的生产。

5. 重结晶作用

晶体的一部分物质转入晶体所在的母液（溶液或熔体）中，在条件变化时又重新结晶到晶体上而使晶体长大的作用，称之为重结晶过程。此过程从本质上来讲应是固-液-固结晶过程，在晶体长大过程中经过液相阶段。

在自然界中地壳的变质作用常有重结晶作用发生。在传统的陶瓷和耐火材料烧结过程中，重结晶作用及固相反应作用常常相伴发生。

6. 退玻璃化作用

玻璃是一种无定形的非晶质体，玻璃中质点经过长时间缓慢的调整，可以从近程有序而远程无序的结构逐渐排列成近程、远程均有序的结构，从而转化为晶质体。由非晶体转化为晶体的过程，称为退玻璃化（脱玻化）过程或作用。

长时间使用的玻璃制品失去透明性质而变成毛玻璃以及光学玻璃上的“霉点”，均是由退玻璃化作用造成的。在熔制某些玻璃时，适当加入晶核剂，熔制好冷却后，再在一定温度范围内进行热处理，强迫玻璃快速发生退玻璃化作用，从而可制得微晶玻璃。用退玻璃化作用的基本原理还可以制备某些矿物的单晶体和某些人造宝石。

第三节　晶核的形成

晶体从液相或气相中生长有三个阶段：①介质达到过饱和、过冷却阶段；②成核阶段；

③生长阶段。

人工合成宝石晶体大多数是从液相中生长出来的，因此，本节着重介绍在液体中，特别是在熔体中发生结晶作用时，晶核形成所遵循的基本规律。

一、成核作用

当熔融体过冷却或溶液达到过饱和时，并不意味着整个体系能同时结晶。液体中相应组分的质点，将按照格子构造形式首先聚合成一些达到一定大小，但实际上仍是极其微小的微晶粒子。这时若温度或浓度有局部变化，或受外力撞击，或一些杂质粒子的存在，都会导致体系中出现局部过饱和度或过冷却度较高的区域，使这些微晶粒子的大小达到临界值以上。这种形成微晶粒子的作用称之为成核作用，这些微晶粒子则称为晶核。在以后的结晶过程中，它们将是晶体成长的中心。

熔体发生结晶作用的必要条件是熔体局部存在过冷却。在过冷却熔体中晶核形成的理想过程是：两个或两个以上的质点在一直线上连接构成线晶，在线晶的另一个方向上又连接质点而构成面晶，再在面晶的第三个方向上连接质点形成了晶芽，晶芽再逐步长大到一定尺寸而形成晶核。晶核形成以后，在一定条件下将稳定下来。条件允许时，晶核又继续长大而生成具有一定形状的晶体。

在不稳定的熔体中，质点常常是一下子就聚集成具有三度空间的晶芽，并迅速长大成晶体。当熔体的内能较大时，这种自发形成的晶芽在形成以后常立即分散以致消失，因为此时质点具有较大的动能，质点之间不能互相约束，无法形成稳定存在的晶芽而发育成晶核。只有当熔体具有较小的内能，即质点具有较小的动能（如过冷却的熔体）时，这些随时形成的晶芽才能逐步发展成晶核。

在熔体中，晶核的形成有均一性成核和非均一性成核两类。

二、熔体的均一性成核

由于过冷却而在熔体中自发形成晶核的作用，称为均一性成核，又称为熔体的过冷成核。

若晶体的熔点（也是晶体的结晶温度）为 T_0，熔体的过冷却温度为 T，则熔体的过冷度 $\Delta T = T_0 - T$。实践证明，熔体中晶核的形成速度（J）、晶体成长的线速度（V）与熔体的过冷度之间是有一定关系的。晶体成长的线速度（V）是指晶面在其法线方向单位时间所增长的厚度。ΔT、V 和 J 三者之间有以下三种典型关系。

① 晶体成长线速度最大时的温度（T_m）在晶核形成所必需的过冷却温度范围以外，见图 2-7(a)。此时，结晶作用不能发生。因为在晶体成长的温度下，熔体中不能自发地形成晶核。而当熔体的过冷度增大时，熔体中可以自发形成晶核，但晶体又不能成长。所以熔体中不可能自发地析出晶体。

② 晶核形成速度曲线与晶体成长线速度曲线相交，见图 2-7(b)。此时，晶核的形成和晶体的成长可以在低于晶体成长线速度最大时的温度（T_m）的某一温度范围内同时进行。在这种情况下，熔体中可以结晶出晶体，只是晶体的成长速度较慢，晶体的数量亦较少。

③ 晶体成长线速度最大时的温度（T_m）在晶核形成速度曲线之内，见图 2-7(c)。熔体在低于晶体熔点（T_0）的某一温度时，晶核的形成和晶体的成长可以同时进行，只是两者

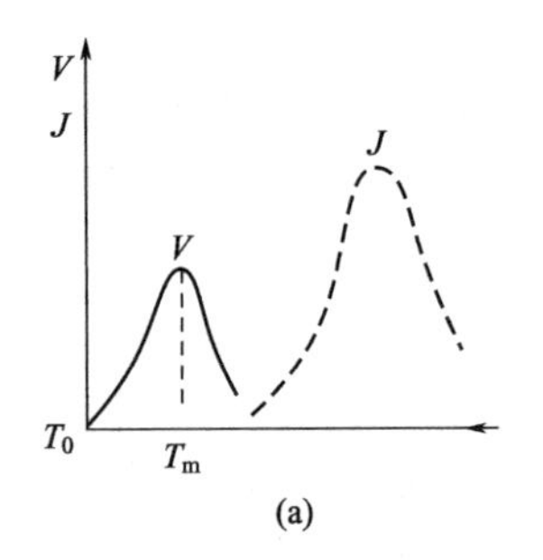

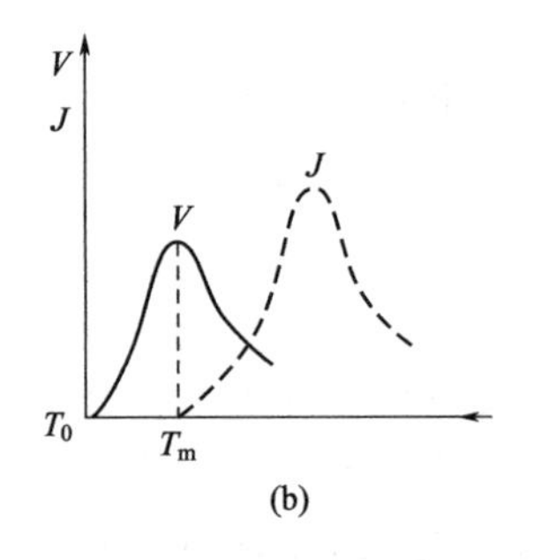

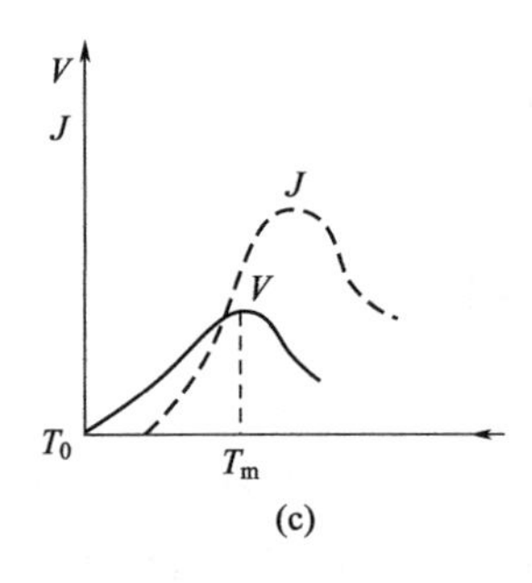

图 2-7　熔体中晶核形成和晶体成长的关系

的相对速度随熔体的过冷度变化而不同。在这种情况下，只要熔体的过冷度控制得适当，结晶作用可以较快地进行。

这三种典型关系的共同点是：晶体成长线速度最大时的温度高于晶核形成速度最大时的温度，即当熔体温度高于晶体的熔点（T_0）时，晶核形成以及晶体成长都不能发生；熔体必须在晶核形成和晶体成长的合适过冷温度条件下保持一定的时间，才能产生结晶作用。

因此，均一性成核时，晶核在熔体区域内各处的成核概率是相同的，并且需要克服相当大的表面能位垒，即需要相当大的过冷度才能成核。

三、熔体的非均一性成核

当熔体中含有难熔的杂质，或熔体的局部组成不均匀时，在熔体内将出现不同相之间的相界面。相界面的存在，在熔体中就容易导致以相界面为衬底的晶核形成。这种成核作用称为熔体的非均一性成核，又称为异性衬底成核。

非均一性成核从热力学观点来看，当相界面与将要形成的晶核之间的界面能小于熔体与将要形成晶核之间的界面能时，在相界面上就易于形成晶核。从晶体构造的角度来看，将要结晶的晶体构造中，某层面网构造与熔体中存在的杂质（晶体）的表面构造相同或相近时，或者熔体中不同组成的相界面之近程有序的结构、与将要结晶的晶体构造中质点排列相同或相近时，就可能形成以杂质（晶体）表面或相界面为衬底的晶核。引入晶核剂制作微晶玻璃便是根据这一原理进行生产的。

由此可见，非均一性成核过程是由于体系中存在某种不均匀性，例如悬浮的杂质微粒、容器壁上凹凸不平等，它们能有效地降低表面能成核时的位垒，优先在这些具有不均匀性的地方形成晶核。因此在过冷度很小时亦能局部地成核。

四、临界晶核

临界晶核是指在熔体中能单独存在并可以继续发育成晶体的最小晶核颗粒。

当熔体和晶核之间处于不稳定的平衡状态时，若晶核的尺寸稍大于临界晶核尺寸，晶核就会自动长大而发育成晶体；若晶核尺寸略小于临界晶核尺寸，晶核就会自动熔化，不能成长为晶体。临界晶核的大小因结晶物质不同而变化。因为不同物质的晶核内构造单位数目是不同的，其临界晶核的大小也就不可能一样。另外，临界晶核的尺寸还与熔体的过冷度有直接的关系。若过冷度变大，熔体的黏度也增大，临界晶核的尺寸就变小。关于临界晶核对应于不同晶体的形状和大小，目前还没有在理论上得出完整的结论。有人曾指出临界晶核的尺寸一般是在 10～100nm 范围内。

第四节 晶体的成长

在过冷却的熔体中，当超过临界晶核尺寸的晶核形成以后，在适合晶体成长的条件下，晶核就逐渐长大而成为具有一定几何形态的晶体。

人们结合对具体晶体成长的研究，提出过不少关于晶体成长过程的假想和模式，不同学者根据不同的事实提出了不同的理论。本节介绍几种认为较合理的理论。

一、科塞尔（W. Kossel）-斯特兰斯基（T. N. Stranski）晶体生长理论

在晶核形成以后，结晶物质的质点继续向晶核上黏附，这便是晶体的成长过程。所谓黏附就是质点按晶体格子构造规律排列在晶体上。质点向晶核上黏附时，在晶体不同部位的晶体格子构造对质点的引力是不同的。也就是说，质点黏附在晶体的不同部位所释放出的能量是不一样的。由于晶体总是趋向于具有最小的内能，所以，质点在黏附时，首先黏附在引力最大、可释放能量最大的部位，使之最稳定。晶体生长（即质点黏附）的过程如图 2-8 所示。

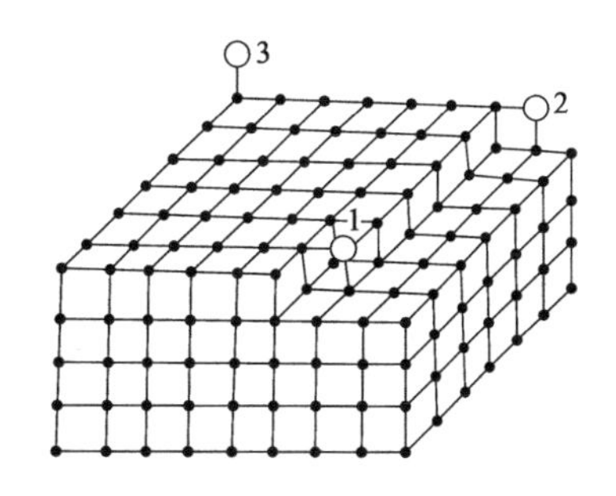

图 2-8 晶体生长的科塞尔理论图解

在理想的条件下，结晶物质的质点向晶体上黏附有三种不同的部位：质点黏附在晶体表面三面凹角的 1 处，此时质点受三个最近质点的吸引；若质点黏附在晶体表面两面凹角的 2 处，则受到两个最近质点的吸引，此处质点所受到的吸引力不如 1 处大；若质点在一层面网之上的一般位置 3 处，所受到的吸引力最小。由此可见，质点黏附在晶体的不同部位，所受到的引力或所释放出的能量是不同的，它必然首先黏附在三面凹角的 1 处，其次为两面凹角的 2 处，最后才是黏附在一层新的面网上（即 3 处）。

由此可知晶体成长过程应该是：先长一条行列，再长相邻的行列；长满一层面网后，开始长第二层面网；晶面（晶体上最外层面网）是逐层向外平行推移的。这便是科塞尔-斯特兰斯基晶体生长理论。

用这一理论可以很好地解释晶体的自限性，并论证晶体的面角恒等定律。但是这一理论只适合处于绝对理想条件下进行的结晶作用，而实际情况要复杂得多。例如，向正在生长着的晶体上黏附的常常不是一个简单的质点，而是线晶、面晶甚至晶芽；同时在高温条件下，它们向晶体上黏附的顺序也可不完全遵循上述规律，由于质点具有剧烈热运动的动能，常常黏附在某些偶然的位置上。尽管如此，晶面平行向外推移生长的结论，还是为许多实例所证实。例如，有些蓝宝石晶体的切片中可以看到所谓带状构造（图 2-9），这是因为晶体在生长时，介质发生某些变化，而使在不同时间内生长的晶体在颜色、密度、折光率等方面有所不同。由图 2-9 可见，不同时间生长的晶体的交界线确实是平行的。

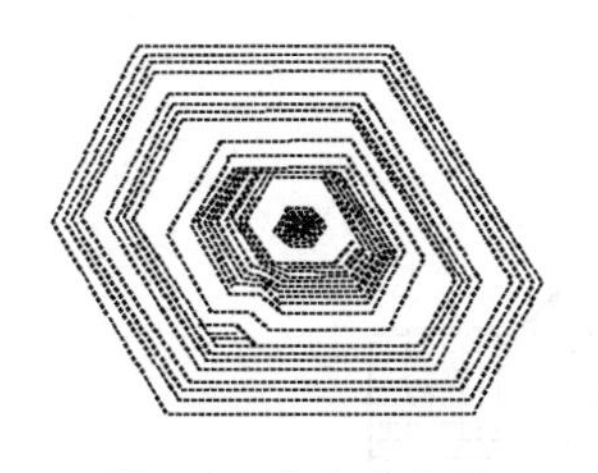
图 2-9 山东蓝宝石晶体的环带状构造

二、安舍列斯（O. M. Ahgenec）晶体阶梯状生长理论

许多晶体的晶面上具有阶梯状条纹。通过对这一现象的深入研究，安舍列斯提出了晶体

的阶梯状生长理论，比科塞尔理论更接近于实际情况。

安舍列斯指出，在实际情况下，晶体成长时不是一层一层地生长的。一次黏附到晶面上的物质层厚度可达数十微米，有时甚至更厚，也就是说，一次黏附在晶面上的不是一个分子层，而是几万个甚至几十万个分子层。一次黏附的分子层厚度取决于溶液的过饱和程度。过饱和度高的溶液快速结晶时，一次黏附的分子层数目多，反之则分子层数目少。晶面成长的具体过程如下。首先在晶面的边缘长出一个由许多分子层构成的突起边缘，然后这一突起的边缘快速掠过整个晶面，长成一层晶体，这种小的边缘突起一个跟着一个出现。有时一层突起还未到达晶面的另一端，新的突起边缘又出现，因此，当晶体的成长过程停止时，在晶面上就保存着许多由一端移向另一端的突起（阶梯状条纹），如图 2-10(a)；有时由晶面的两边甚至多边同时形成突起，向晶面中央相对移动，如图 2-10(b)，结果在晶面上就保留着许多阶梯状条纹。

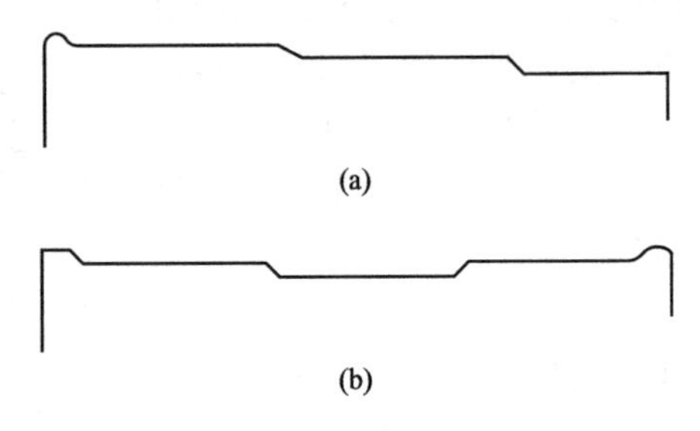

图 2-10　晶面的阶梯状生长

晶面阶梯状生长的现象在显微镜下是可以观察到的。阶梯面与晶面构成的凹角总是钝角，构成阶梯的面大都相当于晶体构造的面网，见图 2-11。由于凹角的出现，结晶物质将依次向凹角部位黏附，形成阶梯的侧壁，直到生长至晶面的另一端后阶梯消失为止。

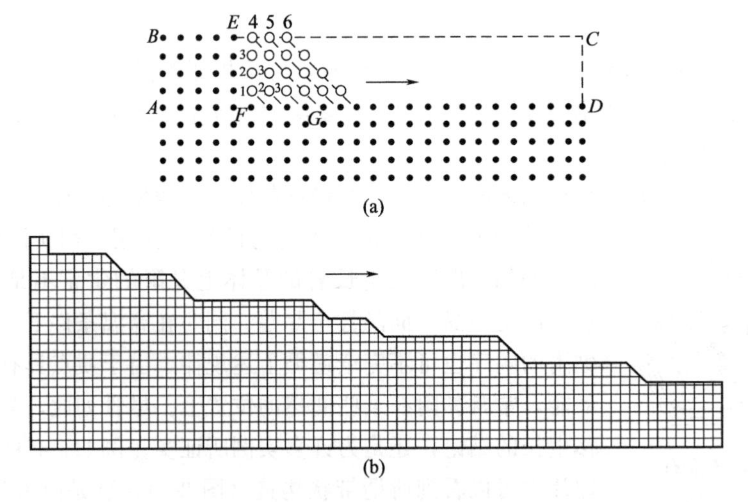

图 2-11　晶面阶梯状生长与晶体构造的关系

三、晶面螺旋状生长理论（BCF 理论）

弗朗克（Frank）等人（1949，1951）研究了气相中晶体生长的情况，估计二维层生长所需的过饱和度不小于 25%～50%。然而在实验中却难以达到与过饱和度相应的生长速度，并且在过饱和度小于1%的气相中晶体亦能生长，这种现象用以上两种理论是无法解释的。他们根据实际晶体结构的各种缺陷中最常见的位错现象，提出了晶体的螺旋生长理论：在晶体生长界面上螺旋位错露头点所出现的凹角及其延伸所形成的二面凹角（图2-12），可作为晶体生长的台阶源，促进光滑界面上的生长。这样便成功地解释了晶体在很低的过饱和度下能够生长的实际现象。印度结晶学家弗尔麻（Verma，1951）对SiC晶体表面上的生长螺旋纹（图2-13）及其他大量螺旋纹的观察，证实了这个理论在晶体生长过程中的重要作用。

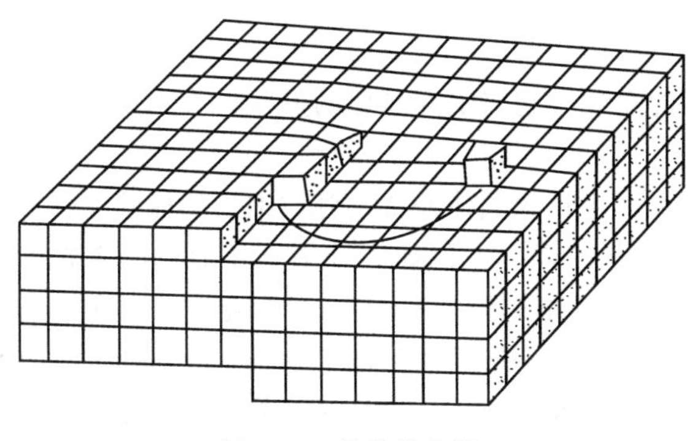

图2-12　晶体的位错

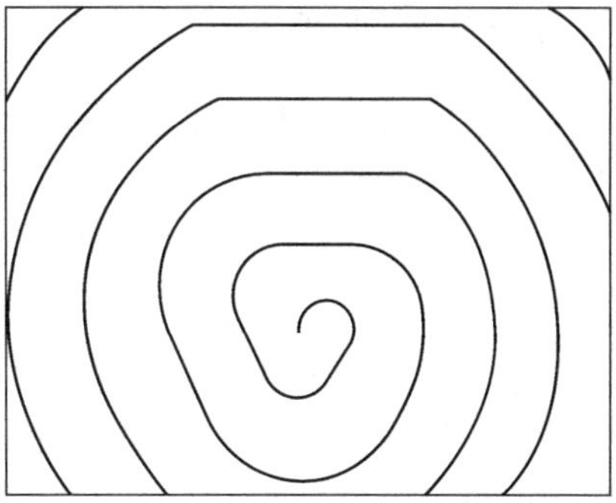

图2-13　SiC晶体表面的生长螺旋纹

四、布拉维法则

1855年，法国结晶学家布拉维（A. Bravis）从晶体具有空间格子构造的几何概念出发，论述了实际晶面和空间格子构造中面网之间的关系，即实际晶体的晶面常常平行于那些面网密度最大的网面，这就是布拉维法则。

布拉维从一个晶体上不同晶面的生长速度与面网密度之间的关系，推论了晶体生长时面网上的结点密度与该面网在垂直方向的生长速度成反比，这从空间格子构造中的面网密度与面网间距的关系上可以理解。面网间距大的平行面网之间的引力小，而面网本身的结点密度大。在晶体生长过程中这种面网平行向外推移就比较困难，亦即它的垂直生长速度小，最后可以被保留下来而形成实际晶面；反之则逐渐消失。如图2-14所示的一层面网，在垂直图面方向的三个不同取向的面网上对质点向晶体上黏附具有不同的引力。面网AB的网面密度

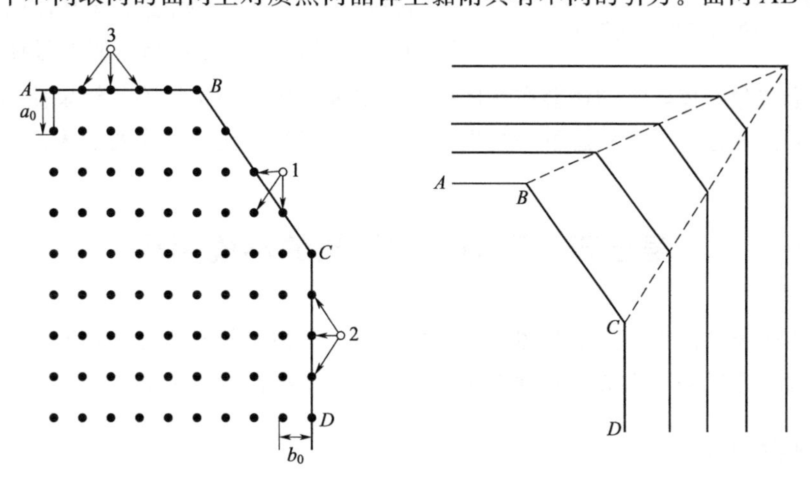

图2-14　晶体构造中面网密度与生长速度关系图解

最大，而面网 BC 密度最小。

新的质点向晶体上黏附时，面网密度最小的 BC 面网对质点的引力最大，质点最容易在 1 的位置上黏附，因此该网面的生长速度最快；而面网密度最大的 AB 面网上对质点的引力较小，也就是说，质点黏附在 3 位置上较困难，所以其生长速度也就较慢。生长速度快的晶面，在生长过程中相对逐渐变小，甚至消失；而生长速度小的晶面，在生长过程中逐渐扩大，最后保留在晶体外形上。因此，各晶面的相对生长速度直接影响着晶体的形状。

五、晶体生长速度

晶体生长速度是晶体上各晶面生长速度的总和，它对实际晶体的形状、大小及其洁净度都有着显著的影响。

晶体生长速度影响着实际晶体的形状。快速生长的晶体经常发育成细长的柱状、针状和鳞片状的集合体，有时甚至生长成具有特殊形状的骸晶。例如，升华结晶形成的雪花和冰花，高过饱和度盐水中结晶的漏斗状石盐骸晶，玻璃熔体中快速生成的羽毛状鳞石英、骨架状方石英、长柱状硅灰石，等等。这是由于晶体在极不平衡的状态下生长，晶体的界面上具有较大的表面能，自身亦不稳，结果沿着某些晶棱或角顶方向生长成骸晶。如果晶体在近于平衡状态下生长，生长速度比较缓慢，一般情况下都可以使晶体获得比较完整的结晶多面体外形。

晶体生长速度也影响着实际晶体的大小。晶体快速生成时，在结晶的母体中形成较多的结晶中心（晶核），而且结晶作用是在短时间内快速完成的，所以，生长出的晶体数量较多而个体较小，常形成不规则的粒状集合体。例如，在熔体中结晶时，如果熔体冷却速度很快，晶体将形成许多细小的晶核，又没有足够时间使物质质点向晶核上黏附而使晶体长大，结果形成隐晶质的块体，有时甚至形成非晶质的玻璃体。如果结晶作用进行得比较缓慢，晶体在生长过程中，由于晶核之间互相吞并和几何淘汰（见图 2-15），只有少数的结晶中心继续发育长大成晶体，较小的晶芽将被正在生长着的晶体吸引，不断向其上黏附，因此生长出的晶体少、晶形完整而粗大。

图 2-15 晶体生长中的几何淘汰

晶体生长速度还影响着实际晶体的洁净度。晶体生长速度快时，常常将晶体所在母体中其他物质包裹在其中形成包裹体，有的还会在晶体构造中造成晶体的结构缺陷，结果使晶体的洁净度变差。如果晶体在近于平衡状态下缓慢生长时，就可以得到比较洁净的晶体。

第五节 影响晶体生长的环境因素

影响晶体生长的因素，除了晶体的内部构造外，晶体生长时所处的环境也有着明显的影响，而且是复杂多样的。本节对几种影响晶体生长的主要因素分述如下。

一、温度的影响

各种不同方式的结晶作用所形成的晶体在其生长过程中，温度都起着直接的决定性作用。

首先，温度直接决定着晶体是否能够发生和长大。从熔体中发生结晶的温度须低于晶体的熔点，也就是说，只有处于过冷却状态下的熔体才能发生结晶；溶液的温度直接影响到溶质的过饱和度和化学反应，而溶液的过饱和度和化学反应又是晶体发生和长大的必要条件；晶体的同质多象转变、再结晶、重结晶、固相反应结晶和退玻璃化等作用，都必须在一定的温度条件下才能发生；升华结晶作用也是在具有足够低蒸气压条件下，降低到一定温度时才能发生。总之，所有的结晶作用都直接地受到所在环境温度的控制。

其次，晶体生长温度的高低决定着晶体的生长速度。晶体的生长速度影响着晶体的形状、大小和多少，而晶体的生长速度又取决于晶体生长时的温度。同种成分和结构的晶体在不同的温度条件下生长，由于其生长速度不同，所得晶体的形状也不相同。如方解石（$CaCO_3$）在较高温度下生成时呈扁平状，而在地表水溶液中形成时则往往是细长柱状（见图 2-16）；再如 β-石英（SiO_2）晶体在较高温度下呈短而粗的外形，而在较低温度时则呈细而长的形状（见图 2-17）。

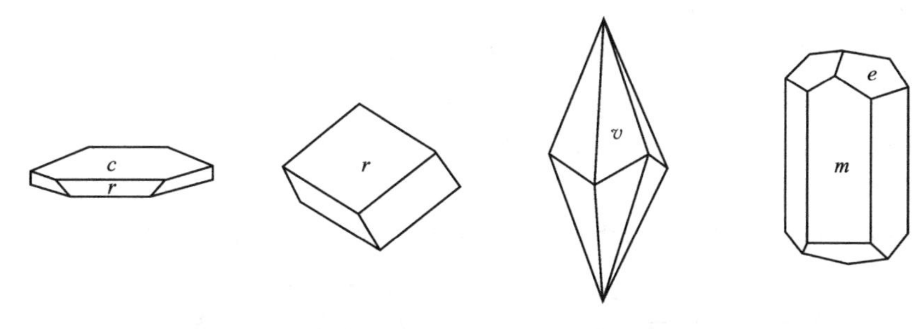

图 2-16 不同温度下生长的方解石晶体

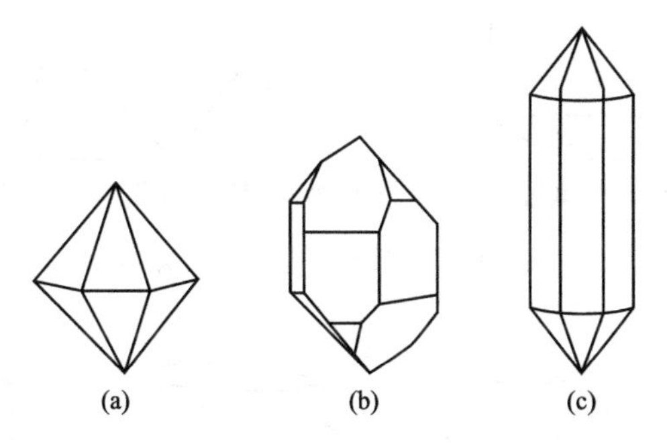

图 2-17 不同温度下生长的 β-石英

(a)→(c) 结晶温度下降

另外，温度的变化将改变结晶母体的许多性质，例如熔体的黏度、溶液的浓度、化学反应的速度等，进而又大大地影响着晶体的生长。

二、过饱和浓度的影响

在从溶液中结晶时，溶液的过饱和浓度对晶体的生长有明显的影响。例如，从明矾溶液中结晶明矾晶体，在其他条件完全相同的情况下，当溶液的过饱和浓度大时，结晶出的明矾晶体呈八面体形状；当溶液的过饱和浓度较低时，则结晶出的明矾晶体呈立方体和菱形十二面体形状；而在极弱的过饱和溶液中生长的明矾晶体，具有较多的晶面，晶体呈近球形（见

图 2-18）。可见，溶液的过饱和浓度对晶体的形状和晶面数目的影响甚大。同时溶液的过饱和浓度还影响着晶体的均匀性，在过饱和浓度大的溶液中生长出的晶体均匀性较差。

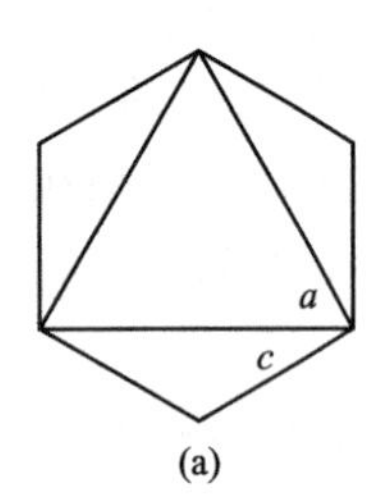

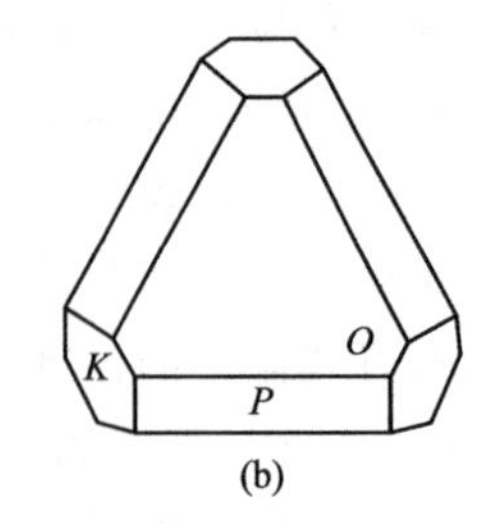

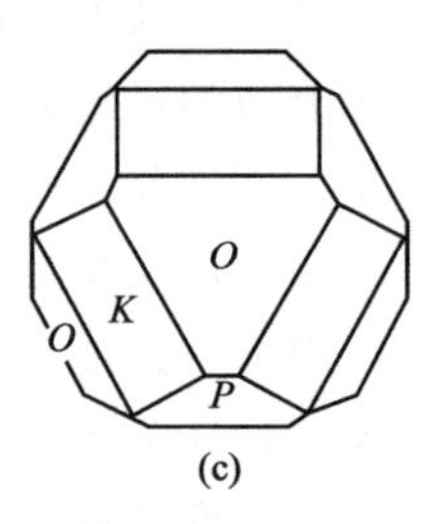

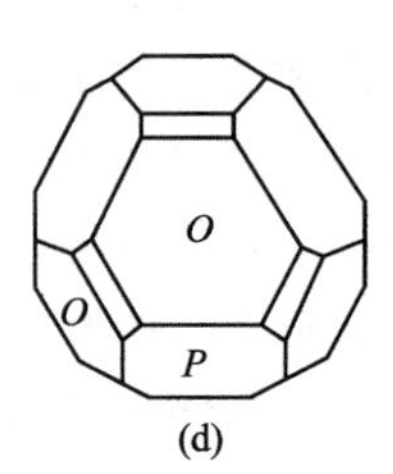

图 2-18　在不同过饱和浓度溶液中生长的明矾晶体

(a)→(d) 溶液过饱和浓度依次下降

三、杂质的影响

1. 溶液中杂质对晶体生长的影响

在过饱和溶液中结晶时，杂质的种类和数量对晶体的生长有不同的影响。例如，在纯净水中结晶的食盐为立方体，当溶液中有少量硼酸存在时，则出现立方体与八面体的聚形（见图 2-19）。在过饱和的明矾溶液中溶入若干硼砂，随着硼砂溶入量的不同，结晶出的明矾晶体具有不同的几何外形（见图 2-20）。产生这种现象的原因是溶液中杂质的存在改变了晶体上不同面网的表面能，所以其相对生长速度也相应变化而影响到晶体的形态。

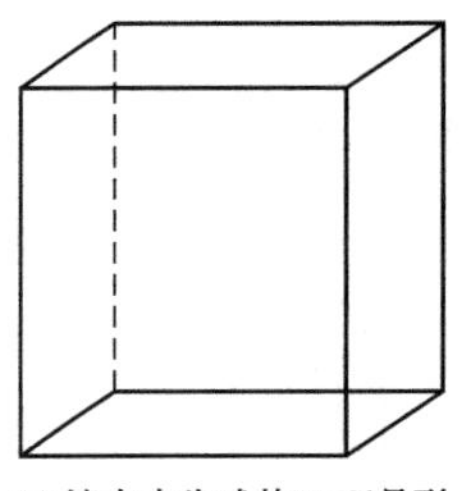

(a) 纯水中生成的NaCl晶形

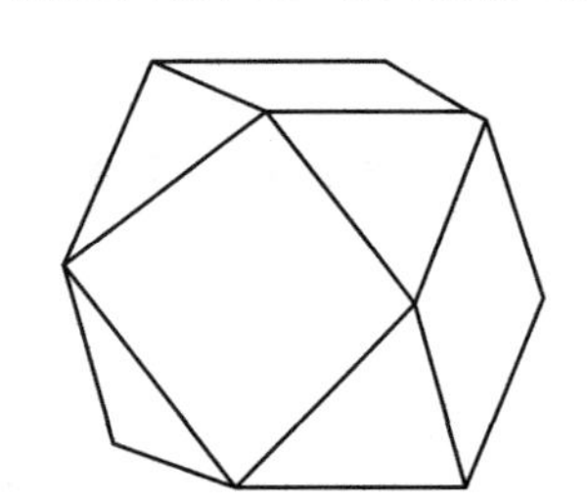

(b) 含有少量硼酸的溶液中生成的NaCl晶形

图 2-19　杂质对食盐晶形的影响

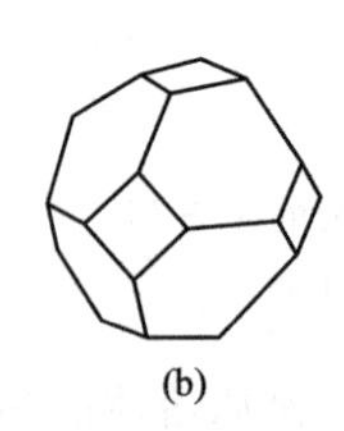

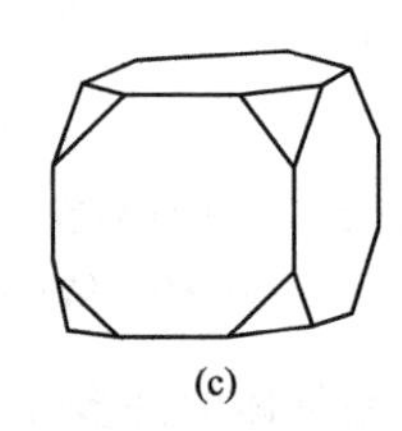

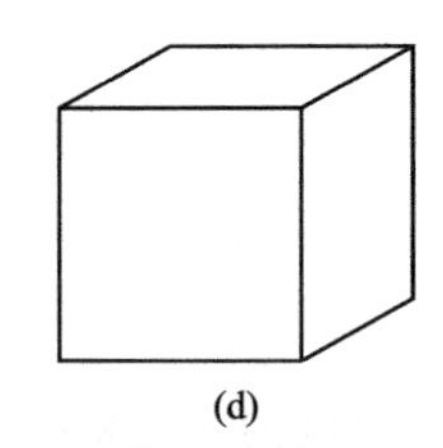

图 2-20　在溶液中掺入不同量硼砂生长出的明矾晶体

(a)→(d) 硼砂溶入量增加

2. 熔体中杂质对晶体生长的影响

熔体中由于晶质或非晶质杂质的存在，会造成熔体中出现不同相的相界面，这就导致了熔体的非均一性成核作用的发生，促进了熔体中晶核的形成，加快了晶体生长的速度。根据这一原理，可以在熔制玻璃时加入少量有选择的它种杂质作为晶核剂，在熔剂冷却时控制其速度或对急冷所得玻璃再进行热处理，可以制得铸石、微晶玻璃等硅酸盐材料。

由于杂质成分常常与结晶物质发生共熔作用，从而降低了晶体的结晶温度。例如，石英晶体的熔点为1713℃，若在 SiO_2 熔体中熔入少量的氧化铝（Al_2O_3）时，石英的结晶温度便可以急剧下降（见图2-21）。

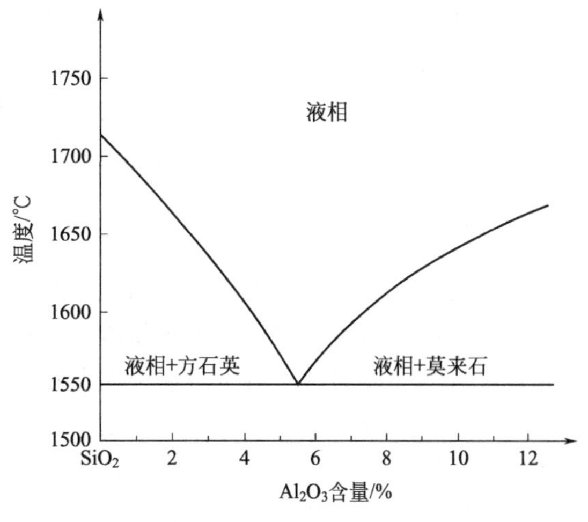

图2-21　SiO_2-Al_2O_3 部分相平衡图

杂质的存在还可对某些结晶作用起着促进或抑制作用。例如，碱金属和碱土金属的氧化物杂质，可以促进 SiO_2 的同质多象转变作用和某些晶体的重结晶作用；又如，在 Al_2O_3 中加入少量 MgO 杂质，可以抑制 Al_2O_3 二次重结晶，并可抑制不正常的晶粒长大。有些杂质可以进入晶体的结构，从而形成固溶体。例如，在烧结刚玉质制品时，加入少量的 Cr_2O_3 或 TiO_2 以促进烧结作用，结果使之与 Al_2O_3 形成置换型固溶体，改变了制品的某些性能。

四、黏度的影响

溶液的黏度也影响晶体的生长。晶体在溶液中生长时，在晶面附近溶质向晶体黏附，使附近溶液的浓度降低，而在远离晶面部位的溶液浓度较大，这便形成了溶液中的一个浓度梯度。如果溶液黏度增大，使溶质质点运动困难，只有以扩散作用向晶体上提供结晶物质。这样在晶体的角顶和晶棱部位比晶面部位获得质点容易得多（见图2-22）。这些部位生长速度也较快，结果就长出了骸晶的形状，如图2-23所示的食盐骸晶。还有一些骸晶则是因凝华而生成的，见图2-24所示雪花。

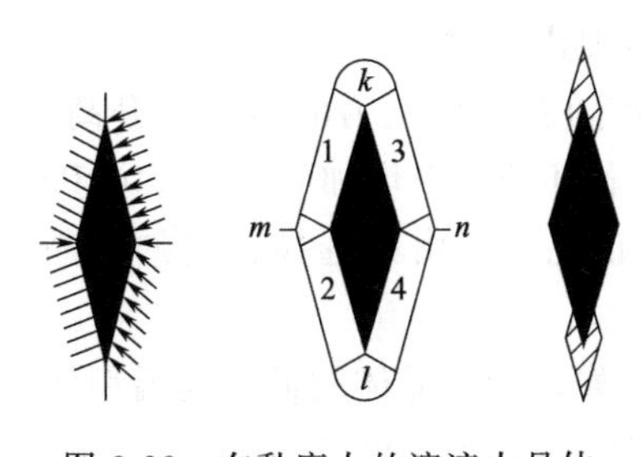

图2-22　在黏度大的溶液中晶体生长时质点供应情况

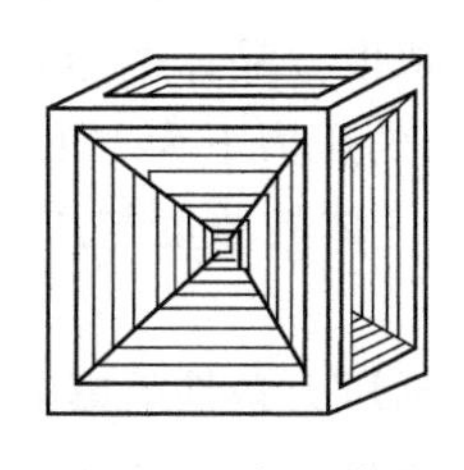

图2-23　食盐骸晶

图2-24　雪花

与溶液一样，熔体的黏度也对晶体的生长有明显的影响。在黏度大的熔体中，晶体生长困难，常结晶出骸晶；在黏度小的熔体中生长的晶体外形比较完整。在无机材料及人工晶体生产中，熔体的冷却速度非常重要。冷却速度慢时，熔体的黏度增大也较缓慢，晶体能得到较好的生长；若冷却速度快，熔体的黏度增大也较快，晶体生长困难，常生成骸晶；如果熔体急速冷却，黏度增大太快，晶体就无法生长而只能形成玻璃。可见不同的冷却速度可以获得不同的产品，同时对产品的质量也有重要的影响。

五、重力的影响

在晶体的生长过程中，重力的影响是始终存在的。由于重力作用，在黏度较小的溶液中伴随晶体生长产生涡流，涡流会影响晶体的生长。

在生长着的晶体周围，由于溶液中质点不断地向晶体上黏附，其本身浓度降低，甚至形成不饱和溶液。同时，由于物质在结晶过程中总是放出热量，附近的溶液温度升高，使晶体周围溶液的密度变小。由于重力作用，轻的溶液上升，周围重的溶液补充进来，从而形成了涡流［图 2-25(a)］，使结晶作用得以不断进行；相反，晶体在溶解时将产生相反方向的涡流［图 2-25(b)］，从而促进晶体的溶解。溶液中的涡流是晶体在生长或溶解过程中形成的，反过来它又直接影响着晶体的生长或溶解。溶液中涡流的存在，使晶体处于结晶物质供应不均匀的情况下生长，结果会使晶体生长成歪晶（图 2-26）。因此，在培养比较理想的单晶材料时，常常将生长着的晶体不断转动或搅动溶液，以消除重力作用所产生的涡流。

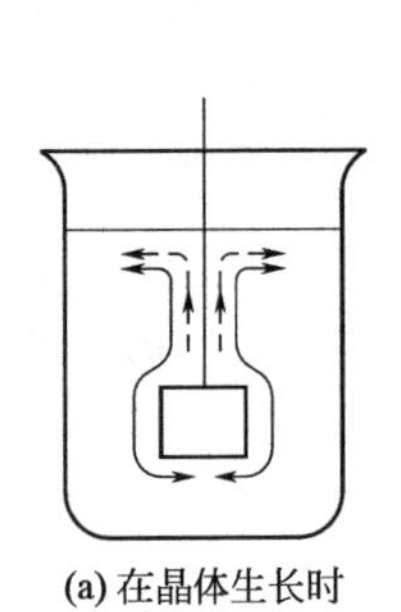

(a) 在晶体生长时　　(b) 在晶体溶解时

图 2-25　涡流

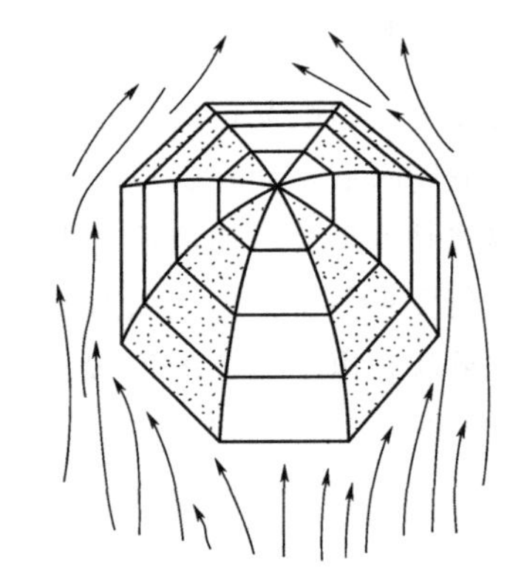

图 2-26　涡流对晶体生长的影响

六、压力的影响

同温度条件一样，环境的压力条件也是影响晶体生长的重要因素之一。

压力条件影响晶体的熔点和气体的浓度。晶体的熔点一般随着环境压力的增大而升高。例如，石英晶体的熔点，在 1.0×10^5Pa 的压力下为 1713℃；若环境压力增加到 2.0×10^9Pa 时，石英的熔点将升高到 1800℃以上。气体的浓度与压力成正比，可由此选择合适的结晶条件。

晶体的同质多象转变的温度直接受到压力条件的影响。例如，石英晶体的低、高温型转变温度，在 1.0×10^5Pa 的压力时为 573℃；而在 1.0×10^8Pa 时，为 599℃；3.0×10^8Pa 时，为 644℃；1.0×10^9Pa 时，则为 815℃。可见，压力影响着晶体的转变温度。有些晶体的多型转变必须在高压条件下才能实现。例如，石墨转变为金刚石，在矿化剂的参与下，还必须具有足够的压力才能实现，这在金刚石晶体的人工合成方面非常重要。

在无机材料工业上应用压力条件可制造出许多具有特殊性能的材料。如用水热法合成水

晶单晶必须在 1.05×10^{8} Pa 左右的压力下进行；又如新型功能材料织构陶瓷的制造，就是用热锻、热轧、热挤等热加工的方法，使陶瓷材料在高温高压下发生变形而制得的。

七、位置的影响

晶体生长时所处的位置对晶体的生长有严重的影响。在有足够的自由空间时，晶体上各晶面将按晶体生长的规律自由地生长，获得具有规则几何多面体外形的晶体。如果晶体在生长过程中，某一方向或几个方向遇到其他晶体或容器壁时，在这些方向上晶体无法生长，晶体只能在有自由空间的方向上生长，晶体就长成歪曲的几何外形，见图 2-27。当母体中有多个晶体同时生长时，在晶体生长的后期，各晶体将互相争夺结晶空间，各晶体均无法获得自己的几何外形，结果只能形成不规则的颗粒状晶体。结晶学家根据晶体生长的完整程度（自形程度），在进行单晶体培养时，可以利用各晶芽在空间的不同取向必然争夺结晶空间，从而产生几何淘汰，使那些最大生长速度方向与基底平面垂直的晶体充分长大成所需的晶体材料，见图 2-28。这便是培养单晶体的几何淘汰法。

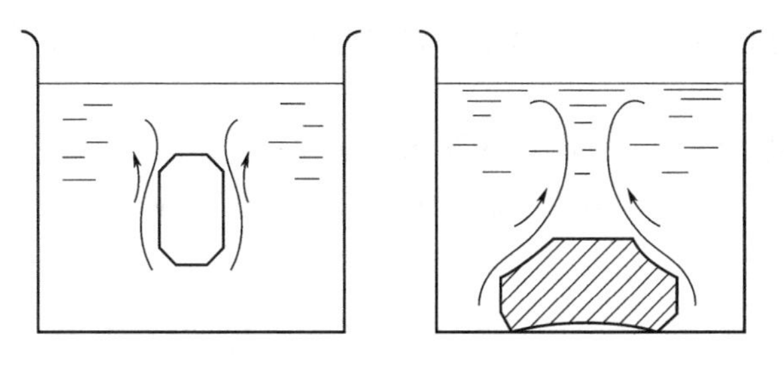

图 2-27　在不同位置生长的晶体形态

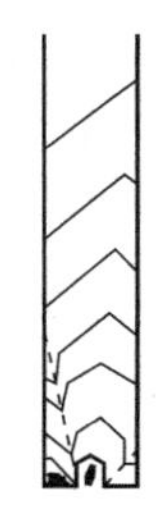

图 2-28　用几何淘汰法培养单晶体

第六节　晶体的溶解与再生

一、晶体的溶解

将晶体置于不饱和溶液中晶体就开始溶解。由于晶体的角顶和棱与溶剂接触的机会多，所以这些地方溶解得快些，因而晶体可溶成近似球状。如明矾的八面体溶解后成近于球形的八面体（图 2-29）。晶面溶解时，将首先在一些薄弱地方溶解出小凹坑，称为蚀像。经在镜下观察，这些蚀像由各种次生小晶面组成。图 2-30 表示方解石（a）与白云石（b）晶体上的蚀象。不同网面密度的晶面溶解时，网面密度大的晶面先溶解。因为网面密度大的晶面网面间距大，所以容易被破坏。

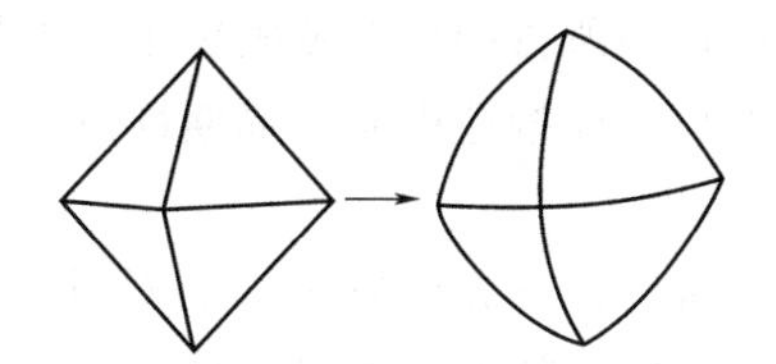

图 2-29　明矾的溶解晶体

同样，将晶体置于高于其熔点的熔体中，晶体也要开始熔蚀，由于角顶和棱熔蚀得快，所以晶体也可熔成近球状，如金刚石的浑圆状八面体外形。晶体在熔蚀过程中，其晶面也常

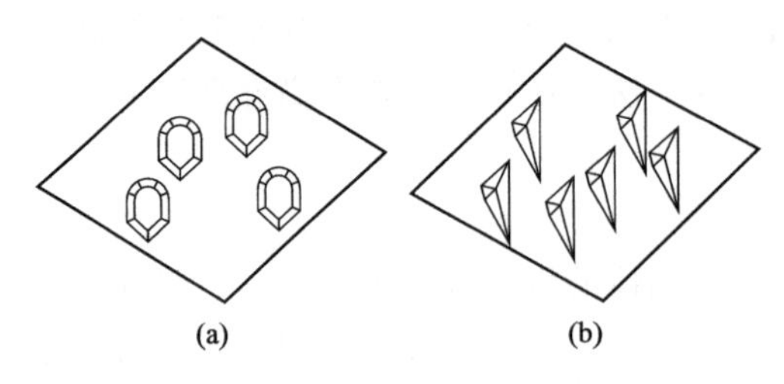

图 2-30 方解石（a）和白云石（b）的蚀像

常出现多种蚀像，如金刚石八面体晶面上的三角形蚀像和叠瓦状蚀像等。

二、晶体的再生

破坏了的和溶解了的晶体处于合适的环境下又可恢复多面体形态，称为晶体的再生，如斑岩中石英颗粒的再生。

溶解和再生不是简单的相反现象。晶体溶解时，溶解速度是随方向逐渐变化的，因而晶体溶解可形成近于球形的形状；晶体再生时，生长速度随方向的改变而突变，因而晶体又可以恢复成几何多面体形态，如图 2-31。

晶体在自然界中的生长往往不是直线型进行的。溶解和再生在自然界常交替出现，使晶体表面呈复杂的形态。如在晶体上生成一些窄小的晶面，或者在晶面上生成一些特殊的突起和花纹等，见图 2-32。

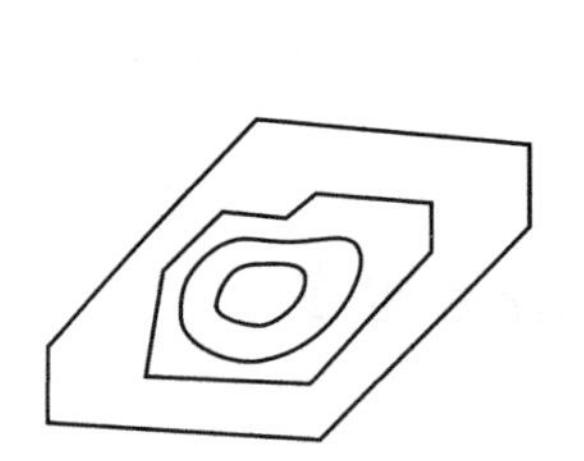

图 2-31 晶体的再生

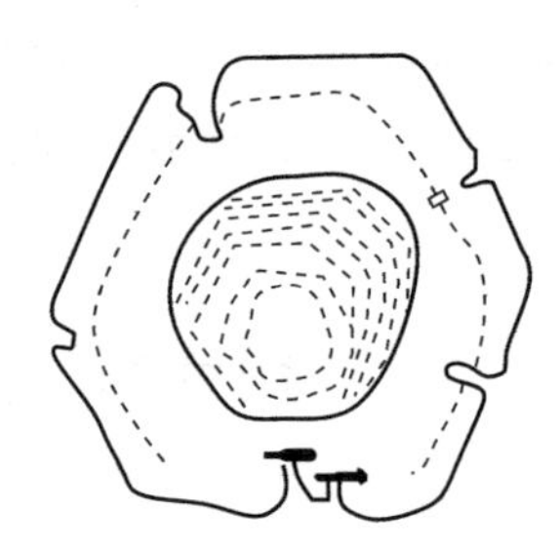

图 2-32 石英颗粒的再生

第七节 晶体的不完整性（缺陷）

从前面几节内容中我们已经了解到晶体的生长途径是复杂而多样的，而且受环境因素的影响很大。因此，实际晶体中总是或多或少地存在着这样那样的缺陷。晶体中总有杂质掺入，这些杂质原子在晶体内部结构中所占的位置就破坏了质点排列的周期性，造成与理想晶体的偏离。凡是类似以上种种偏离晶体构造中质点周期性重复排列的现象，均称之为晶体的不完整性或晶体缺陷。

晶体缺陷对晶体的性能影响很大。一方面它为人们对材料的利用造成障碍；另一方面，它可以为人们所利用来达到某种目的，如晶体的导电性、颜色、发光性及强度等性质均与晶体缺陷密切相关。

晶体缺陷从性质上可分为两大类：一类为化学缺陷，是指在晶体中存在的外来原子和空位；另一类为物理缺陷，包括应变、位错、晶粒间界、双晶和堆垛层错等。

晶体缺陷从范围上又可分为以下几种。

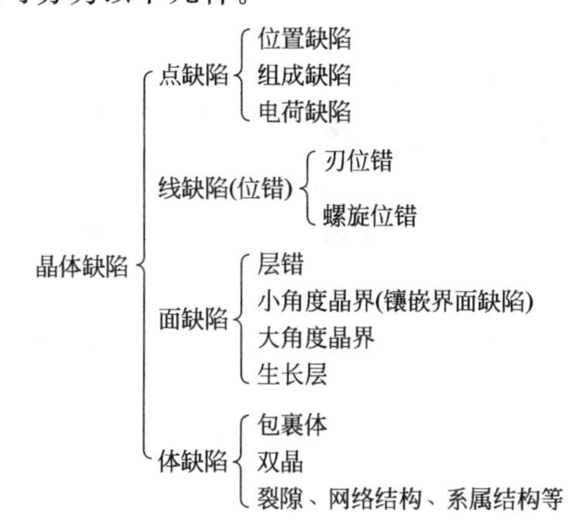

一、晶体中的点缺陷

理想晶体中的一些原子被其他原子所代替，或者在晶体间隙中掺入一些原子，或者是晶格中产生空位，破坏了有规律的周期性排列，引起质点间势场的畸变，造成晶体结构的不完整，仅局限在原子位置，称作点缺陷。一般分成三类：①晶格位置缺陷，如空位和间隙原子；②组成缺陷，即杂质离子；③电荷缺陷。

1. 晶格位置缺陷

晶体中缺陷的存在是由本身结构的特点和外界环境的作用所造成的。所有的晶体在微观结构上有两个特点。①只要在绝对零度以上，晶体内所有的原子无例外地均处于不断振动当中，振动的频率和振幅取决于原子本身的特性和周围环境的作用。这种振动称为热振动。热振动不但取决于原子本身的大小及价态，还与周围原子对它的作用有关。②除了热振动以外，有些晶体还存在着原子的运动，特别当温度升高时，原子可能从一个位置运动到另一个位置。因此晶体微观结构上的第二个特点是，在热力学平衡状态下，在热力学温度零度以上，有一定数量的原子在平衡位置上被别的原子所取代。

由于热振动而造成的缺陷也称热缺陷，有以下两种形式：一种是一些具有能量足够大的原子离开平衡位置后，挤到格子点的间隙中，形成间隙离子，而原来的位置形成空位，称弗伦克尔缺陷，见图 2-33(b)；另一种是固体表面层的原子，获得较大能量，但是它的能量还不足以使它蒸发出来，只是移到表面外新的位置上去，原来位置则形成空位。这样晶格深处的原子，就依次填入，结果表面上的空位逐渐转移到内部去。这种形式的缺陷称肖特基缺陷，如图 2-33(a) 所示。

对于弗伦克尔缺陷，间隙原子和空格点是成对产生的，晶体的体积不发生改变，而肖特基缺陷则使晶体体积增加。在晶体中，几种缺陷可以同时存在，但通常必有一种是主要的。一般来说，正负离子半径相差不大时，肖特基缺陷是主要的；两种离子半径相差大时，弗伦克尔缺陷是主要的。前者如 NaCl 晶体，后者如 AgBr 晶体。晶格位置缺陷是热力学缺陷，与温度的关系十分密切。当晶体从高温加热到熔点时，空位缺陷愈来愈多。晶格位置缺陷也受电场的影响，尤其是离子晶体，其空位晶格的运动等价于离子的反向运动。

2. 组成缺陷

杂质原子也称掺杂原子，其含量一般少于 0.1%。进入晶体后，因杂质原子和固有原子的性质不同，因此不仅破坏了原子有规则的排列，而且在杂质离子周围的周期势场也引起了改变，因而形成缺陷。

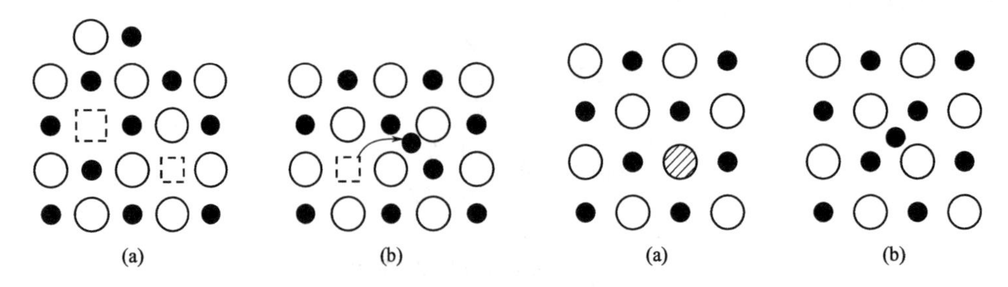

图 2-33 肖特基缺陷（a）和弗伦克尔缺陷（b） 图 2-34 置换型杂质（a）和间隙型杂质（b）

杂质原子可分间隙型杂质原子及置换型杂质原子两种，前者是杂质原子跑到固有原子点阵间隙中，后者则是杂质原子替代了固有原子（图 2-34）。

人工合成宝石中常人为地添加掺杂原子，形成组成缺陷，从而改变其颜色，获得多品种的合成宝石，如人工合成的各色刚玉类宝石及水晶类宝石。

3. 电荷缺陷

物理学中能带理论告诉我们，非金属固体具有价带、禁带和导带。当在热力学温度零度时，导带全部空着，价带全部被电子填满。由于热能作用或其他能量传递过程，价带中的电子得到能量 E_g，可以被激发入导带，此时在价带中出现一空穴，在导带中存在一个电子，见图 2-35(a)。这样虽未破坏原子排列的周期性，但是由于空穴和电子分别带正和负电荷，因此在它们附近形成了一个附加电场，引起周期势场的畸变，造成了晶体的不完整性，称电荷缺陷。如单晶硅中掺入磷和硼，形成组成缺陷，杂质磷原子替代了原有的硅原子，见图 2-35(b)。磷原子比硅原子多了一个电子，因此磷在硅原子的禁带中产生施主能级，易使导带中产生电子缺陷。硼原子比硅原子少一个电子，因此硼在禁带中产生受主能级，易使价带中产生空穴缺陷，见图 2-35(c)。故此在电场作用下可使价带中的电子跃迁到受主能级上，也可使施主能级上的电子跃迁到导带中，从而使上述电子缺陷晶体变成了易于导电的半导体。硅中掺磷或硼，既有组成缺陷，也有电荷缺陷。金刚石中掺入杂质氮或硼，也是如此，并且由此缺陷而引起了金刚石颜色的变化。

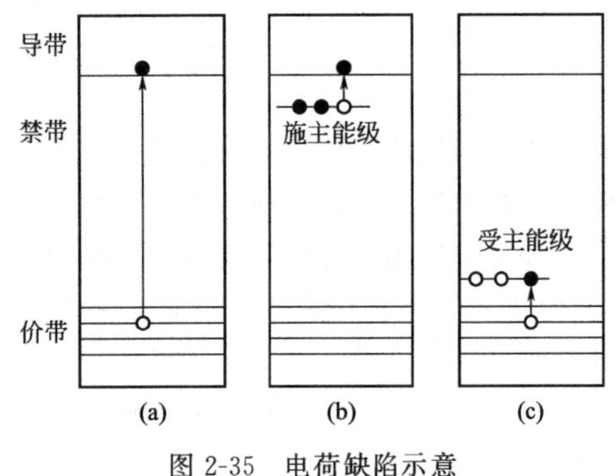

图 2-35 电荷缺陷示意

点缺陷在实践中有重要意义。它能使某些晶体改变颜色；间隙离子能阻止晶格面相互间的滑移，使晶体的强度增加；杂质原子还能使金属的腐蚀加速或延缓等。

二、晶体中的线缺陷

晶体中最重要的线缺陷是位错。所谓位错是指实际晶体在结晶时受到杂质、温度变化或振动产生的应力作用，或由于晶体受到打击、切削、研磨等机械应力的作用，使晶体内部质点排列变形，原子行列间相互滑移，使其不再符合理想晶格的有序排列而形成的线状缺陷。位错有很多种，较为常见的有刃位错和螺旋位错。

如图 2-36 所示，晶体受到压缩作用后，使 $A'B'EFGH$ 滑移了一个原子间距时，造成质点滑移面和未滑移面的交界有一条 EF 线，称位错线。在这条线上的原子配位就和其他原子不同了。位错上部原子间距密，下部疏，原子间距离出现疏密不均匀现象。滑移方向和位错线 EF 垂直，一般称之为刃位错或棱位错，用符号⊥代表，垂线指向额外平面。另外，一些单晶材料若受到拉应力超过弹性限度后，会产生永久形变，即所谓塑性形变，见图 2-37。其原因是晶体被拉长时，晶体各部分沿某族晶面形成位错直至发生相对移动，即所谓滑移，就造成了永久形变。

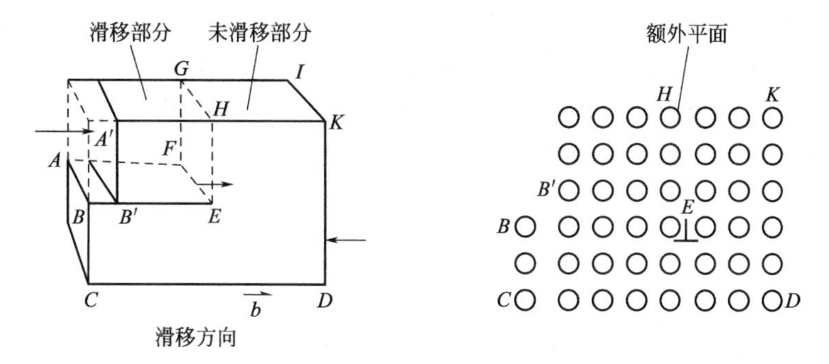

图 2-36　刃位错示意

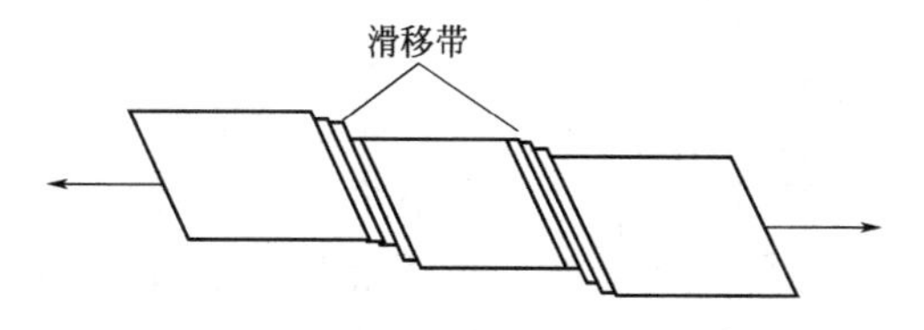

图 2-37　单晶受拉伸产生永久形变示意

另一种位错，是由于剪应力的作用，产生面与面之间的滑移，并且晶体中滑移部分的相交位错线和滑移方向平行（见图 2-38）。由于和位错线 AD 垂直的平行面，不是水平的，而是螺旋形，故称螺旋位错，用符号 ∩ 表示。

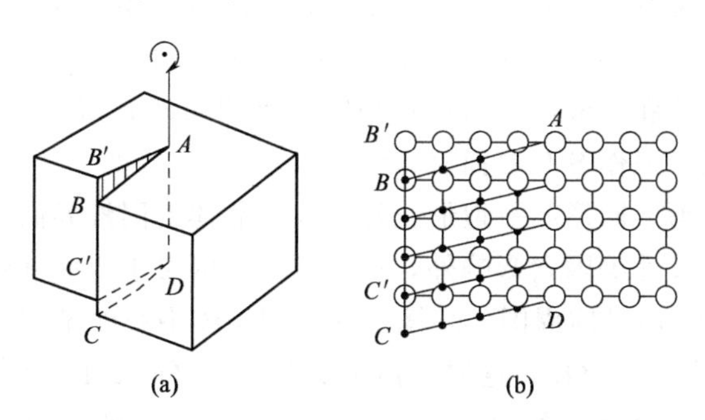

图 2-38　螺旋位错示意

利用位错缺陷可以说明许多现象和晶体的许多性质。例如材料的塑性变化就是因为位错移动的结果；晶体生长快的原因之一也是晶体中有螺旋位错存在；其次位错地区的原子活动性较大，借此可加速物质在固体中的扩散过程；此外位错属于一种畸变状态，还能引起能带的变化，甚至吸收电子，因此，位错对半导体性质的影响也很严重。需要指出的是位错这类线缺陷可以和点缺陷相互作用，特别是刃位错可以和各类点缺陷相互作用，同时，刃位错之间也可相互作用。

三、晶体中的面缺陷

面缺陷中最简单的是层错。层错分为内减层错和外加层错，内减层错是晶体内移走一个晶面，外加层错是晶体内插入一个原子层。

在实际晶体中，层错的产生、形成和相互作用形式很多。例如，晶体在生长时，由于某些条件的影响，可能发生原子面的错排。对于面心立方的晶体，其堆积顺序为 *ABC ABC*……，如果在生长到 *C* 层以后，由于某些条件的干扰，跳过 *A* 层，直接生长 *B* 层，则形成了 *ABC BC ABC*……顺序，产生了面缺陷层错，在这时相当于正常的排列减少了一层，因此，它属于内减层错；同样，如果形成 *ABC B ABC*……的排列顺序，则相当于正常排列中增加了一层，因此属于外加层错。如果在堆积时形成这样的顺序：*ABC ABC BAC*……，则 *C* 层两边正好成对应关系，这时 *C* 就成了双晶结合面。

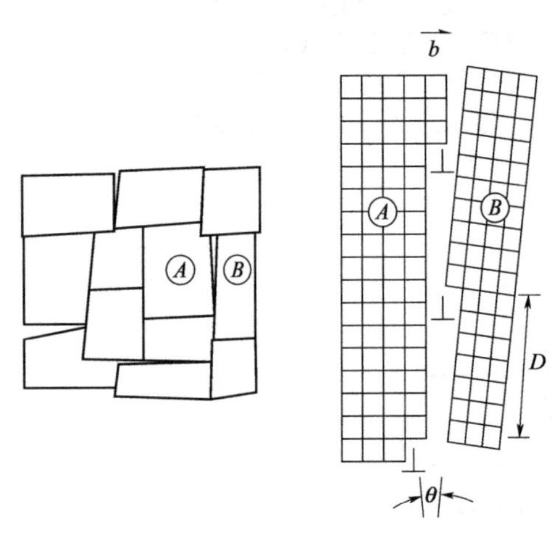

图 2-39　小角度晶界

另外还有三种典型的面缺陷。第一种称“镶嵌界面缺陷”或叫“小角度晶界”，见图2-39。形成原因是单晶成长过程中受热或机械应力或表面张力作用，它可以看成由许多刃位错（*b*）排列汇集成一个平面的缺陷。各晶粒之间不是公共面，而是公共棱，相互间以数秒至 0.5°的微小角度（θ）倾斜着。第二种是由于结晶过程开始时，形成许多晶核，当其进一步长大时，形成相互交错接触的许多晶粒的聚集体，称多晶体；各晶粒晶面取向互不相同，这种界面缺陷称大角度晶界。界面处的不同晶粒之晶面的交角不像镶嵌缺陷那样微小，好似位错相互靠得很近，以致达到原子数量级。由此可以认为界面处原子排列是带有无定形性质的。第三种称之为“生长层”，是指沿生长方向剖开晶体时见到的一些有规律的条纹，也称生长条纹，如图 2-40。生长层是晶体内溶质浓度交替变化的薄层，它的形状和固液界面的形状相同。所谓固液界面，即熔体凝固点的等温面，是固体和液体的分界面，记作 S-L 界面。

固液界面一般有凸形、凹形和平坦形三种。人工晶体的固液界面形状除受晶体的提拉速度、旋转速度和晶体的尺寸等因素影响外，更重要的是取决于界面处热量输运的情况。若界面处晶体的径向热流 Q_R 向晶体周围的环境传递，则晶体中心的轴向热流 Q_C 必然大于晶体边缘的轴向热流 Q_L，即 $Q_C>Q_L$，这时晶体中的等温面（图 2-41 中虚线所示）与固液界面的形状均呈凹形，且凹向晶体，如图 2-41(a) 所示；若径向热流 Q_R 由周围环境向晶体输送，这时 $Q_C<Q_L$，晶体中的等温面与固液界面形状均呈凸形（凸向熔体），如图 2-41(b) 所示；若晶体与周围环境处于热平衡状态，即 $Q_R=0$，$Q_C=Q_L$，这时界面趋于平坦，如图 2-41(c) 所示。平坦的界面是晶体生长较为理想的情况，可以避免晶体中溶质浓度径向分布的不均匀，当然实际上这是很难做到的。

固液界面的形状直接影响到晶体的质量。控制固液界面的形状可以避免晶体内核的产生和小面生长，还可以使长出的晶体侧面减少位错密度。固液界面的形状还和晶体中溶质的偏

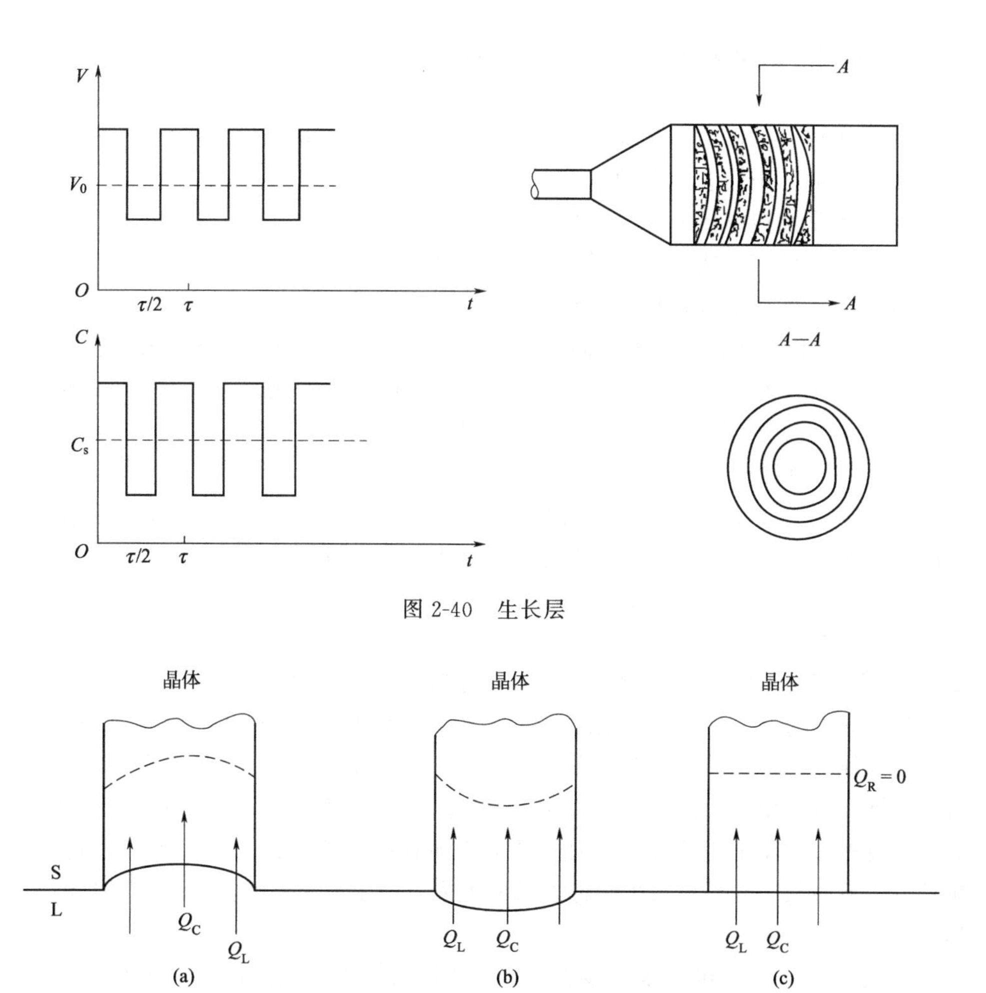

图 2-40　生长层

图 2-41　固液界面的形状与热液关系

聚和偏析、气泡的形成、热应力分布等密切相关。因此，控制固液界面的形状是提高晶体质量的关键之一。在提拉法生长晶体的过程中，通常采用改变晶体转速来控制固液界面的形状。

生长层是天然晶体和人工晶体生长过程中经常出现的一种宏观缺陷，其产生的原因主要有机械振动、加热功率和热损耗不稳定以及流体效应等。它的存在破坏了晶体的各种物理、化学性能的均匀性和完整性，从而降低了晶体的质量，这是不利的一方面；但由于生长层形状与固液界面的形状相同，它直观地记录了晶体生长各阶段的“历史”，通过对生长层的研究，可以得出生长过程中的界面形态及其演变过程的信息，有助于分析生长工艺，为研究晶体生长提供了重要的根据，并为鉴别天然宝石和人工合成宝石提供了判据。

四、晶体中的体缺陷

体缺陷即三维缺陷。嵌镶裂隙、网格结构、系属结构、双晶以及包裹体都属于这个范畴。以下着重描述包裹体这种重要的体缺陷。

包裹体是晶体中某些与基质晶体不同的物相所占据的区域。它常常是液体生长晶体中最严重的缺陷之一，助熔剂法尤为多见，提拉法生长的晶体中也常常不可避免。不仅会出现助熔剂包裹体，而且作为坩埚材料的铂、铱等都可包裹在晶体之中。常见的包裹体有如下几种形式：

① 泡状包裹体：晶体中那些大小不同的被蒸汽或溶液充填的泡状空穴；

② 负晶体：晶体中具有晶面的空洞；

③ 幔纱：由微细包裹体组成的层状集合体；

④ 云雾：微细的气泡或空穴所形成的云雾状的聚集体；

⑤ 固体碎片：如坩埚金属材料的碎片等。

人们还常常把包裹体按出现的时间先后分成原生包裹体、共生包裹体和次生包裹体。原生包裹体是在晶体形成之前就已存在并且在晶体生长过程中出现的，共生包裹体是与晶体同时形成的，而次生包裹体则是在生长之后形成的。

包裹体的形成机制大体有以下几种。

① 外来物质（气泡、不能混溶的液体以及固体粒子）的存在可能形成包裹体。杂质或溶质在晶体表面的吸附而产生的包裹体也可归属此类。固体粒子在成核过程中，也常进入晶核之中成为包裹体，因为这种成核常常是发生在溶液中的外来物质上，这些外来物质常常就是晶体借以成核的固体粒子。

② 沿生长表面过饱和度的变化所引起的晶体表面的低洼和突起，也是引起包裹体的原因。这种过饱和度的变化是由扩散引起的。在低过饱和度的溶液中，生长是借助于螺旋位错产生的生长卷线进行的，其表面差不多是一平面。在扩散情况下，晶体角和边棱上比中心具有更大的过饱和度，角和边棱会比中心面生长快，直到最终在边角上足以产生新的生长层的二维晶核。既然边角比中心长得快，因而必定要导致中心低洼，四周突起，在极端情形下，则会生长成为枝蔓状。如果后来生长速度减慢下来，则表面又可成为平面。于是就把溶液密封在里面，形成包裹体。

③ 阶梯生长也可导致包裹体的形成。有时四周的棱由于先溶解而后生长，在其上形成台阶而产生沿着晶棱的线状包裹体。

④ 溶解能够在晶体表面产生蚀坑，紧接着的生长可能将这些蚀坑覆盖，形成细微的包裹体。

⑤ 在组分过冷的条件下，凝固界面有形成网格结构的趋向，富含杂质的熔体被凝固界面捕获在网格结构的沟槽之中，最后这部分熔体凝固就产生了富含杂质的泡状或念珠状包裹体。

⑥ 在某些条件下，生长过程中所排除的杂质浓度可能超过它在晶体界面附近的溶解度。如果这时杂质成核凝聚成新相，则此后再偏析出来的杂质就可能扩散到新相上，并使它长大。当这些新相黏附在晶体表面时，它就可能被裹夹进去，形成包裹体。

⑦ 流体动力学效应也可促使包裹体的形成。在溶液法生长晶体的过程中，在某些流体动力学条件下，相对于晶体转动方向而言，液流会在晶体的后方形成一些稳定的封闭旋涡。因为旋涡是封闭的，该处的溶液就得不到补充而将耗尽，最后形成溶质的亏空区域。在尾部封闭循环的液流与前面来的新鲜溶液相遇的地方，沿着晶体表面就会出现一个大的浓度梯度(几乎是突变)。在饱和度大的地方将会发生晶体生长，而在低浓度区将不会生长，因此可以预料包裹体常常发生于过饱和度突变的地方。

包裹体形成之后，还常常经历许多变化。液体包裹体可能凝固，其他种类的固体或气体也可能在液体包裹体中成核，从而引起几个相同时存在于包裹体中；包裹体的开头也可能发生变化，因为系统具有使表面自由能最小的趋向，这常常就会导致圆形或球形包裹体的出现；有时也可能导致那些互相接触的包裹体的合并，长的或扁平的液体包裹体也可以分裂成许多小珠；当增高温度时，有时还会有晶面的包裹体，即负晶体的形成。

许多纱幔包裹体都是由于开裂之后或局部溶解之后再愈合而引起的。在水热法生长的红宝石与籽晶的连接处，也曾发现过纱幔状包裹体和裂隙。

在晶体生长之后，由于晶体中存在的杂质浓度超过了它的固溶度而脱溶沉淀也可形成包裹体。在生长之后，紧接着将晶体降温时就很可能发生这种情况，因为杂质的溶解度随温度的降低而下降。

另外，在晶体中还可能发生包裹体的迁移，由一个地方移到另一个地方，甚至移出晶体之外。任何一种产生结晶材料的化学势梯度和使包裹体中的溶质和溶剂迁移速度不同的方法，都可引起包裹体在晶体中的运动，从而可用它来消除包裹体。温度梯度技术（区域熔炼法）就是目前最为流行的方法之一。

第三章 焰熔法生长宝石晶体

焰熔法生长宝石晶体的方法是在人们探索红宝石的合成技术基础上发展起来的。早在1819年，E. D. 克拉克（E. D. Clarke）博士用新发明的氢氧吹管进行试验，将两颗天然红宝石放在木炭上，使其熔化成一个小球。当时他认为小球是玻璃质而不是晶质的。到了1837年，法国化学家M. 高丁将含有痕量重铬酸钾的明矾和硫酸钾饱和溶液蒸发，而后用氢氧火焰吹管熔化其残留物，在高温下排出二氧化硫气体后，得到了氧化铝。痕量的重铬酸钾将氧化铝染成了红色，氧化铝随着冷却而产生结晶。但是高丁也未认识到获得的是合成红宝石晶体，而误认为是红宝石玻璃。1885年弗雷米、费尔和瑞士人乌泽一起，将天然产的红宝石碎屑用氢氧火焰熔化，并加入少量重铬酸钾试剂以加深其红颜色，制成了一种再生的红宝石，就是所谓“日内瓦红宝石”。直至1902年，法国化学家维尔纳叶在弗雷米等人的基础上改进了焰熔技术，成功地用此方法合成出了数克拉美丽而较为完美的合成红宝石，这成为人工合成宝石发展史上的一个分水岭，因此焰熔法也被命名为维尔纳叶法。在此之后，焰熔法便成为人工合成宝石中最主要的合成方法之一。

随着近代科学技术的发展，焰熔法生长宝石晶体技术也在不断发展与完善。除了用此方法合成红宝石外，人们还通过改进此技术成功地获得了合成蓝宝石、合成彩色尖晶石、合成金红石、人造钛酸锶、合成星光红以及人造钇铝榴石（YAG)、人造钇铁榴石（YIG）等宝石晶体。1926年，有人用氢氧焰熔融氧化镁和氧化铝（1∶1）的混合粉末，意外得到了合成尖晶石，但生长出的晶体很容易炸裂。之后，通过改变混合粉末的比例［(1.5～3.5)∶1]，同时添加少量着色剂，成功合成出了各种颜色的合成尖晶石，并有效克服了炸裂现象。1947年，美国的林德公司将氧化钛加入铝粉中，用氢氧焰将这种混合物熔融，晶体生长后进行热处理，得到了合成星光蓝宝石。之后，该公司将这种产品推向商业化。到现在，德国和日本的许多公司也具备这种生产工艺。1948年，美国的公司用焰熔法合成出了强色散的合成金红石，作为钻石的代用品进行应用。1951年，美国的迈克用焰熔法生长出了人造钛酸锶，但生长出的晶体易裂，很难形成大块。到了1955年，人造钛酸锶晶体的生长技术已成熟并可进行商业化生产了。

继焰熔法合成红宝石商业化生产之后，人们开始用这种方法合成大量低成本且具有宝石价值的合成红宝石和合成蓝宝石。

20世纪50年代末，我国从前联引进了焰熔法合成刚玉宝石的设备和技术，60年代正式投产后，产品主要用于手表轴承工业。随后，我国出现了20多家焰熔法合成宝石工厂，能生长出合成星光红、蓝宝石和十几种颜色的合成刚玉、合成尖晶石、合成金红石以及人造钛酸锶等系列人工宝石。然而，采用老工艺（用电解水的方法获得氢气和氧气）进行焰熔法合成宝石的生产，成本很高，没有市场竞争力。从 1995 年起，人们利用化工厂废弃的氢气与氧气代替电解水工艺建起了焰熔法合成宝石厂，取得了良好的经济效益。例如，采用该工艺的浙江省某公司，拥有 260 多台生产设备，年产量可达 25t。此外，贵州省某地利用当地廉价的小水电站建设的焰熔法合成刚玉厂，年产量可达 17t。我国其他焰熔法生产合成刚玉的工厂主要分布在陕西省宝鸡市、山东省烟台市、江苏省苏州市以及浙江省杭州市。2000 年统计数据显示，我国焰熔法合成刚玉类宝石年产量可达 103t（生产能力为 128.5t），生长的合成刚玉宝石直径大多数可达到 15～20mm，只有少数厂家可生产出直径达 32mm 的合成刚玉宝石，产品主要用于钟表工业。

大直径的刚玉晶体因其耐高温、耐摩擦、全透明的特性，不但可作为宝石饰品应用，还可作为摄影机的窗口材料或用于无人驾驶飞机、人造卫星、宇宙飞船等航空航天设备的观察窗口。因此，有必要将先进的生产工艺推广到更多的生产厂家，以此来提高我国合成刚玉晶体的粒度和质量，一方面能弥补合成刚玉类宝石市场高质量产品的供应不足，另一方面，也能大大提高我国国防工业和科学技术水平。2012 年至今，我国已建成焰熔法合成刚玉类宝石的约有十家大中型企业，总生产规模约 400 多台烧结机（每台 10 头），年产量在 1000～1500t，其中约 50%合成产品为用于仪器、仪表的无色蓝宝石，约 10%为合成彩色宝石，其余的合成纯白蓝宝石，经破碎后供泡生法合成 LED 晶体的材料，目前行业供需基本处于平衡状态。合成刚玉类宝石的晶体大小也取得了飞跃，达到长 120mm，直径 42mm；还生产出了扁状的晶体，宽 33mm，直径 9mm（见彩色图版），此晶体加工的出料率显著提高，将有效扩大使用范围，在价格上也高出许多。焰熔法合成晶体的品种也有所增加：除常见的红宝石晶体外，可以合成 20 种颜色 5 个品种的晶体（无色蓝宝石、蓝色蓝宝石、变色蓝宝石、合成尖晶石、合成金红石），且已加工出 100 多个款式（见彩色图版），有效地增加了适应范围。

这些合成刚玉除在宝石领域中应用外，还用于手表和机械的轴承、手表表皿、唱机的唱针等一般工业，也可应用于 LED（发射蓝、白光）、固体激光、光导纤维接头、集成电路外连基层等高科技领域，这一切使得焰熔法在工业上得到了大规模的推广和应用。

第一节　焰熔法生长宝石晶体工艺

一、焰熔法生长宝石晶体的工作原理

焰熔法生长宝石晶体是利用氢氧火焰所产生的高温，将随着敲锤振动所抖落的粉料加热熔化，熔融的熔体落于装在支持架上的结晶杆顶端的籽晶上。由于火焰在结晶炉内造成一定的温度分布和籽晶托杆的散热作用，以及结晶杆的缓慢下降，使得逐渐长成的梨状晶体（简称梨晶）下部稍冷而呈固态，并逐渐结晶成宝石晶体。结晶杆以与梨晶生长相同的速度下降，保证了宝石晶体生长出一定的长度，见图 3-1。

由于氢氧火焰燃烧快、温度高，粉料熔融时间很短暂，而宝石晶体的结晶温度高，热导率很大，生长界面附近的热辐射很强，所以造成结晶界面的纵向温度梯度变化非常大，产生很大的热应力，使生长成的宝石梨晶在热应力的作用下容易沿晶体生长面开裂，产生晶体缺陷。为了消除热应力带来的晶体缺陷，要求对梨晶进行高温退火处理。退火处理的基本方法

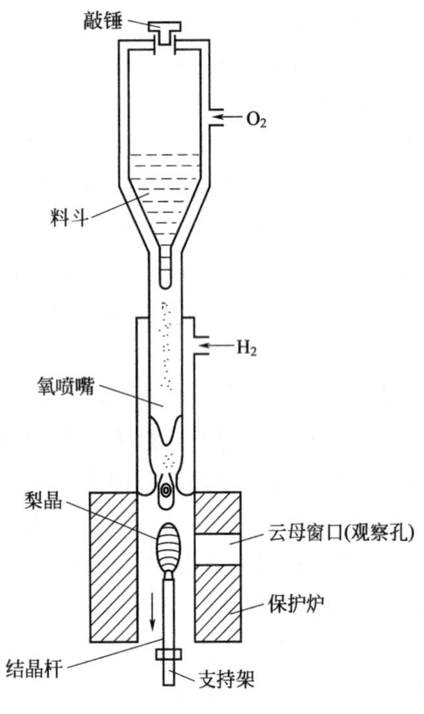

图 3-1 焰熔法装置示意

是把生长出的宝石梨晶重新放到一个温度分布均匀的高温场中，退火温度一般为熔点的 60%以上，通过分子热运动，消除原来的弹性形变，再缓慢地冷却到室温。实验证明：接近熔点的高温退火处理，不仅能消除热应力，降低位错密度，而且能使畸变的、双轴的锥光图恢复到接近于单轴的锥光图。

二、焰熔法生长宝石晶体工艺过程

焰熔法生长宝石晶体的工艺主要由原料的提纯、粉料的制备、晶体生长和退火处理四个工艺过程组成。

（一）原料的提纯

对原料的要求是原料丰富、价格低廉、提纯方法简单有效。

合成宝石的种类不同，其原料的种类以及提纯的方法也不相同，如生长刚玉类宝石原料多采用硫酸铝铵，可用简单的重结晶法进行提纯；生长金红石晶体原料为硫酸氧钛铵，是在硫酸铵水溶液中加入浓 H_2SO_4 和 $TiCl_4$，发生化学反应，产生白色沉淀，再经过滤清洗制得。

（二）粉料的制备

焰熔法对粉料的具体要求有四点。

① 高纯度：防止因杂质而引起晶体缺陷，例如气泡（挥发性杂质）、不熔物夹杂等。

② 化学反应完全：避免在熔融层上因粉料发生化学反应而产生气泡。

③ 体积容量小、高分散性和良好的均匀性，以保证炉料经过火焰时能全部熔融，避免粉料来不及熔化就串入熔融层造成不熔物包裹体等。

④ 晶体构型要有利于晶体生长。

粉料的制备方法也因生长宝石的种类不同而不同，大多数是在水溶液中提纯后，沉淀成粉料，然后采用焙烧的方法。要制备性能良好的粉料，必须具有一种符合工业生产要求的焙（煅）烧炉，这种炉子要求热容量（功率）要足够大、升温较快、炉温均匀、气相产物易排出等。

（三）晶体生长

焰熔法生长宝石装置一般由气体燃料供给系统、燃烧装置、结晶炉、供料装置及下降机构所组成。

宝石晶体生长过程可分三个阶段。

1. 生长晶芽（或称引种、接籽晶）

在籽晶上长出最初的晶芽，此过程又称引晶。早期的工艺中，籽晶一般为粉料烧结成的陶瓷体或已结晶晶体的一部分。目前，均已用晶种法代替晶芽的自发生长，如生长合成红宝石时，晶种采用合成红宝石。

2. 扩大放肩

扩大晶种的面积或扩大晶种的直径。

3. 等径生长

晶体扩大到一定大小后，即处于等径生长阶段，一直维持到生长结束。不同宝石的生长晶体直径虽不完全相同，但基本上最后都成为倒梨形，即梨晶。在等径生长时，要使梨晶的生长晶面经常处于最适宜的生长温度区内，即所谓的结晶焦点上。最佳结晶条件是在梨晶的顶部保持 2～3mm 厚的熔融层，使落在这个层上的尚未结晶的粉料完全熔化，随后在晶体杆下降时于熔融层下凝固析晶。

在整个晶体生长过程中，对主要生长设备及装置有一定的工艺要求。

(1) 供料系统 要求粉料流动通畅，并能够均匀而稳定地通过燃烧器中心的氧气管落入氢氧火焰中熔化成微小液珠。

(2) 气体燃烧器 这是熔化粉料的主要设备部件，氧气和氢气通过燃烧器燃烧时，可产生高达 2900℃的温度，燃烧器的结构好坏影响火焰的大小和温度分布，氢气和氧气比例大小决定着三层火焰的形状和温度的变化。为了充分燃烧，一般要求氢气过量，但氢气过量太多会带走热量，并使相当一部分氢气在炉外燃烧，还会带走部分粉料。

(3) 结晶炉 结晶炉的作用是给生成的晶体创造一个保温条件，让处于高温的晶体缓慢冷却，使温度保持稳定，炉体的炉膛要求呈流线形，便于气体流动和不积粉。一旦积粉，会阻碍气体流动并产生涡流及局部的温度变化，造成晶体畸形生长，如晶体形状不规则，有沟槽等现象发生。另外若炉膛过大，保温性差，会造成晶体开裂。为了降低生成晶体的内应力，可结合缓冷法采用后加热器技术以减小温度梯度。

(4) 下降机构 该机构的作用主要是适应晶体的生长温度，保持晶体的固液界面在一定的位置，使晶体处于相对稳定的温场下生长，所以要求该机构能随意调整下降速度，并且在下降过程中能自动而平稳地均匀下降，无振动。原则上下降的速度应与晶体生长速度相同。也有采用下降机构旋转的方法，可使形成的气泡升至表面逸散，从而提高晶体的质量。通常起始调节的理想位置是使晶体顶部的温度高于晶体熔点而低于晶体沸点，从而保证有 2～3mm 厚的熔融层。

(四) 退火处理

将合成晶体按规定装入高温炉之后，将炉温缓慢地升到预定的温度，然后进行长时间的恒温退火。由于未退火的合成宝石晶体热应力很大，若升温速度太快，晶体常因升温过程的热冲击而开裂。通常的升温时间为 5～10h，温度上升到预定温度后，恒温几十个小时，再缓慢地降至室温，接近熔点的高温退火要严格控制温度，以防晶体回熔。

2000℃以内退火处理可采用氧化锆加热炉；但进行 1300℃的退火处理时，利用一般的硅碳棒加热炉即可；1600℃退火处理时，采用硅钼棒加热炉；利用电阻发热的保护气氛高温电炉，工作温度可达 2000℃以上，且退火效果较好。更高温度的退火处理，则需要专门设备。

三、焰熔法生长优质宝石晶体的关键因素

为了获得优质的宝石晶体，在晶体生长过程中，往往从结晶过程和冷却过程来考虑影响晶体质量的问题，这就涉及设备、控温稳定性、生长取向及结晶速度等方面，主要有以下几个方面。

(一) 选用优质籽晶并选取最佳的生长方向

采用结构完整性好的籽晶，可避免先天不足的缺陷带入生长的晶体，减少“遗传”的影响。

定向生长与晶体质量也密切相关。生长取向通常是指生长轴与晶体光轴的位置，即夹角，见图 3-2。如用 0°取向生长合成红宝石（亦即生长轴与晶体光轴平行）时，生长的晶体结构完整性最差，镶嵌结构（见图 3-3）约占 70%；取向为 90°生长的合成红宝石，镶嵌结构占 33%，并且晶体呈扁平状。镶嵌结构较多，则容易导致晶体开裂，通常选取 60°左右生长最好。

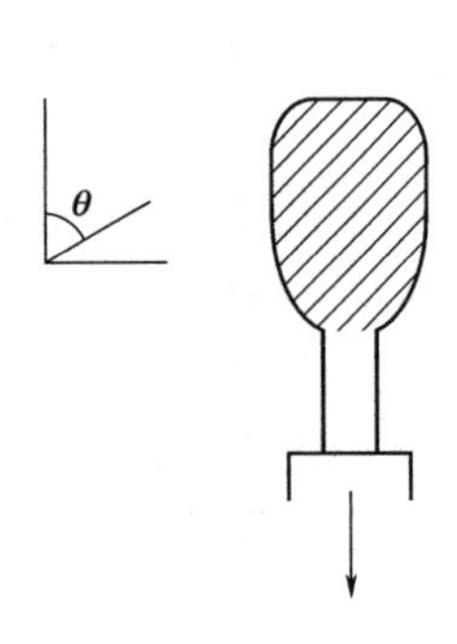

图 3-2 生长取向

图 3-3 镶嵌结构

定向方法通常采用“偏振光定向法”。方法如下。用一个偏光显微镜，除去上偏光镜，把做籽晶用的红宝石放在载物旋转台上。旋转载物台，从目镜中看到红宝石呈弱的橙红色时，该方向为光轴方向；当看到强紫红色时，为垂直光轴方向，即相互为 90°，然后便可很容易地选定 60°的方向了。

(二) 生长炉炉内温度分布要均匀，轴心要一致

当焰熔法生长晶体不旋转时，如果横向及纵向温度分布不均匀，则结晶层将会厚薄不同，严重时直接影响晶体外形。所以要求炉膛圆度要好，喷口、混合料下落中心线、火焰喷枪中心线与炉体的中心轴线重合。

(三) 氢氧比例要合适，气体流量要稳定

氢氧的配比及流量，直接影响到结晶炉内的燃烧情况和温度分布，因而它影响到晶体的生长。不稳定的气流比和生长速度，会造成温度梯度的变化，这些都会改变晶体内部离子的价态，不仅会改变晶体的颜色，也会直接影响晶体的品质。

通常生长无色合成蓝宝石时，$H_2:O_2=(2.0\sim2.5):1$；生长合成红宝石时，$H_2:O_2=(2.8\sim3.0):1$；生长合成金红石时，$H_2:O_2=(1.8\sim2.0):1$；生长人造钛酸锶时，成核过程 $H_2:O_2=7:1$，晶体生长过程 $H_2:O_2=5:1$。

(四) 粉料要达到工艺要求

对粉料除要求高纯度、高分散性、流动性及均匀性好且反应完全外，还要求粉料具有一定的结晶颗粒大小和晶体构型，如生长合成红宝石时，需 0.5μm 左右的 $\gamma\text{-}Al_2O_3$ 构型的粉料。没有好的粉料，不可能生长出优质的宝石晶体来。

(五) 下料要均匀、稳定且与火焰温度、晶体下降速度协调一致

在结晶过程中，若下料速度、温度和下降速度相互协调良好，则生长出的梨晶具有凸的

顶面；当协调不好，热量不足时，梨晶具有平的顶面；当严重失调时，热量严重不足，氧的压力过高，梨晶顶面呈凹形，而凹顶的晶体应力大，易于开裂。

四、焰熔法生长宝石晶体的优缺点

焰熔法生长宝石晶体与其他宝石晶体生长方法相比有其特殊的优点。

① 焰熔法生长宝石晶体不需要坩埚，这样既可节省制作坩埚用的耐高温材料，又可避免坩埚的污染。

② 氢氧焰燃烧时，温度可以达到2900℃，因此可用此法生长熔点较高的宝石晶体。

③ 晶体生长速度较快，短时间内可以得到较大尺寸的晶体，例如每小时可生长约10g重的晶体，直径可达15～20mm，长度达500～1000mm。通常一个喷头4h生长一个50～60g重的合成红宝石梨晶。

④ 生长设备比较简单，劳动生产率高，适用于工业化生产，一个车间可以同时装备多台焰熔炉，产量比较大。

除了上述的一些优点外，此方法还存在着如下缺点。

① 由于火焰温度梯度大，造成结晶层的纵向温度梯度和横向温度梯度均较大，故生长出来的晶体，质量欠佳。

② 因为发热源是燃烧着的气体，故温度不可能控制得很稳定，温度的骤变或急剧冷却都会造成体积收缩，使晶体产生较大的内应力，导致晶体位错密度较高，必须进行高温退火处理，以改善晶体的质量。

③ 对粉料的纯度、粒度要求严格，提高了原料成本。另外，在晶体生长过程中，有一部分粉料从火焰中撒下时，并没有落在结晶杆上，估计约有30%的粉料会在结晶过程中损失掉，故对名贵或稀有原料来说很不经济。

④ 对易挥发和易氧化的材料，通常不能用此法来合成宝石。

为了克服以上缺点，人们曾对设备进行了改进。如为降低温度梯度，人们研制了各种样式的氧-氢-氧三层喷枪和多管蜂窝状喷枪；喷口甚至整个喷枪全用高纯氧化铝多晶陶瓷制作，这样既降低了温度梯度，又减少了喷枪材料对晶体的影响，从而提高了晶体质量；另有用等离子火焰加热技术替代氢氧焰，使气氛容易控制，腔体温度也较稳定，但设备的制作有一定的难度，故而未能得到广泛推广。国内创造出的氢气和氧气的“水封安全稳压法”，可使生长炉内温场更稳定，对生长高质量、多品种及大直径晶体有重大意义。

第二节　焰熔法合成刚玉类宝石

焰熔法合成刚玉类宝石包括生长无色合成蓝宝石、各种彩色合成蓝宝石、合成红宝石及合成星光刚玉宝石晶体，其工作原理及工艺过程同前所述。需要指出的是彩色合成蓝宝石和合成红宝石的生长，在粉料制备时需加入着色剂，使晶体着色；合成星光刚玉宝石生长时，除了添加着色剂外，还须加入少量星化剂，使生长出的晶体具有星光效应。

焰熔法合成刚玉类宝石的具体工艺步骤如下。

一、合成刚玉类宝石原料的选择与提纯

（一）原料的选择

目前，国内外焰熔法合成刚玉类宝石都采用硫酸铝铵（又名铝铵矾）作为制备 γ-Al_2O_3 粉料的首选原料，选用铝铵矾作为原料的优点如下。

① 铝铵矾原料丰富，价格低廉，提纯方法简单有效。

② 铝铵矾分子式为 $(NH_4)_2Al_2(SO_4)_4 \cdot 24H_2O$，其中 Al_2O_3 的含量仅为11%，经焙烧后，其余89%成为气体烧失了，这样，可使焙烧产物松散流动性好。

③ 由于铝铵矾的溶解系数很大，可采用简单的重结晶法进行提纯，而且在重结晶过程中，它的排杂效果很好，只需经3～4次重结晶，铝铵矾的纯度就可达99.9%～99.99%。

（二）原料的制备与提纯

1. 铝铵矾的制备

以硫酸铝：硫酸铵＝2.5：1的配比进行配料并混合均匀，然后按料水比为1：1.5配比，加热至沸腾，完全溶解后，缓缓冷却析晶即成铝铵矾，其反应为：

$$Al_2(SO_4)_3+(NH_4)_2SO_4+24H_2O \longrightarrow (NH_4)_2Al_2(SO_4)_4 \cdot 24H_2O$$

2. 铝铵矾的提纯

将合成的铝铵矾在蒸馏水或去离子水中溶解，然后反复重结晶3～5次，即可得99.9%以上纯度的原料。

重结晶时用 H_2SO_4 调节pH值，当pH值＞3.5时，结晶过程中可除去 K^+。因为 K_2O 是引起刚玉宝石内部产生散射颗粒和宝石脆裂的主要原因之一，所以必须除去。然后降低pH值再溶解后重结晶，可除去杂质 Fe^{3+} 和 Ti^{4+}，其他杂质 Cu^{2+}、Mn^{4+}、Ga^{3+}、Cr^{3+}、Mg^{2+}、Na^+、SiO_2 等经三次重结晶后残余量大约为 10^{-7}～10^{-6} g/L，不会影响刚玉宝石的晶体生长。

二、合成刚玉类宝石粉料的制备

（一）无色合成刚玉宝石（无色合成蓝宝石）粉料的制备

生长刚玉类宝石要求粉料结构为 γ-Al_2O_3。γ-Al_2O_3 粉料是通过焙烧铝铵矾来获得的，铝铵矾在焙烧过程中进行热分解反应，经过脱水和分解阶段，最终得到 γ-Al_2O_3，各阶段反应式如下。

1. 铝铵矾脱水阶段

$$(NH_4)_2Al_2(SO_4)_4 \cdot 24H_2O \xrightarrow{200℃} (NH_4)_2Al_2(SO_4)_4 \cdot H_2O+23H_2O\uparrow$$

$$(NH_4)_2Al_2(SO_4)_4 \cdot H_2O \xrightarrow{250\sim350℃} (NH_4)_2Al_2(SO_4)_4+H_2O\uparrow$$

2. 无水硫酸铝铵分解阶段

$$(NH_4)_2Al_2(SO_4)_4 \xrightarrow{450\sim550℃} Al_2(SO_4)_3+2NH_3\uparrow+SO_3\uparrow+H_2O\uparrow$$

3. 硫酸铝分解阶段

$$Al_2(SO_4)_3 \xrightarrow{650\sim850℃} \gamma\text{-}Al_2O_3+3SO_3\uparrow$$

铝铵矾在接近200℃时，失去23个水分子，吸收大量热能，引起炉温骤降，致使容器

或炉膛破损，因此需要预先对铝铵矾进行脱水处理，可先在脱水炉内进行。同时铝铵矾脱水量对其烧成的炉料的物理性状有影响，随着脱水率的提高，炉料的容积密度增加，过筛度降低，这表明炉料的分散性和流动性变差。然而脱水率小于 60%时，所得炉料的性状尚属优异，因此脱水炉的炉温最好控制在小于 300℃，脱水量应小于 60%。

炉料焙烧时采用高温入炉、高温出炉方法。这是提高炉料焙烧生产率的有效措施，同时可使炉料快速加热分解，容易获得高分散度的 γ-Al_2O_3，而且高温出炉又能减少炉料表面吸附物。可将已经脱水处理的铝铵矾连同蒸发器装入炉温为 600℃的焙烧炉内，或将半脱水的铝铵矾块直接投入高温炉炉膛内，快速（大于 300℃/h）升温到 1050℃，保温 2～3h 后，停电稍冷，即将粉料取出，置于防尘、防潮的料桶内自然冷却，降至室温后即装入 170～200 目振动筛过筛，筛得的炉料装入瓶中密闭保存。炉温在 1000℃左右，可保证所得粉料基本上是 γ-Al_2O_3。若温度过高，γ-Al_2O_3 会发生晶型转变，形成 α-Al_2O_3，粉料有收缩现象，颗粒也会变粗。

用上述条件制备的 γ-Al_2O_3 粉料易于过筛，吸附物和欠烧物含量很少，容重也符合优质炉料的性能指标，容积密度为 0.26～0.33g/mL。所得 γ-Al_2O_3 的重量仅占铝铵矾重量的 11.2%。

（二）彩色合成刚玉类宝石（合成红宝石及彩色合成蓝宝石）粉料的制备

彩色合成刚玉类宝石粉料的成分是 γ-Al_2O_3 和少量着色剂。着色剂多为过渡元素的氧化物或稀土元素的氧化物，其作用是使致色离子进入晶格，使晶体对可见光产生有选择地吸收，从而使晶体着色。

彩色合成刚玉类宝石粉料是通过在原料（铝铵矾）中添加着色剂，再经脱水焙烧而获得的。具体的方法是，将着色剂配制成一定浓度的溶液并按要求加入铝铵矾中。铝铵矾受热溶解后，着色剂也就均匀分布在铝铵矾溶液中。再将混有着色剂的铝铵矾置于脱水炉中脱水及焙烧炉中焙烧，脱水和焙烧过程同前所述。这样，着色剂就均匀地分布在粉料中了。彩色合成刚玉粉料的容积密度通常为 0.30～0.33g/mL。

需要注意的是，有时可发现制成的粉料颜色与生长出的晶体颜色完全不同。例如合成红宝石晶体的粉料呈现微黄和绿色，而生长出的晶体则呈红色。这主要是因为 Cr^{3+} 在 γ-Al_2O_3晶体中受到挤压，使 Cr^{3+}—O 键长变短的缘故。

在合成刚玉类宝石中，加入着色剂的种类和含量不同，使宝石产生的颜色也不同，其相互关系见表 3-1 所示。

表 3-1 合成刚玉系列宝石加入着色剂与呈现颜色

加入的着色剂及含量/%	呈现的颜色
Cr_2O_3(0.01～0.05)	浅红色
Cr_2O_3(0.1～0.2)	桃红色或粉红色
Cr_2O_3(2～3)	深红色
Cr_2O_3(0.2～0.5)+NiO(0.5)	橙黄色
Cr_2O_3(0.5)+TiO_2(0.5)+Fe_2O_3(1.5)	紫色
TiO_2(0.5)+Fe_2O_3(1.5)	蓝色
V_2O_5(3～4)	蓝紫色(阳光下)和红紫色(灯光下)

续表

加入的着色剂及含量/%	呈现的颜色
Cr_2O_3(0.01～0.05)+NiO(0.5)	金黄色
NiO(0.5～1)	黄色
Co_3O_4(1.0)+V_2O_5(0.12)+NiO(0.3)	绿色

(三) 合成星光刚玉宝石粉料的制备

星光红、蓝宝石形成的机理是在刚玉六方柱晶体内部存在细小的针状包裹体，并且这些针状包裹体呈三组互成60°的线条状排布。将此刚玉晶体垂直C轴磨成素面凸圆形，在光线照射下，晶体内部的三组针状包裹体可聚合成六射星状亮线，即具星光效应。常见星光红宝石和星光蓝宝石晶体内部的针状包裹体为金红石（TiO_2），所以也称TiO_2为星化剂。因此，合成星光红、蓝宝石的粉料应由γ-Al_2O_3、着色剂和星化剂组成。

合成星光红、蓝宝石粉料的制备方法是：在原料中加入着色剂的同时，也加入一定量的TiO_2星化剂，通常TiO_2的加入量为0.1%～0.3%。然后同前所述对调配好的混合料进行脱水和焙烧，所需粉料即可制得。

三、合成刚玉类宝石晶体生长

所有刚玉类的宝石晶体进行焰熔法生长时的工艺条件及操作步骤基本相似。

首先将籽晶安放在耐火黏土棒的顶端，以便控制晶体的结晶方位，优选方位是60°。开炉后，供料系统、燃烧器及下降机构开始工作。刚玉的熔点约2050℃，氢氧焰的工作温度为2900℃，其中生长无色合成蓝宝石的H_2∶O_2=(2.0～2.5)∶1，生长合成红宝石的H_2∶O_2=(2.8～3.0)∶1，生长合成蓝宝石的H_2∶O_2=(3.6～4.0)∶1。调节晶棒的位置，使晶体顶部的温度高于熔点2050℃而低于沸点2150℃，从而保证有2～3mm的熔融层。经过籽晶的扩大放肩，再进行等径生长到预定尺寸。最后，晶体停止生长，关炉之后，应以原状放在炉内冷却。此时的冷却条件对晶体质量也有相当大的影响，若采用急冷，晶体内外温度差较大，会引起内应力增加，使晶体表面脆性增大，容易开裂。

在彩色合成刚玉晶体生长时，由于着色剂的加入，会使粉料的熔点降低，因此晶体生长温度也会降低，并且某些着色离子在刚玉中的分配系数小于1，所以由这些离子致色的晶体生长后会产生颜色不均匀或晶体易裂的缺陷。例如在生长合成蓝宝石时，在原料中加入Fe_2O_3和TiO_2两种着色剂，在实际生产中，发现该粉料容易过熔，熔体冷却时铁、钛离子会向晶体表面扩散，造成晶体表面蓝色深，越往晶体中心蓝色越浅，甚至中心区出现无色的状况。为了解决这一问题，提高晶体的质量，需采取以下措施。

① 将“酒瓶”式炉膛改进为“凸”式炉膛，保证生长所需热场。不稳定的气流比和生长速度，会造成温度梯度的变化，这些都会改变晶体内部铁和钛离子的价态，也就会直接影响晶体的品质。

② 在Al_2O_3粉体中掺入适量的钛和铁元素TiO_2（0.5%）、Fe_2O_3（1.5%），才能获得高品质的蓝宝石晶体。

③ 温度调到2045～2080℃，建立稳定的生长速度（10～20mm/h），防止着色剂外扩。

④ 在设定的温度和温度梯度的条件下，氢气和氧气的比例为（2.0～3.0）∶1时，晶体颜色为正常色，当改变氢气或氧气的比例时，相当于改变了铁、钛离子的价态，蓝宝石晶体

的颜色就会发生深浅的变化。

改进后可生长出高品质无白色蕊的合成蓝宝石晶体，切磨后的刻面蓝宝石颜色鲜艳均匀，饱和度高（见彩色图版）。

合成星光红、蓝宝石生长后，其星光效应并不显著，星光效应产生的关键步骤还在下一步退火处理。

刚玉类宝石生长的晶体重量不一，通常为 150～750ct 的梨晶，直径达 17～19mm。目前技术改进后，能生产长达 120mm、直径 42mm 的晶体（见彩色图版）。

四、合成刚玉类宝石的退火处理

退火处理的主要条件为温度和时间。焰熔法生长出的刚玉类宝石晶体由于温度梯度大造成内应力大，必须经退火处理。通常一根 50mm 的梨晶，顶部熔融层温度为 2050℃，而底部可能只有 100℃，因而结晶过程中使得晶体中的内应力可达 8～10kg/mm^2。若不退火消除内应力，则在加工和使用过程中非常容易破裂。用于珠宝首饰的焰熔法合成刚玉宝石晶体一般不退火，但都是从内应力最大的生长轴方向劈开，并以劈开面作为台面进行切磨加工。

对于无色和彩色合成刚玉（不包括合成星光刚玉）宝石晶体，其退火温度为 1800℃左右，时间 2h 左右。

合成星光红、蓝宝石晶体的退火处理很重要。其退火的主要目的是使星化剂 TiO_2 在高温下发生扩散作用，均匀分布，然后降温使 TiO_2 生成金红石矿物，在刚玉晶体的六方柱结构上以针状析出，从而产生星光效应；其次才是为了消除内应力。通常其退火温度与时间成反比，如 1100℃时退火 72h，1300℃时退火 24h，1500℃时退火仅 2h。国内合成星光红宝石晶体的退火温度通常为 1420℃，退火时间 5h 左右。

实验证实，当合成星光宝石星化剂含量一定时，合成星光宝石针状沉淀物的大小、含量与温度、时间有关。星化温度高，针状沉淀物多，分布越有规律；星化时间长，沉淀物也多，针状晶体发育完好，排列也更规则，从而合成星光宝石的星线变粗、变亮、更清晰。有报道认为针状沉淀物是钛和铝的固溶体。

第三节 焰熔法合成金红石类宝石

合成金红石是第二次世界大战后研究生产出来的，由于它具有高色散和高折射率的特性，在人造钛酸锶和合成立方氧化锆（CZ）研制出来以前，淡黄色的合成金红石晶体一直是一种受欢迎的钻石仿制品。

金红石的化学分子式为 TiO_2，四方晶系，熔点 1840℃，密度为 4.25g/cm^3，莫氏硬度 6，折射率 2.61～2.90，双折射率为 0.87，色散度为 0.330，合成金红石可用焰熔法制得，其生长工艺如下。

一、原料的选择与制取

选择合成的硫酸氧钛铵 $(NH_4)_2SO_4 \cdot TiOSO_4 \cdot 2H_2O$ 为初始原料，将其焙烧可得到 TiO_2 粉料，作为焰熔法生长合成金红石晶体的炉料。此种粉料具有高纯度、高分散态和有利于晶体生长的构型以及反应完全等性质。

(一) 合成硫酸氧钛铵的配料

$(NH_4)_2SO_4$ 水溶液（二级），浓度为 3.8mol/L；浓 H_2SO_4（二级），密度 $1.84g/cm^3$；$TiCl_4$ 水溶液（二级），浓度为 2.5mol/L。

(二) 合成操作工艺

首先将盛有一定量硫酸铵水溶液的玻璃缸放在水浴中，进行搅拌，缓慢地加入浓 H_2SO_4。此时溶液温度升高，待溶液温度降到 20～25℃时，以 100mL/min 的速度滴进 $TiCl_4$ 水溶液，逐渐析出白色沉淀，滤取沉淀物，并用蒸馏水清洗之，即可得到纯净的硫酸氧钛铵复盐。

(三) 合成要点

低浓度合成时，较易获得砂粒状的复盐沉淀。这是因为在稀溶液中合成时，硫酸氧钛铵缓慢成核，晶核数目少，易获得粗颗粒的沉淀；若以较浓的溶液合成，将 $TiCl_4$ 水溶液滴入混合液中时，立即形成大量晶核，只能获得细颗粒的沉淀，严重时会形成乳浊液，沉淀很难抽滤干。用细颗粒复盐焙烧，所得炉料的质量较差；按低浓度合成工艺生产复盐，获得 TiO_2 粉料的产量较高。

合成硫酸氧钛铵复盐时，配料的比例也会影响粉料的质量，当 $(NH_4)_2SO_4 : H_2SO_4 : TiCl_4 = 2 : 1.6 : 1$ 时，比较容易获得砂粒状硫酸氧钛铵沉淀，此复盐沉淀焙烧制得的 TiO_2 炉料，可生长出优质的金红石晶体。

不同温度下合成的复盐，可具有不同的晶形：在 20～25℃合成时，析出的复盐成粒状；在 30～50℃时，析出的复盐呈针状；合成温度低于 12℃时，整个溶液呈冻膏状，沉淀凝结成团。砂粒状的复盐沉淀符合工艺要求。

二、TiO_2 粉料的制备

硫酸氧钛铵在焙烧过程中发生热分解反应，其化学反应式如下。

$$(NH_4)_2SO_4 \cdot TiOSO_4 \cdot 2H_2O \xrightarrow{30\sim210℃} (NH_4)_2SO_4 \cdot TiOSO_4 + 2H_2O\uparrow$$

$$(NH_4)_2SO_4 \cdot TiOSO_4 \cdot 2H_2O \xrightarrow{350\sim500℃} TiOSO_4 + 2NH_3\uparrow + SO_3\uparrow$$

$$TiOSO_4 \xrightarrow{500\sim700℃} TiO_2 + SO_3\uparrow$$

硫酸氧钛铵焙烧的方法有两种，均可得到符合工艺要求的 TiO_2 粉料。

(一) 分段两次焙烧法

首先将硫酸氧钛铵进行预烧处理，即将硫酸氧钛铵置于电炉中，0.5h 内炉温升至 750℃，保温 2～2.5h，然后冷却至室温，过 180 目筛，所得 TiO_2 粉料的松装容积密度为 0.24～0.40g/mL。

将预烧所得的 TiO_2 粉料在 920～960℃温度条件下进行重烧，保温 2～2.5h，然后冷却至室温，过 180 目筛，则可获得生长合成金红石单晶所用的优质 TiO_2 粉料，其松装容积密度为 0.44～0.54g/mL。

(二) 分段一次焙烧法

将硫酸氧钛铵置于电炉中，0.5h 内升温至 750℃并保温 2h，然后升温到 920～960℃，再保温 2h，冷却至室温后，过孔径为 180 目筛即可获得优质 TiO_2 粉料。

以上两种焙烧方法所制备的 TiO_2 炉料，均可生长出优质的合成金红石单晶。采用二次焙烧法可在重烧处理工序中调整重烧条件，弥补某些不足，以求获得优质的 TiO_2 粉料。

另外，TiO_2 粉料可由于原料的合成条件及焙烧条件不同，具有不同的晶体结构。优质粉料以锐钛矿结构为主，质量较差的粉料以金红石结构为主。

三、焰熔法合成金红石晶体的工艺条件

TiO_2 粉末在氢氧火焰中的熔化温度是 1840℃，要求 $H_2:O_2=(1.8\sim2.0):1$，具体操作类同于刚玉晶体的生长，但喷嘴管要稍加改进，在原来的 H_2-O_2 管外再加一个氢气套管，形成氧气-氢气-氧气的改进型喷嘴管。经过 5～6h，便可得到直径 15mm，长 60～70mm，重约 30～34g 的合成金红石晶体。该晶体由于高温下缺氧使 Ti^{4+} 变成了 Ti^{3+}，而且每 2 个 Ti^{3+} 就有一个氧空位，从而使晶体呈黑色不透明状，需经退火处理，方可变为透明的宝石晶体。

四、焰熔法合成金红石晶体的退火处理

将生长出的黑色不透明合成金红石晶体置于高温炉中，加温到 1000℃并使之在氧化气氛中缓慢退火，可得到略带淡黄色调的无色透明晶体。若在真空或缺氧条件下进行加热处理，缺氧 0.1%就会产生蓝色或淡蓝色的合成金红石晶体。

另外，若在 TiO_2 粉料中加入着色剂，还可获得彩色合成金红石晶体。加入着色剂与呈现颜色的关系见表 3-2。

表 3-2　合成金红石类宝石加入着色剂所呈现的颜色

加入的着色剂	呈现的颜色
Fe	橄榄绿色
V	暗红色和黄色
Mn	黄色
Cr	橙色
Ni	黄橙色
Co	暗红色

第四节　焰熔法生长尖晶石类和钛酸锶类宝石

一、焰熔法生长尖晶石类宝石晶体

焰熔法生长尖晶石类晶体纯属偶然。1908 年，L. 帕里斯在采用焰熔法生长合成蓝宝石晶体时，认为氧化钴（Co_2O_3）应当是一种合乎逻辑的着色剂。但是加入氧化钴着色剂后，晶体具有了蓝色调但不均匀。为了使色调均匀，又加了氧化镁（MgO），最后晶体的颜色均匀了，但晶体的外形却成了立方体。后经进一步研究证明，此晶体并非合成蓝宝石而是尖晶石结构的镁铝酸盐。由此可知，尖晶石类宝石晶体的焰熔法生长与刚玉类宝石晶体的焰熔法

生长非常相似。

尖晶石的成分是 $MgO \cdot Al_2O_3$，熔点 2100℃左右。各种着色剂易于渗入，所以可获得多种颜色的晶体。大多数合成尖晶石宝石被用作海蓝宝石、橄榄石和电气石等的仿制品，无色的合成尖晶石可作为钻石的仿制品。

（一）原料的选择与配比

初始原料选择碳酸镁（$MgCO_3$）和硫酸铝铵（$(NH_4)_2Al_2(SO_4)_4 \cdot 24H_2O$）。天然尖晶石中 Al_2O_3 和 MgO 的比例是 1∶1，而通常合成尖晶石中 Al_2O_3 和 MgO 的比例为 2.5∶1。若比例中 MgO 过量，则因生成方镁石而在冷却过程中易于开裂；若比例中 Al_2O_3 过量，生成的合成尖晶石与多余的 Al_2O_3 会形成固溶体，能得到均质的单晶，且 Al_2O_3 的过剩量范围较大，可以达到 Al_2O_3∶MgO＝4∶1 的比例，固溶体产物在 $MgO \cdot Al_2O_3$ 到 $MgO \cdot 4Al_2O_3$ 范围内形成的各种单晶的物理性质呈连续变化。

（二）“γ-Al_2O_3＋MgO”粉料的制备

粉料制备的原理及方法同刚玉类宝石中 γ-Al_2O_3 粉料的制备，不同的是需先将碳酸镁和硫酸铝铵形成 $(NH_4)_2Mg(SO_4)_2 \cdot 6H_2O$，然后与 $(NH_4)_2Al_2(SO_4)_4 \cdot 12H_2O$ 混合形成沉淀，之后再加热分解此混合物，即可得到 MgO＋γ-Al_2O_3 粉料。

彩色合成尖晶石晶体的生长也是在粉料操作制备过程中加入不同的着色剂而实现的，加入的着色剂及相应晶体呈现的颜色见表 3-3。

表 3-3　合成尖晶石加入着色剂所呈现的颜色

加入的着色剂	呈现的颜色
Fe	浅蓝色
Cu	粉红色
Mn	黄色
Cr	红色、棕色、绿色
Mn＋Co,Mn＋Cr	浅绿色(以 Mn 为主)
Co	深蓝色
Co＋Cr	浅蓝色
Co＋Mn	紫色(以 Co 为主)

（三）合成尖晶石的焰熔法生长过程

生长尖晶石类宝石晶体与生长刚玉类宝石晶体的工艺操作和要求基本相同，只是合成尖晶石的梨晶不是圆的，而是方的。

首先将尖晶石籽晶安放在籽晶杆的顶端。经燃烧器预热后，供料系统、下降机构开始工作。调节晶棒的位置，使籽晶顶部的温度控制在 2050～2150℃范围［尖晶石的熔点约 2100℃，氢氧焰的最高温度为 2900℃，其中生长无色合成尖晶石的 H_2∶O_2＝(2.0～2.5)∶1，生长掺杂尖晶石的 H_2∶O_2＝(2.8～3.0)∶1］，从而保证有 2～3mm 的熔融层。经过籽晶的引晶、放肩、等径生长，到预定尺寸后，晶体停止生长，以原状在炉内冷却，30min 后将晶体取出。

彩色合成尖晶石生长时，由于着色剂的加入，会使粉料的熔点降低，因此晶体生长温度也会发生变化。某些着色离子在尖晶石中的分离系数小于 1，所以由这些离子致色的晶体生长时，会产生颜色不均匀或晶体易裂的缺陷。例如在生长深蓝色尖晶石时，需要在原料中加入 Co、Cr 着色剂。在实际生产中，发现该粉料容易过熔，熔体冷却时掺杂离子易向晶体冷端扩散，造成晶体色泽不匀，并使晶体表面易裂的缺陷。为了解决这一问题，提高晶体的质量，需要采取以下措施。

① 改变一般晶体生长 H_2-O_2 气氛径向分布不均的状况，让晶体基本处在还原气氛下生长。

② 在保证产品质量的情况下，适当提高生长速度（15～20mm/h），防止掺杂离子外扩。

③ 改进尖晶石生长用“酒瓶”式炉膛的热场结构，提高晶体生长炉的热容量，以保证晶体生长所需热场的平衡。

改进后可生长出 ϕ(18～25)mm×70mm 外形和内在质量较好的尖晶石晶体。

（四）合成尖晶石的退火处理

为了消除晶体内部的应力，提高其硬度，生长出的合成尖晶石晶体需要在 950～1050℃ 温度下进行退火处理。

二、焰熔法生长钛酸锶类宝石晶体

钛酸锶（$SrTiO_3$）晶体属立方晶系，熔点 2080℃，密度 5.122g/cm^3，莫氏硬度 5.5，色散 0.190，折射率 2.409。1951 年，美国科学家迈克等人首先用焰熔法生长了人造钛酸锶晶体。由于人造钛酸锶晶体的折射率与钻石的折射率很接近，并且其色散很强，所以被用于仿钻石。

（一）原料的选择和制取

原料为草酸锶和草酸钛的复盐，由氯化锶、四氯化钛和草酸发生反应而制得，其反应式为：

$$SrCl_2 + TiCl_4 + 2H_2C_2O_4 + 5H_2O \longrightarrow SrTiO(C_2O_4)_2 \cdot 4H_2O \downarrow + 6HCl$$

在反应过程中，$TiCl_4$ 极易水解，其水解产物加热后变成 TiO_2，成为粉料中的杂质，破坏粉料的化学计量。因此在反应时要使 $SrCl_2$ 和 $H_2C_2O_4$ 过量，以抑制游离钛的存在，以 Sr^{2+}、$C_2O_4^{2-}$ 过量 25%时为宜。

（二）$SrTiO_3$ 粉料的制备

将 $SrTiO(C_2O_4)_2 \cdot 4H_2O$ 复盐在 750℃温度下焙烧，其反应式为：

$$SrTiO(C_2O_4)_2 \cdot 4H_2O \xrightarrow{750℃} SrTiO_3 + CO_2 \uparrow + CO \uparrow + H_2O \uparrow$$

焙烧所得的粉料，需过 180 目筛，即可用于人造钛酸锶晶体的焰熔法生长。

（三）焰熔法生长钛酸锶类晶体的工艺特点

焰熔法生长钛酸锶类晶体的设备与生长刚玉类宝石的设备相似，只是喷嘴管采用与生长合成金红石时相同的氧气-氢气-氧气三层组合式喷嘴管。采用强还原气氛，氢气和氧气的流量分别为 60L/min 和 12L/min。成核时 $H_2:O_2=7:1$，晶体生长过程中 $H_2:O_2=5:1$，生长速度约 15mm/h。当原料组分接近化学计量时，便可生长出直径 15mm、长 50mm 的人造钛酸锶单晶。

（四）人造钛酸锶晶体的退火处理

由于晶体是在还原气氛中生长的，所以钛呈三价，使晶体成为发亮的深蓝黑色缺氧晶体。因此，钛酸锶晶体需要在氧化气氛中退火，其退火温度为1200～1600℃，保温2～4h后，即可变为无色透明状；若在还原气氛中退火，可得到蓝色晶体。

人造钛酸锶晶体也可进行二次退火，即首先在1700℃下退火，再在800℃下退火以改善颜色。

另外，彩色人造钛酸锶晶体的生长也可用加入着色剂的方法获得。如在粉料中加入V、Cr或Mn，可使晶体退火后呈红色；加入Fe或Ni，则晶体呈黄色或棕色等。人造钛酸锶加入着色剂与晶体呈现颜色的关系见表3-4。

表3-4　人造钛酸锶加入着色剂所呈现的颜色

加入的着色剂	呈现的颜色
Fe	黄色-黄褐色
V	黄色-暗红褐色
Mn	淡黄色-黄色
Cr	黄色-暗红褐色
Ni	淡黄色-黄色
Co	淡黄色-黄色

第五节　焰熔法生长宝石的鉴别

一、焰熔法生长宝石的共同特征

① 焰熔法生长宝石的整个过程没有水的介入，因此生长出的宝石晶体内部无气液二相包裹体，但可见气相包裹体。

当梨晶下降速度稍慢，火焰过于靠近晶体时，晶体顶部的粉料会熔融沸腾，产生球形玻璃气泡；当氢氧比例不当，氢气过量时，会把熔体吹开，产生球形气泡，也可能是一些拉长的复杂的气泡及齿形气泡等。这些气泡大小不一，或单个或成群出现，有时小气泡大量密集形成云雾状包裹体。用光导纤维灯观察，气态包裹体呈奶色。

② 焰熔法生长的晶体是沿籽晶和晶轴方向一圈一圈地生长的，所以晶体的横截面上可见到像唱片一样的密集弧形生长环带或色带，常伴生有与条纹方向垂直的拉长形气泡。

③ 生长过程中，有时粉料没有被火焰熔融就掉到梨晶上，被包裹在晶体中，这就形成未熔化的粉料固体包裹体，呈面包渣碎屑状。

④ 当焰熔法生长宝石的喷口不是用高纯氧化铝多晶陶瓷制成时，喷枪材料会对晶体造成污染，从而在晶体内部出现相应材料的散射粒子。

⑤ 由于晶体生长时，温差较大，宝石内应力也较大，晶棒很容易从中间裂开，呈半圆的棒体，并易产生位错而使晶体出现镶嵌结构、晶向扭曲等严重缺陷。

⑥ 焰熔法生长晶体时，生长端面上的熔层很薄，杂质很容易在熔层内富集，在结晶过程中若排杂过程不完全时，会使晶体存在杂质。

⑦ 焰熔法生长的宝石晶体个体较大，颜色均匀而鲜艳。

二、焰熔法合成刚玉类宝石的鉴别

（一）焰熔法合成红宝石的鉴别

① 早期焰熔法生长的合成红宝石内部可见圆形和椭圆形的气泡，外面有一黑圈，大小不一，成群出现，杂乱分布，甚至还可见到成排管状气泡，用十倍放大镜即可清晰地观察到（见彩色图版）。现代焰熔法生长的合成红宝石内部比较干净，无气泡或偶见气泡。相比之下，天然红宝石中均可见气液包裹体，包裹体多呈圆形或椭圆状、蠕虫状、针状及片状，集中在某一平面或凹、凸面上，组成类似于指纹状、羽状及文象状图案。

② 天然红宝石中有许多固体矿物包裹体，多呈短柱状、棱角状、片状及粒状等。焰熔法生长的合成红宝石中没有固态矿物包裹体，但偶尔可见未熔的白色氧化铝粉末和红色氧化铬粉末呈面包渣状。

③ 天然红宝石的生长纹平直或呈六边形，而焰熔法生长的合成红宝石的生长纹为弧形，并贯穿整个样品，即使无气泡，生长纹也较常见（见彩色图版）。

④ 合成的刻面红宝石在台面方向上有二色性，而天然的刻面红宝石在台面方向无二色性，在腰围方向才显二色性。

⑤ 在紫外光照射下，焰熔法生长的合成红宝石的荧光性强于天然红宝石（包括长、短波紫外光），呈中强～强的红色荧光。

⑥ 焰熔法生长的合成红宝石受 X 射线照射后，有磷光现象，而天然红宝石则无。

（二）焰熔法合成蓝宝石的鉴别

天然蓝宝石刻面从上面看是蓝色的，从腰部看是绿色的；合成蓝宝石从台面看是蓝色的，从腰部看是紫蓝色的。焰熔法生长的合成蓝宝石在气体包裹体、固体包裹体、生长纹、二色性等方面的鉴别特征同合成红宝石，在荧光性及吸收光谱方面的鉴别特征见表 3-5。

表 3-5 合成蓝宝石（焰熔法）与天然蓝宝石的荧光性及吸收光谱特征

宝石品种		短波紫外光下	长波紫外光下	吸收光谱
蓝色蓝宝石	合成	粉蓝色或黄绿色(弱～中等)	惰性	—
	天然	常呈惰性	极少荧光(某些斯里兰卡蓝宝石呈深橙～红色)	450nm、460nm、470nm 1～3 条铁吸收线
绿色蓝宝石	合成	暗红色(较弱)	橙色(较弱)	有 3 条特征谱线和 530nm 的吸收线
	天然	惰性	惰性	仅有三条特征谱线
黄色蓝宝石	合成	橙红色(弱)	惰性	690nm 铬吸收线和 460nm 荧光线截止边
	天然	浅黄～黄或暗黄色	特殊的橙～橙红或惰性	有 3 条特征谱线或无
无色蓝宝石	合成	蓝白色(弱)	惰性	—
	天然	橙～橙红～红色	橙～橙红～红色	—
粉红色蓝宝石	合成	桃红紫色	红色(中～强)	—
	天然	橘红色(极弱)	深橘红色	—
变色蓝宝石	合成	—	—	690nm、474nm 吸收线
	天然	—	—	仅有铬吸收线

（三）焰熔法合成星光红、蓝宝石的鉴别

焰熔法合成星光红、蓝宝石的鉴别见表3-6。

表3-6 合成星光红、蓝宝石与天然星光红、蓝宝石的鉴别特征

项目		合成星光红、蓝宝石	天然星光红、蓝宝石
表面特征（见彩色图版）	星光	星光浮在表面，异常明亮，不柔和	星光发自晶体内部，柔和
	星线	星线连续且细直均匀，星线交点清晰且交汇处无加宽加亮现象	星线宽窄不一，呈波浪状向前延伸，星线交汇处加宽加亮
内部特征		可观察到弯曲生长条纹（凸圆形宝石背面尤为清楚）和极细白色粉末及分散的金红石包裹体	可见棱角状包裹体且颜色有分带现象
紫外荧光	长波（LW）	合成星光红宝石呈很强的亮红色	天然星光红宝石呈弱红色
	短波（SW）	合成星光红宝石呈极强的亮红色，合成星光蓝宝石呈蓝白色	天然星光红宝石呈弱红色，天然星光蓝宝石呈惰性

三、焰熔法生长尖晶石类、金红石类、钛酸锶类宝石的鉴别

（一）合成尖晶石类宝石的鉴别

① 焰熔法生长尖晶石晶体时，为了得到成色好的合成尖晶石晶体，加入粉料中的Al_2O_3比理论量高2.5倍，这便导致了合成尖晶石出现光性异常，在正交偏光下产生不规则的格子状和波纹状消光。

② 由于合成尖晶石晶体在生长时，速度较缓慢，所以弧形生长纹或色带不像合成红宝石那样明显。

③ 合成尖晶石内部干净，无包裹体，偶见气态包裹体呈伞状或酒瓶状；而天然尖晶石常有气液二相包裹体、小八面体状黑色尖晶石包裹体及锆石等其他矿物包裹体。

④ 天然尖晶石裂纹较发育，而合成尖晶石常在晶轴垂直方向上出现裂纹。

⑤ 合成尖晶石颜色浓艳均一、呆板，可与天然尖晶石区别。

⑥ 合成尖晶石的折射率为1.728，密度为3.64g/cm^3，较天然的大。天然尖晶石的折射率为1.718，密度为3.60g/cm^3。

⑦ 含铬的红色合成尖晶石发红色荧光，其荧光强于天然的红色尖晶石。

⑧ 天然的蓝色尖晶石紫外光下显惰性，在滤色镜下通常无反应；而合成的蓝色尖晶石因含钴在滤色镜下呈红色，并且在短波紫外光下显强蓝白色荧光，在长波紫外光下显强红色荧光。

⑨ 总体来看，所有合成的尖晶石晶体均比天然的尖晶石晶体有强的紫外荧光性，并且与各自相对应颜色的天然晶体相比均有不同的吸收光谱。

（二）合成金红石类宝石的鉴别

合成金红石常用于仿钻石，且易与钻石和榍石相混淆。可根据其密度（4.24～4.26g/cm^3）及莫氏硬度低（6）等性质进行辨别，也可用分光镜进行快速鉴别。黄绿色金红石的吸收光谱在430nm处有一强吸收带，是金红石晶体的特征吸收，可作为鉴别的有力证据。

（三）人造钛酸锶类宝石的鉴别

最常见的人造钛酸锶为无色晶体，是钻石的仿制品，可根据其物理特性“三高一低”的特点进行鉴别。所谓“三高一低”是指折射率（2.409）高、色散（0.190）高、密度（5.13g/cm^3）高、莫氏硬度（5～6）低。肉眼观察人造钛酸锶戒面时，其极高的色散十分醒目，几乎每一个小刻面均能反射出五彩缤纷的色彩。放大检查时仔细观察，会发现人造钛酸锶刻面宝石的腰围处有明显的磨盘擦痕；并且检查台面抛光情况，可发现有细痕。另外，用手掂一掂宝石，会感觉其密度大于钻石。

第四章　水热法生长宝石晶体

水热法晶体生长是在水溶液中生长晶体的方法。这种方法属于从溶液中生长晶体方法的范畴，主要用于在室温时溶解度较低，但在高温高压下溶解度增高的一些材料，例如 SiO_2（水晶）、Al_2O_3（红宝石和蓝宝石）、$Be_3Al_2Si_6O_{18}$（祖母绿及海蓝宝石）等。

水热法生长晶体是一种历史悠久的晶体合成方法，在宝石合成领域里，最早应用该方法生长的宝石晶体是水晶。随后，红宝石、蓝宝石、祖母绿、海蓝宝石等宝石晶体也相继用水热法合成成功，并逐步推广到商业化生产中。

第一节　水热法生长宝石晶体概述

水热法生长宝石晶体的特点是在含水体系中生长，由此可区别于其他宝石晶体生长的若干体系。与自然界宝石晶体生长相比，水热法生长的宝石晶体可看作是在实验室中模拟自然界热液成矿过程所形成的。自然界热液成矿是在一定的温度和压力下进行的，而且成矿溶液有一定的浓度和 pH 值，所以实验室中进行水热法生长宝石晶体也需要在一定的温度和压力下进行，并且有一定的溶液浓度和 pH 值，如生长祖母绿是在 600℃、1.8×10^8Pa、pH＝2.7 的条件下进行的，水晶是在 340℃、1.5×10^8Pa、强碱性溶液中进行的。众所周知，常压下水在 100℃时沸腾，因此要进行上述水热法合成宝石，不能在开放体系，而要在密封的高压釜中进行。高压釜不仅有良好的密封性能，而且有耐高温、耐高压以及抗腐蚀的性能。高压釜内部充以水溶液后密封，水加热到 100℃以上就产生大量水蒸气，形成气压。温度越高，形成的压力越大，由此满足宝石晶体在模拟自然界生长的条件下（在高压釜中）生长出来。

一、水热法宝石晶体生长的分类

水热法宝石晶体生长按输运方式不同可分为三种类型：等温法、摆动法和温差法。

（一）等温法

等温法主要利用物质的溶解度差异来生产晶体，所用原料为亚稳相的物质，籽晶为稳定相物质。高压釜内上、下无温差，是这一方法的特色。此法曾用于生长水晶，通常用碳酸钠溶液为矿化剂，无定形硅作为培养料，水晶片作籽晶。当溶液温度接近水的临界温度时，处于不稳定状态的无定形硅发生溶解，进而当高压釜内 SiO_2 浓度达到过饱和度时，晶体便开始在籽晶上生长（如图 4-1）。此法的缺点是无法生长出晶形完整的大晶体。

（二）摆动法

摆动法的装置由 A、B 两个圆筒组成，其中 A 筒放置培养液，B 筒放置籽晶，两筒间保持一定的温度差。定时地摆动 A、B 两个圆筒以加速它们之间的对流，利用两筒之间的温差在高压环境下生长出晶体，此法也曾用于水晶的生长。

（三）温差法

温差法是目前使用最广泛的水热法生长晶体的方法。它是在立式高压釜内生长晶体，多用于合成水晶、合成红宝石、合成祖母绿、合成海蓝宝石晶体的生长。温差法装置简图见图 4-2。高压釜内部的对流挡板将釜腔分成上、下两部分，上部分为生长区（约占釜体的2/3），籽晶挂在生长区的培育架上，晶体在籽晶上逐步生长；对流挡板的下部为培养料区（也称溶解区），溶解区内放入适量的高纯度原料和矿化剂。高压釜内装入培养料、矿化剂溶液、籽晶架和籽晶片后进行密封。通常高压釜密封后便可放入加热炉内，对高压釜的下部进行加热，或放入温差电炉内，使高压釜的上、下部分形成一定的温差。当高压釜温度超过 100℃后，由于热膨胀和大量水蒸气的形成，釜内形成气压。随着温度不断上升，气压急骤增大，溶解区的溶质不断溶解于矿化物溶剂中，并形成饱和溶液。由于高压釜下部的温度高于上部，就形成了釜内溶液的对流，溶解区中的高温饱和溶液被输送到生长区。高压釜上部的温度低，下部的饱和溶液升到上部随即成为过饱和状态，溶质就在籽晶上不断地析出，并使籽晶长大。析出溶质后的溶液又重新回到下部高温溶解区成为不饱和溶液，在继续溶解培养料过程中，再次形成饱和溶液，又在对流中上升到生长区……如此循环往复，晶体不断长大，经过几十天便可生长出几十千克的晶体（对水晶而言）。

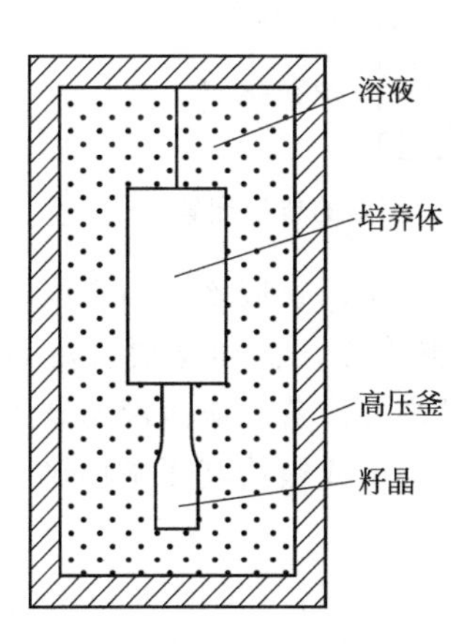

图 4-1　等温法高压釜

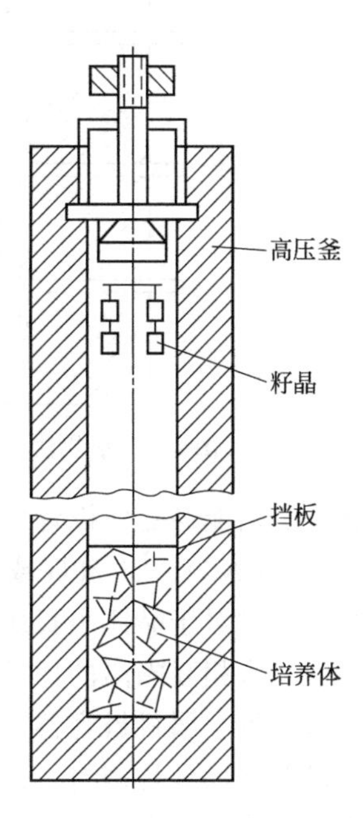

图 4-2　温差法高压釜

完成温差法晶体生长的必要条件是：

① 在高温高压的某种矿化剂水溶液中，不仅能促使晶体原料具有一定值（例如 1.5%～

5%）的溶解度，而且能够形成所需的单一稳定晶相；

② 有足够大的溶解度温度系数，既在适当的温差下能够形成足够的过饱和度而又不会产生过饱和后的自发成核；

③ 具备适合晶体生长所需的一定切型和规格的籽晶，并使原料的总表面积与籽晶总表面积之比值达到足够大；

④ 溶液密度的温度系数要足够大，使得溶液在适当的温差条件下具有引起晶体生长的溶液对流和溶质传输作用；

⑤ 备有耐高温高压抗腐蚀的高压釜容器。

二、水热法宝石晶体生长所需的设备

水热法生长宝石晶体所需要的基本设备有：高压釜、炉子、热电偶、温度控制器和温度记录器等。

水热法使用的加热炉必须能够提供所需要的工作温度和温度梯度，高压釜可直立在一块加热板上，由高压釜周围保温层的不同厚度来调节温度梯度；或用一台具有合适的绕组分布或不同位置绕组可分别加热的管式炉，也称温差加热炉，来提供所要求的加热温度和温度梯度，典型装置见图 4-3。

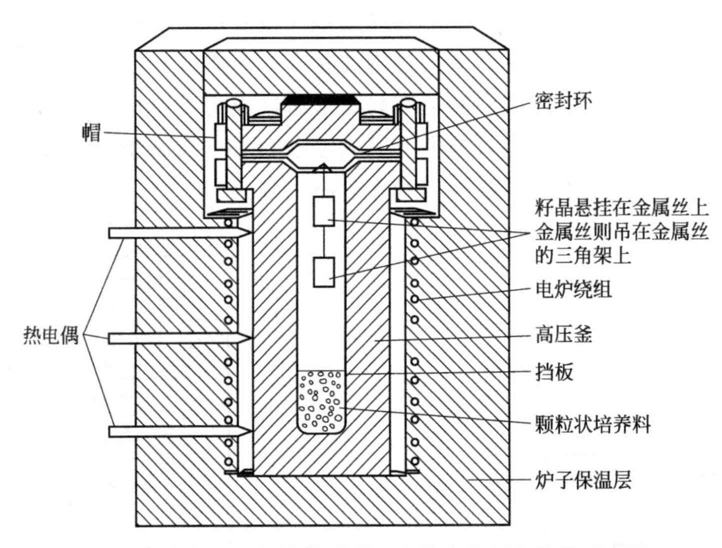

图 4-3　水热法生长晶体时所用电炉和高压釜的典型配置

高压釜釜体必须能经受住设计中的工作温度和压力，所以它应该由高强度、低蠕变钢材制成，如不锈钢（EN20、EN58G 或 S80）或镍铬钛耐热合金。高压釜要有足够的壁厚经受内压，并且所用钢材对于晶体生长所使用的溶液必须呈惰性。若反应溶液与高压釜材料会发生反应，则必须采取相互隔离的保护措施，通常采用铂、金或银给高压釜加衬，或使用内压和外压相等的密封贵金属材料容器来提供保护。

高压釜的最关键部分是密封。最简单的密封是 D 形环密封（见图 4-3），通常用 8 个螺栓将盖子固定在釜体上，密封环被夹紧在釜的圆锥面之间。另一种常用的密封是改进的布里季曼型，如图 4-4(a) 所示，它有自封的优点。将较容易变形的密封环的圆锥面对准高压釜的圆锥面安放，拧紧主螺母，用紧固螺母中的调整螺钉将密封柱塞提起，使它的圆锥面紧贴着密封环的内圆锥面。随着高压釜内压力上升，密封柱塞就压向密封环，使密封环变形充填所有的空隙而达到密封的目的。图 4-4(b) 中的冷锥座密封适用于直径 3～6mm，在高温（达 750℃）高压（达 5.0×10^8 Pa）下工作的小容器，密封处应保持较冷的状态。

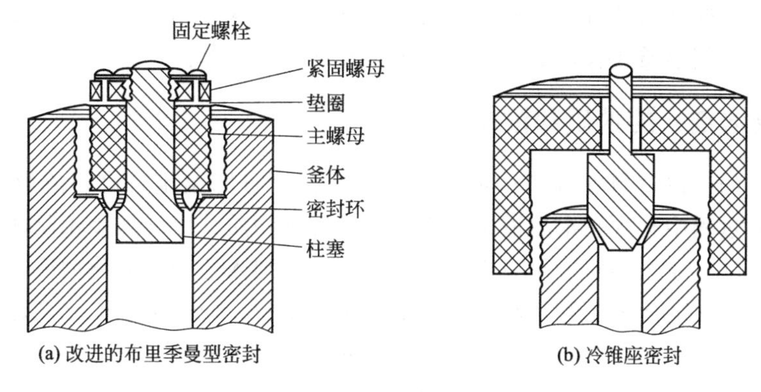

(a) 改进的布里季曼型密封　　(b) 冷锥座密封

图 4-4　密封装置

对于压力很大的操作，通常要在容器上装一保险阀，作为防止压力过高的安全防护措施。假如没有保险阀，则最好在厚壁围墙外操作，以保护人体不受漏出的蒸汽或高压釜爆裂等的伤害。

三、水热法生长宝石晶体的优缺点

水热法生长晶体的典型条件是温度 300～700℃，压力 5.0×10^7～3.0×10^8 Pa。

（一）水热法生长宝石晶体的优点

① 能够生长存在相变（如 α-石英等）和在接近熔点时蒸气压高的材料（如 ZnO）或要分解的材料（如 VO_2）。

② 能够生长出较完美的优质大晶体，并且能够很好地控制材料的成分。

③ 用此法生长晶体时，由于与自然界生长晶体的条件很相似，因此生长出的宝石晶体与天然宝石晶体最接近。

（二）水热法生长宝石晶体的主要缺点

① 需要材料比较特殊的高压釜和相应的安全防护措施。

② 需要大小适当、切向合适的优质籽晶。

③ 整个生长过程无法观察。

④ 投料是一次性的，因此生长晶体的大小受高压釜容器大小的限制。

第二节　影响宝石晶体生长的因素

水热法生长宝石晶体过程中，有很多因素都会影响晶体的生长，归纳起来主要有以下八种。

一、溶液的过饱和度

从溶液中生长晶体的关键是使溶液达到一定的过饱和度。当溶液刚刚达到过饱和时，一般不会有晶体析出，而只有过饱和度达到一定程度，晶体才会从溶液中慢慢析出。纯净的、过饱和度很低的溶液虽然在热力学上是不稳定的，但却可以较长时间地保持原有的状态而不产生结晶。与之相对应的是，当溶液中放置一块籽（种）晶时，即使是在过饱和度很低的溶液中，也会有多余的溶质从溶液中析出并沉淀到籽晶上。这是因为籽晶的存在，降低了晶体形成的成核势能，使溶质在较低的条件（低过饱和度）下结晶。

二、矿化剂（溶剂）的性质和浓度

水热法生长的晶体材料在纯水中的溶解度很小，而且随温度升高，溶解度的变化也不大。所以，生长过程中必须在水溶液中加入一种或几种物质，以增加生长晶体所需的原料在水溶液中的溶解度。这类物质就是我们所说的矿化剂。加入适当的矿化剂后，可以使供应晶体生长的原料有较大的溶解度和足够大的溶解度温度系数，而且某些矿化剂还能与结晶物质原料形成络合物，加快晶体成核速度。另外，不同的矿化剂的种类对晶体的质量和生长速度也有较大的影响。如生长水晶时，选用 NaOH 作矿化剂时自发晶芽少，透明度好，但是生长速度较低；采用混合溶剂时，则可以得到快速生长的优质水晶。对刚玉来说，在 KOH 溶液中要比在 NaOH 溶液中生长要快。

矿化剂溶液的浓度对晶体生长也会产生影响。当矿化剂溶液浓度比较小时，矿化剂溶液浓度增加则生长速度也相应增加；但当其浓度超过一定范围时，生长速度就不再增加反而下降。如生长水晶时，当选用的矿化剂 NaOH 溶液浓度大于 1.5mol/L 时，由于石英在溶液中溶解度过大，可能会出现水玻璃相（$Na_2O \cdot SiO_2 \cdot nH_2O$），从而影响晶体生长；当它的浓度小于 1mol/L 时，生长速度急剧下降，甚至使晶体出现针状裂纹，所以合适的矿化剂浓度应当是 1.0～1.5mol/L。

因此，选择适当的矿化剂和浓度是水热法生长宝石晶体需解决的问题之一。

三、对流挡板

高压釜中生长区和溶解区之间装有挡板，挡板上打有圆孔。挡板的作用是调整生长系统里的质量交换，并增大生长区和溶解区之间的温差。挡板上孔洞面积与挡板面积之比，称为挡板开孔率。开孔率大小直接影响上、下两区的温差变化，从而影响晶体的生长速率。开孔率大，生长速率减小，反之生长速率则加大。不同口径的高压釜，其开孔率有所不同。小口径高压釜开孔率以 10%～12%为好，大口径高压釜开孔率以 5%～7%为宜，ϕ200mm 以上的高压釜开孔率以 3%～5%左右为好。

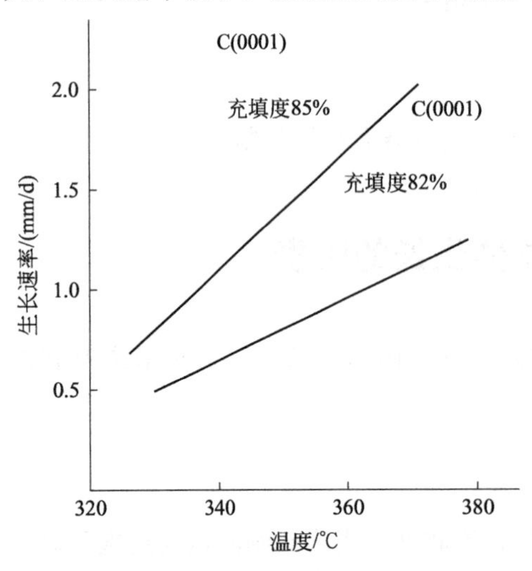

图 4-5 结晶温度与晶体生长速率的关系

四、生长区温度与温差

温度是水热法晶体生长的关键因素之一。溶解区内，温度影响着晶体原料的溶解度和溶液的浓度，从而决定了有多少原料（溶质）可能到达生长区。生长区内，温度决定着晶体是否能生长。只有温度达到一定数值，晶体才能生长。而且生长区的温度还直接影响晶体的生长速率。当高压釜上、下温差一定时，生长区的温度愈高，晶体生长速率愈大，如图 4-5 所示。但一般说来，晶体生长速率过大，在晶体生长后期就会因原料供不应求而出现裂隙。

生长区的温度确定后，温差便是快速生长优质晶体的关键之一。高压釜内存在的温差，使溶解区和生长区的溶液产生对流，从而成为晶体原料物质的传输动力。因此，温差大小将直接影响溶液对流速度和过饱和度的高低，也就是说，温差大小将直接影响溶质的转移量。温差愈大，质量交换愈快，晶体生长速率亦愈高。但温差过大会使部分晶体生长原料以包裹体的形式进入晶体，影响晶体的洁净度，使晶体的透明度降低。

五、压力和充填度（装满度）

在一定温度和溶液浓度的条件下，高压釜内的压力来自高温条件下其内部充填的大量的气液混合物，其大小是由反应腔内溶液的充填度所决定的。所谓充填度是指加入溶液的体积占反应腔自由体积的百分比。可用下式计算：

$$\text{充填度}=\frac{\text{溶液体积}}{\text{高压釜反应腔自由体积}}=\frac{\text{溶液体积}}{\text{反应腔总体积}-\text{固体物体积}}$$

在同一温度下，充填度愈高，压力愈大，生长速率就愈快。通过调整充填度可以调整釜内压力，从而调整晶体的生长速率。提高充填度可以提高生长速率，反之亦然。但充填度过大，会使釜内压力过大，给高压釜釜体材料的选择带来困难，而且高压条件下某些矿化剂也会对高压釜产生严重的腐蚀，造成高压釜冷却后开启不便，所以一般充填度不宜超过86%。

六、杂质

杂质对晶体生长的影响主要表现在对晶体结晶几何外形和晶体颜色特征的影响。晶体原料溶液中存在的杂质元素会改变晶体不同面网上的表面能，从而使受到影响的面网生长速率发生改变，而导致晶体生长形态的变化。另外，杂质种类不同，会导致晶体呈现不同的颜色。如水热法生长水晶时，加入不同的过渡族金属元素，会得到诸如紫色、黄色、褐色、烟色乃至蓝色的合成彩色水晶品种（参见本章第三节表4-1)。

七、籽晶取向

由于晶体具各向异性，在各个不同生长方向上，晶体的生长速率差异很大，例如水晶小菱面族晶面（如$\gamma\{01\bar{1}1\}$等）的生长速率比大菱面族晶面（如$\{10\bar{1}1\}$）的生长速率快。因此不同取向的籽晶会生长出不同外形的晶体。

目前合成水晶采用的籽晶取向基本上有两种：一是Z切向籽晶（垂直于Z轴），这种籽晶不仅生长速率快，杂质不易进入晶体，而且晶体外形和质量都很好；二是Y棒籽晶，这种籽晶的长度方向平行于Y轴，宽度方向平行于X轴，生长的晶体细长，在生长时晶体受溶液对流影响小，不易产生后期裂隙，易于加工。此外，还有$X+5°$切向、与光轴夹角70°切向等。一般合成水晶的籽晶外形近于平行六边形，这样可以提高生产率。

对刚玉来说，其晶体生长最快的晶面是$\{10\bar{1}0\}$。籽晶可以是棒状，也可以是片状。由于各向异性，各类晶面的生长习性也有所不同。

八、培养料

培养料就是生长晶体的原料，也称溶质。培养料的加入量要足以供应一定大小晶体生长所需的量，并且在质量上还要求质地均匀、无杂质、表面清洁干净和具有一定的表面积比等。如生长水晶时，溶解量与生长晶体的表面积比要大于 5。

总之，水热法生长宝石晶体的关键问题是如何控制好高压釜内的温压条件，以及矿化剂的选择，使得晶体生长原料在溶液中达到一定浓度，并在生长区和溶解区内产生适合晶体生长的温差，使晶体以一定的速率生长。在这里需要指出的是，晶体的生长温压条件直接影响着晶体的生长速率，而生长速率又决定了晶体生成的多少、大小以及晶体的质量乃至形状。所以，水热法生长晶体不但要保证晶体能够生长，而且还要严格控制晶体生长速率，从而生长出所需要的高质量晶体。

第三节　水热法合成水晶晶体与鉴别

水热法合成水晶的研究早在 19 世纪初就已经开始了。当时水晶晶体的生长是在碱性硅酸盐里进行的，也有报道可在密封的玻璃管内得到显微石英晶体。20 世纪初科学家们开始尝试在籽晶上生长水晶。1928 年德国人理查德·纳肯进行了高压釜中水晶生长的研究，第二次世界大战期间投入工业化生产，提供了大量用于控制和稳定无线电频率的人工合成水晶。1950 年，美国 Bell 电话实验室和 Clevite 协会、英国通用电子集团公司等成功地将水晶的水热法生长技术推广到商业化生产中去。之后，各国开始进行大规模的水热法合成水晶的研究和生产。产品不但用于宝石材料，而且更多用于压电材料和光学材料。

我国对于水热法合成水晶的研究工作，始于 1958 年。到 20 世纪 60 年代中期，合成水晶的研究进入中试阶段。由于合成水晶具有优良的性能，而电子工业和光学仪器工业对水晶材料的需求量很大，并且珠宝行业对水晶制品也有不断增长的需求量，这些都促进了水热法合成水晶的发展。1978 年，我国用于制造电子元件的天然水晶几乎全部被合成水晶替代；1985 年，国家建材局人工晶体研究所承担的“特种人造水晶”项目荣获国家科技进步二等奖，标志着我国合成水晶达到国际水平；2001 年，该所的“宇航级水晶”项目又获国防科技三等奖，填补了我国合成水晶用于尖端国防的空白。到 2002 年，我国水热法合成水晶厂家达到 170 多家，其中生产压电水晶的厂家有 80 家，年产量可达 1760t。我国的合成彩色水晶从 1992 年开始生产，现在市场上能见到的合成彩色水晶品种有茶色、紫色、绿色、蓝色、黄色、金黄色、黑色以及双色和多色等合成彩色水晶品种，但出成率较低，仅为 40%。

一、水热法合成水晶的原理及工艺过程

（一）水热法合成水晶的原理

一般情况下石英是不溶于水的化合物，但由于水在过热状态下所具有的特性，使得石英在一些特殊条件下可以被溶解。高温高压下石英晶体在水中的溶解度曲线见图 4-6。在临界温度（374℃）附近，石英在水中的溶解度很低；而在较低的压力（$<7.5\times10^{7}$Pa）和较高的温度下，其溶解度具有负的溶解度温度系数，这些特性为在纯水系统中生长石英晶体（水晶）造成了困难。所以，在合成水晶时，必须加入一定量的矿化剂，以改变溶剂的原始成分与性质，才能增加 SiO_2 的溶解度。图 4-7 为不同装满度时，石英在 NaOH、Na_2CO_3 溶液及纯水中的溶解度与温度的关系图。

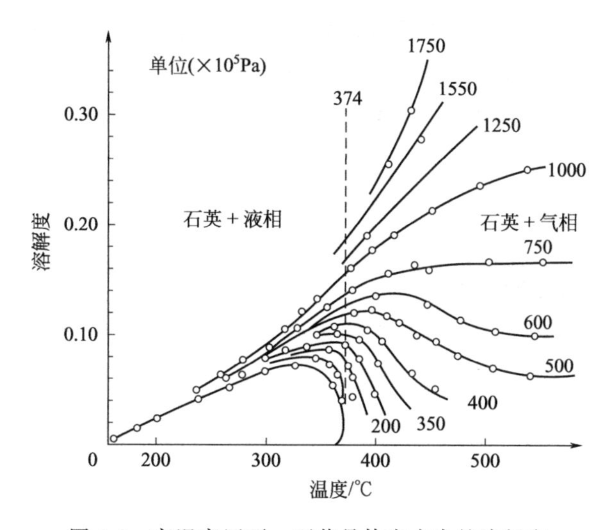

图 4-6　高温高压下，石英晶体在水中的溶解度

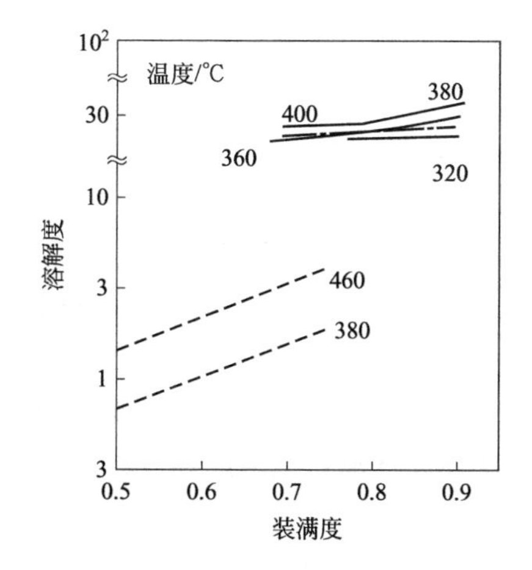

图 4-7　不同装满度时，石英在 NaOH、Na_2CO_3 溶液及纯水中的溶解度与温度的关系

—— 表示 0.5mol/L NaOH 溶液；—·— 表示 0.5mol/L Na_2CO_3 溶液；---- 表示纯水

石英在 NaOH 溶液中的化学反应产物以 $Si_3O_7^{2-}$ 及 $Si_2O_5^{2-}$ 为主，而在 Na_2CO_3 溶液中反应产物则以 $Si_2O_5^{2-}$ 为主。它们是氢氧根离子、碱金属离子与石英晶体表面没有补偿电荷的硅离子、氧离子反应的结果。这种聚合物的形式与温度、压力有关，即随着温度、压力的变动，SiO_2/Na_2O 的比值有所不同。石英在 NaOH 溶液中的溶解反应可以下式表示：

$$SiO_2(\text{石英晶体})+(2X-4)NaOH = Na_{(2X-4)}SiO_X+(X-2)H_2O$$

式中 $X\geqslant 2$。在接近合成水晶的条件下，测得的 X 值约在 7/3 与 5/2 之间。显然反应的产物为 $Na_2Si_2O_5$、$Na_2Si_3O_7$，以及它们电离和水解的产物，如 $NaSi_2O_5^-$ 和 $NaSi_3O_7^-$ 等。

因此，水热法合成水晶的生长包含两个过程。

① 溶质离子的活化。

$$NaSi_3O_7^- + H_2O = Si_3O_6 + Na^+ + 2OH^-$$

$$NaSi_2O_5^- + H_2O = Si_2O_4 + Na^+ + 2OH^-$$

② 活化了的离子受待生长晶体表面活性中心的吸引，在静电引力、化学引力和范德华力等的作用下，穿过生长晶体表面的扩散层而沉降到晶体表面。

在合成水晶的生长过程中，由于硅酸盐离子缩合不完全，有的 OH^- 以物理吸附或化学吸附的形式残留在晶体内，所以在生长速率比较大的晶体内，一般 OH^- 含量也较多，这表明在快速生长的条件下反应不完全，OH^- 未全部放回溶液而有部分留在晶体内，并将影响晶体的质量。

$$\underset{\text{羟基化的晶体表面}}{Si—OH} + \underset{\text{晶体表面的化学吸附}}{(Si—O)^-} \longrightarrow Si—O—Si + \underset{\text{进入溶液中}}{OH^-}$$

(二) 水热法合成水晶的工艺

水热法合成水晶生长的工艺流程见图 4-8。

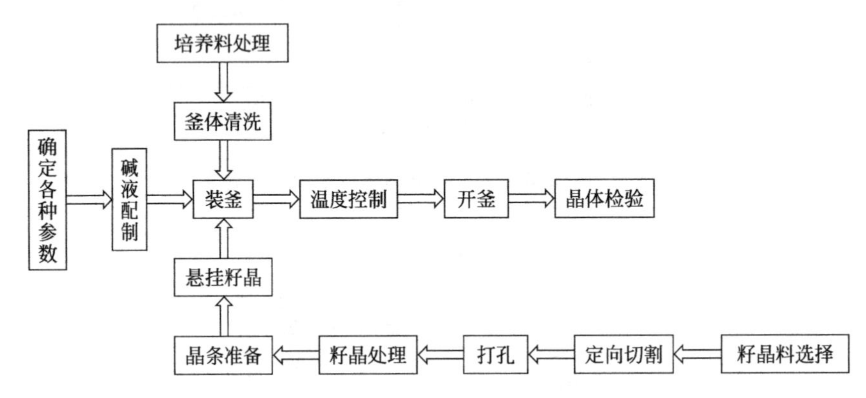

图 4-8 水热法合成水晶生长的工艺流程框图

根据工艺流程图，合成水晶生长的工艺过程可分为以下四个阶段。

1. 准备阶段

包括溶液的配制，籽晶的切割与清洗，培养料（熔炼石英）、籽晶、籽晶架挡板、系籽晶金属丝和高压釜自由空间等的体积计算，充填度计算以及密封环压圈尺寸、加温与测温系统的检查，等等。

2. 装釜阶段

将熔炼石英放入高压釜内，放置籽晶架，倒入碱液（矿化剂溶液），测定液面高度，安装密封塞，密封高压釜，然后将高压釜装入炉膛中，插入热电偶，盖上保温罩等。

3. 生长阶段

加热炉通电加热，将高压釜升温并进行温度调节，调节到所需要的温度并控制温差。在生产过程中要保持温度稳定（一般要求温度波动在 5℃以内）。生长完毕停炉，打开保温罩，使上部热量的散失快于下部。降温后，可将高压釜提出炉膛。

4. 开釜阶段

当釜体温度降到室温后，便可开釜，取出晶体。然后，倒出残余溶液和剩余的熔炼石英，对生长出的晶体及高压釜进行清洗和检查。

二、水热法合成水晶的工作条件和工艺参数

(一) 温度和压力

水热法生长的水晶是 α-石英。由于石英在 573℃时会转变成 β-石英，所以，水热法生长水晶的温度应低于 573℃。通常结晶区（生长区）温度为 330～350℃，溶解区温度为 360～

380℃，温差 $\Delta T \leqslant 50$℃。若温差过大，则会因生长速率过高，而影响晶体的质量。实际生长过程中模拟天然水晶形成条件，将合成水晶的压力范围定为 $1.1 \times 10^8 \sim 1.6 \times 10^8$Pa。

（二）高压釜

一般选用 43CrNi2MoV 钢材制造釜体，长 3.7m，外径 46cm，内径 41cm，腔长 3m，容积 147L，其密封形式采用改进后的布里季曼结构。高压釜内一般不用衬套，因为使用过程中其内壁可生成钠铁硅盐化合物的薄层，它不溶于石英的生长溶液，因此，长成的无色合成水晶晶体中几乎不含铁。用这种材料制造的高压釜适用于温度 400℃、压力 1.5×10^8Pa 的生长条件，且每炉生长量为 150kg。隔板开孔率为 5%～10%。高压釜中的挡板周围，由于处于对流液体的交汇点，会有部分溶质沉积于此，不但减少了原料到达生长区的量，而且会腐蚀高压釜内容器。为了避免这种情况发生，有时也在溶解区内安装溶质捕获装置，以保证对流液体上下运行的畅通无阻。

目前国内用于合成水晶的高压釜大多采用自紧式密封结构，即改进后的布里季曼结构。这种结构具有密封性可靠、装卸方便的优点，由顶盖与筒体以螺纹连接，内部的压力通过密封塞头传至受顶盖下端支持的密封圈上，使密封圈变形达到密封效果。对于大型釜（ϕ 400～500mm）则采用卡箍式密封结构。这种结构由卡箍将密封圈与顶盖和釜体紧密接触。在拧紧卡箍时，密封圈达到预紧密封，当压力上升时，由于介质压力而造成顶盖有上移的趋势。同时密封圈内腔也受到介质压力的作用，使密封圈轴向张开，而保证密封。

另外，一些高压釜内还配置了简单的流体导向装置。这种装置由流体管道和回流管道构成。热溶液从流体管道上升到生长区，降温，溶质沉淀到种晶上，之后液体经回流管道流回溶解区。两种管道中都安装有过滤器，用于过滤溶液中的杂质。这种流体导向装置不但可以提高晶体的生长效率，还可以保证晶体的高纯度。

日本的一项专利中提到，用铁铸造的高压釜生长容器生长水晶晶体，用三氧化二铁作掺杂剂，浓度为 1mol/L 的氢氧化钠作矿化剂。当高压釜内温度升至 340℃，压力达到 1.8×10^6Pa，且生长区与溶解区温差为 40℃时，水晶晶体开始生长。这种方法大大提高了杂质的使用效率，同时还避免了其他杂质离子进入晶体。

（三）矿化剂

苏联和捷克等国用 Na_2CO_3 溶液作矿化剂。其优点是晶体生长速度快，缺点是形成大量自发晶芽，使晶体质量降低，过饱和温度只允许 8～9℃。我国多用 NaOH 作矿化剂，所得晶体透明度好，自发晶芽少，过饱和温度允许 50～60℃，但生长速度相对较慢。因此，目前用 $NaOH + Na_2CO_3$ 的混合液作矿化剂也很普遍。通常矿化剂浓度在 1.0～1.5mol/L，并加入 0.1mol/L 的 $LiF \cdot LiNO_3$ 或 Li_2CO_3 作添加剂，起稳定作用，充填度为 80%～86%。

日本一项专利中称，用硝酸钙作矿化剂，可以降低晶体生长所需的温压条件，如使用浓度为 3mol/L 的硝酸钙作为溶剂生长水晶晶体，原料区温度仅为 280℃，压力为 1.0×10^6Pa，而且矿化剂对高压釜的腐蚀轻，适合工业化生产光学级别高的合成水晶。

（四）籽晶

常规的籽晶有两种取向：一种是 Z 切（垂直于 Z 轴），另一种是 Y 棒（平行于 Y 轴）。另外还有 $X+5°$、与光轴夹角 70°以及 YZ 等各种切向的籽晶切型。

籽晶的切割方法分手工和机械两种。手工切割适用于切割大面积籽晶片，而对于小面积

的 Z 切和 Y 棒籽晶则宜采用机械切割。籽晶的厚度一般为 1.5～2.0mm。切割好的籽晶片要经过研磨修整外形，去掉生长丘、破边、刀痕及小破口等，要求籽晶表面具有一定的平整度，否则会造成晶体出现串珠状生长丘等缺陷。

另外，用聚集石英薄片作为籽晶，可以生长出体积较大的合成水晶晶体。在同一块晶体或几块晶体上切割数片长宽相同、厚度相近的石英薄片，用标型元素将其连接，放置在生长区，并在聚片晶块的一个面上生长出水晶。这种方法可以生长出用于压电材料的水晶晶体，晶体体积巨大，质量很高，适合大批量生产，经济效益可观。

为了得到纯净的石英块作为籽晶，可以对其进行预先除杂。将石英块（籽晶）加热到 350～370℃，同时沿籽晶的 Z 轴方向加电压为 0.5～6kV 的电场，持续加压，可使杂质汇集到籽晶的阴极面上，去除杂质后，将籽晶浸入氟化物腐蚀液中清洗，使籽晶表面光滑平整。经过上述处理的石英块即可被用作籽晶。

（五）培养料（晶体生长原料）

根据高压釜内自由空间、籽晶面积和预计所生长晶体的厚度来确定培养料的用量。

培养料在釜内的高度不宜超过下部加热区的高度，否则会造成“结皮”现象，将严重影响晶体的生长。

通常水晶生长的培养料采用熔炼石英，粒度要求在 2cm 左右，质地均匀，表面要仔细清洗，不能含有暗色矿物和固体包裹体。也可用加热非晶质石英岩形成的结晶质石英岩作营养料。将含有碱金属元素浓度小于 10×10^{-6} 或 5×10^{-6} 的非晶质石英，在一定浓度的碱金属氢氧化物、碳酸盐、硼酸盐、磷酸盐、醋酸盐、卤化物等溶液的混合液中加热到 900～1600℃，便可得到结晶质的方石英。这种石英同样可以作为培养料。

我国学者曾用天然产出的细长石英芽晶和脉石英作培养料，生长出了质量较好的合成水晶晶体。尤其是用脉石英生长晶体时，籽晶界面的溶蚀比用熔炼石英作营养料时所溶蚀的要轻些，这对减少籽晶过度溶蚀所造成的晶体缺陷是十分有利的，但采用脉石英生长晶体时易引入杂质 Al^{3+}，需引起注意。

（六）生长速率

水晶生长速率是指单位时间内沿着籽晶面法线方向所增大的厚度（mm/d），通常为 0.6～1.2mm/d(平行于 Z 轴)。

影响晶体生长速率的因素主要有籽晶取向和面积、充填度或压力、生长温度和温差、溶液浓度、矿化剂浓度和性质等。

三、彩色合成水晶的水热法生长

（一）基本原理

自然界彩色水晶十分稀少，市场上常见的天然彩色水晶（如黄色、褐色、烟色、绿色等），一般是将自然界中有色的或无色的石英晶体经过热处理或辐射-热处理而获得的。

石英晶体的呈色与着色离子进入晶体结构有关。由于着色离子的进入，使晶体产生了点缺陷。这种点缺陷在可见光区域产生了吸收峰，形成色心，从而导致了水晶晶体颜色的改变。另外，晶体经过高速粒子辐射后，也可形成电子缺陷色心，并可通过热处理使色心转型，获得所需要的颜色。

人工合成彩色水晶时，应主要考虑以下几方面。

① 水热法生长的条件对引入着色离子的可能性。

② 着色离子在水热法生长溶液中的溶解度以及在溶液和晶体中的分配系数。

③ 促进着色离子进入水晶晶体的电荷补偿：如 Al^{3+} 的进入是通过溶液中的碱金属离子的影响；在生长溶液中同时加入铍盐，则 Co^{2+} 可更多地进入晶体。

④ 矿化剂（溶剂）的选择：在合成水晶中掺铁时，应该用 K_2CO_3 取代 NaOH 和 Na_2CO_3 作矿化剂，因为 Na^+ 会与原料溶质形成不溶解的锥辉石。

⑤ 生长系统的氧化或还原作用：生长系统的状态不同会导致同种着色元素处于不同的价态，从而使生长的晶体产生不同的颜色。

通常引入的着色剂及导致的颜色见表 4-1。

表 4-1　引入着色剂后合成水晶的颜色［用 K_2CO_3（0.25mol/L）］

着色剂	着色剂的浓度/%	晶体颜色
Cu_2O	0.05,0.1,0.2,1.0,3.0	淡黄色
$Cu(OH)_2$	0.05,0.5,2.0	淡黄色
$TiCl_3$	0.5	玫瑰色(热处理)
$Ti(OH)_4$	0.05,0.2,0.5,1.0	浓绿褐色
$Ni(OH)_2$	0.1,0.2,0.5,1.0	淡绿青色
$Co(OH)_2$	0.2,0.5	砖茶色
$2CoCO_3 \cdot 3Co(OH)_2$	0.1,0.2,0.5	砖茶色
V_2O_5	0.05,0.1,0.2,0.5,1.0	淡茶色
Fe(FeO)	0.3,1.0	紫色(辐照)
$Fe(OH)_3$	0.07,0.2,0.5,1.0	黄绿、黄褐、黄色
$K_2Cr_2O_7$	0.005,0.01,0.02,0.05	绿色
$Cr(OH)_3$	0.01,0.1	绿色
CrO	0.01	绿色
$MnCO_3$	0.05,0.1	茶褐色
MnO_2	0.1	茶褐色
$KMnO_4$	0.01,0.1	茶褐色

（二）几种典型的彩色合成水晶生长方法与条件

1. 在 K_2CO_3 溶液中生长紫水晶

（1）基本原理　水晶的基本结构是由一个硅原子和四个氧原子构成的硅氧四面体。当铁元素进入水晶晶体结构后，便可以三价形式替代四面体中心的硅原子，或以原子形式填充到相邻四面体间的空隙中。当铁硅发生替代后，中心原子价态由四价变成三价，三价铁形成 $[FeO_4]^{5-}$ 色心，替代后晶体内形成的负电荷由碱金属阳离子（如 Na^+、Li^+）或质子（H^+）进入水晶晶体中和。形成的 $[FeO_4]^{5-}$ 色心几乎不吸收可见光，需经过强度为 5～6MRad 的离子流或电子流进行辐照处理，使 $[FeO_4]^{5-}$ 色心转变为 $[FeO_4]^{4-}$ 色心。转变后的 $[FeO_4]^{4-}$ 色心可以吸收可见光波中的 530～560nm 的黄绿色光，使水晶产生被吸收光的补色——紫色色调。因此在 K_2CO_3 溶液中生长紫水晶，实际上是将三价铁引入无色水晶晶体，再通过辐照处理形成电子-空穴色心的过程。

（2）在 K_2CO_3 溶液中生长紫水晶的基本条件

a. 矿化剂溶液：K_2CO_3 及 KOH 溶液浓度为重量的 4%～7%；也可选用 KOH 和 NH_4F 混合溶液，浓度分别为 0.7mol/L 和 0.8mol/L。

b. 金属铁或铁的氧化物的加入量：5～30g/L。

c. 结晶温度：360℃。

d. 压力：$1.5\times10^{8}Pa$。

e. 生长速率：0.05～0.5mm/d，其中平行大菱面（R 面）的生长速率为 0.1～0.2mm/d，平行小菱面（r 面）的生长速率为 0.2～0.4mm/d。

f. 强氧化剂：使铁元素以三价形式进入晶体。

（3）在 K_2CO_3 溶液中生长紫水晶的特点与要求

a. 为获得高纯度的紫水晶，所用熔炼石英原料中铝的含量不能超过重量的 $5.0\times10^{-3}\%$。也可用合成水晶作原料。

b. 为避免晶体开裂，籽晶片用 40%氢氟酸在 18～22℃腐蚀 2～3h。

c. 为提高颜色的纯度，在釜内可加入硝酸、亚硝酸锂或硝酸锰，加入量为 1～10g/L，作为强氧化剂，使二价铁变成三价铁，使紫水晶有高纯的颜色。锂离子还可使溶液中的铝形成不溶性的 $LiAlSiO_4$，借以防止铝进入晶体。

d. 平行小菱面（r 面）切割的籽晶，其生长速率要比平行于大菱面（R 面）切割的籽晶的生长速率大 2～3 倍，且无裂隙，有多色效应，即在光的照射下，改变晶体的方向，能呈现出浅紫色至红色的变化。

e. 为了防止高压釜壁上的杂质进入晶体，采用紫铜或聚四氟乙烯材料做衬套较好。

f. 采用钴（^{60}Co）γ 射线源进行辐照处理，辐照剂量为 $(5\sim6)\times10^{6}$ Rad。

2. 玫瑰色水晶的合成

（1）基本原理　玫瑰色水晶呈半透明状，其颜色来源于 Z 轴隧道间隙位置上的八面体的 Ti^{3+}。它有 Fe^{2+}(间隙)$+Ti^{4+}\rightarrow Fe^{3+}+Ti^{3+}$ 的转换过程，以及 Ti^{4+}(取代)$\rightarrow Ti^{3+}$(间隙)的电荷转换过程，还有 Al、P 痕量元素的作用，共同作用的结果是使水晶呈玫瑰色。

（2）玫瑰色合成水晶生长的基本条件

a. 生长容器：容积为 300～500mL 的钢制高压釜，釜内加抗腐蚀内衬（生长温度在 300℃以下使用聚氟隆材料，生长温度在 300℃以上使用铂材料）。

b. 生长温度：220～350℃，温差 $\Delta T=50$℃。

c. 充填度：75%。

d. 籽晶：无色合成石英晶片，平行大菱面及小菱面［$R(10\bar{1}1)$］及 $\gamma(01\bar{1}1)$ 切割；或沿平行｛0001｝面切成长方形。

e. 培养料：有缺陷的玫瑰石英片。

f. 矿化剂溶液：1mol/L NaOH、0.5mol/L Na_2CO_3 或 0.5mol/L K_2CO_3，NH_4F、硅酸、磷酸或磷酸盐水溶液。

g. 着色剂：金属钛 7mm×7mm×0.5mm，或 0.5mol/L H_2SO_4 溶液含有钛离子（Ti^{3+}）0.45～0.6mg，或含 0.5g $TiCl_3$。

h. 生长速率：较无色水晶慢，生长一块厚 20mm 的玫瑰色水晶晶体大约需要 2 个月时间。

（3）玫瑰色合成水晶生长的后期处理　根据上述工艺条件，从高压釜中生长出的水晶为无色晶体，要想获得玫瑰色晶体，需要在铂金坩埚中用含铁 0.5%的 $CaCO_3$ 粉末进行热处理，温度为 1200℃。加入的铁与生长过程中进入晶体内部的钛发生电荷转移，产生玫瑰色。

3. 在 K_2CO_3 溶液中生长黄色水晶

（1）基本原理　自然界中黄色水晶特别稀少。黄色水晶的成色主要是内部含有成对存在的铁离子和结构水的缘故。人工合成黄色水晶，是在合成无色水晶的过程中添加三价铁离子，取代硅氧四面体中心的硅离子，多出一个空穴形成色心而形成的。合成过程中，三价铁离子只进入水晶晶体的表面，而且形成的黄色色心不稳定，使得生长出的黄色水晶颜色不深，而且分布不均匀。所以合成黄色水晶过程中要克服重复性差的缺点。

（2）黄色合成水晶基本生长条件

a. 矿化剂溶液：K_2CO_3 浓度为 5%～10%。

b. 着色剂：在 K_2CO_3 溶液中加入金属铁的量为 2～20g/L，加入碱金属硝酸盐、亚硝酸盐或高锰酸钾的量为 1～20g/L。

c. 结晶温度：350℃。

d. 温差：$\Delta T=50$℃。

e. 压力：1.5×10^8Pa。

f. 籽晶取向：平行基面（0001）或与（0001）基面成 20°角。

g. 生长速率：0.5～0.6mm/d。

（3）黄色水晶生长方法的特点与要求

a. 黄色色心与三价铁离子的结构直接有关。三价铁离子由碳酸钾溶液中的铁被硝酸或亚硝酸的碱金属盐或高锰酸钾氧化而形成。这种黄色色心具有相当高的热稳定性，并能防止热破坏。不添加氧化剂，晶体中的 Fe^{2+} 离子可用于制备绿-褐色水晶。

b. 改变生长速率，可改变晶体颜色。提高生长速率，可增加黄色水晶颜色的深度，色调可至橙色；若降低生长速率，则色调可降低至绿色。

c. 用硝酸锂及亚硝酸锂能纯化溶液中不需要的铝混合物。因锂与铝可形成难溶解的锂霞石 $LiAlSiO_4$。

如溶液中不掺锂，聚集的铝混合物将被长成的黄晶所捕获，出现在平行晶体的光轴方向，致使生长丘之间出现毛细管隧道，将严重地破坏晶体质量。

4. 合成紫黄色水晶的生长

20 世纪 50 年代末到 60 年代初，苏联科学界人士提出应当可以合成出同时存在两种不同颜色的合成水晶品种。1977 年，苏联人开始研究水热法合成紫黄色水晶的工艺原理。1984 年苏联科学院实验矿物学研究院（IEMRAS）研究水热法合成紫黄色水晶生长过程中影响其致色的铁杂质的物理、化学因素以及生长条件等，并于 1994 年与俄罗斯地矿部材料合成研究所（VNIISIMS）合作，商业化生产了紫黄色水晶，而且成立了“紫黄色水晶公司”专门销售该所生产的紫黄色水晶。现在 VNIISIMS 是唯一生产紫黄色水晶的机构。每批产量可达 300kg 以上，生产的紫黄色水晶绝大多数在俄罗斯出售。如果市场需求量大，该所的一个实验室所生产紫黄色水晶的年产量就可达数吨以上。

（1）紫黄色水晶的致色原理　紫黄色水晶的致色原理其实与黄水晶、紫水晶的致色原理相同，都与三价铁的存在有关。不同的是，生长前需要确定在晶体的哪些部位生长出什么颜色的晶体，再分区控制生长条件。

（2）紫黄色合成水晶的生长工艺条件　紫黄色合成水晶的生长工艺与紫水晶、黄水晶相似，其工艺条件如下。

a. 生长温度：330～370℃。

b. 压力：$(1.2\sim1.5)\times10^8$Pa。

c. 生长容器：容积为 1000～1500L 的高压釜。

d. 培养料：天然或合成低铝［$(10\sim100)\times10^{-6}$］水晶碎块。

e. 矿化剂溶液：K_2CO_3 溶液。

f. 氧化剂：$Mn(NO_3)_2$，促使铁以三价离子形式进入晶体结构。

g. 籽晶：无色水晶晶体，可沿平行正、负菱面体方向或沿底轴面｛0001｝方向切割。商业化生产中多采用沿底轴面方向切，并沿三方柱体 $x\{11\bar{2}0\}$ 面方向延长（即 ZX 切）或沿六方柱 $m\{10\bar{1}0\}$ 面方向延长（即 ZY 切）。

h. 生长速率：沿底轴面方向切割的籽晶上生长速率为 0.8～1.0mm/d，沿菱面体切割的籽晶上生长速率较慢（负面上为 0.3～0.4mm/d，正面上为 0.08～0.1mm/d）。

5. 其他颜色合成水晶的生长

除上述紫水晶、黄水晶、玫瑰色水晶、紫黄水晶外，其他颜色（如墨绿色、茶色、柠檬色、蓝色等）水晶的生长条件基本与以上几种相同，仅着色剂种类和浓度不同而已。表 4-2 和表 4-3 列出了它们的一些生长条件和工艺参数，供读者参考。

表 4-2　部分彩色合成水晶着色剂及其浓度范围

彩色水晶种类	主要着色离子		备注
	种类	浓度/%	
紫色	Fe^{3+}	0.1～0.7	NaCl 溶液，^{60}Co 辐照
柠檬色	Fe^{2+}	0.1～0.6	加 K_2CO_3
蓝色	Co^{2+}	0.1～0.4	
墨绿色	Mn^{4+}	0.2～0.5	加 K_2CO_3

注：生长条件同表 4-3。

表 4-3　茶色合成水晶生长条件

籽晶切向			矿化剂 /(mol/L)		生长温度 /℃		着色剂浓度 /%			充填度 %	辐照剂量 /Rad	生长速率 /(mm/d)
+X	−Y	X 切	NaOH	KOH	上部	下部	Al^{3+}	Co^{2+}	Fe^{3+}			
50			1.2	0.3	345	365	0.1	0.02	0.01	83	$\times10^7$	0.6
50			1.2		345	365	0.1	0.02	0.01	83	$\times10^7$	0.4
50		X	1.2	0.3	340	360	0.1	0.03	0.01	83	$\times10^7$	0.8
	60	X	1.2	0.3	345	365	0.3	0.02		85	$\times10^6$	0.8～1.1
	60	X	1.2	0.3	340	360	0.3	0.02		85	$\times10^6$	0.7～1.0

四、水热法合成水晶的晶体缺陷

无论是天然的还是人工合成的水晶，均存在着不同程度的缺陷，如双晶、包裹体、位错等。它们是在晶体生长过程中受到不同的环境影响而产生的。由于晶体结构具有各向异性，因此晶体各部位存在的缺陷程度也不同。

水热法合成的水晶晶体主要有以下几种缺陷。

（一）双晶（也称孪晶）

合成水晶中的双晶，除了由籽晶中原有的双晶遗传下来的以外，在晶体生长过程中也易于双晶化。双晶较多出现在 $-X$ 面及 S 面（位于 Y 棒晶体的 $+X$ 与 Z 区之间）。根据其外观特征，通常分为凹陷型双晶、多面体双晶、鼓包双晶和花絮状双晶四种。双晶产生的原因可归纳为四点。

① 在高压釜的升温过程中，由于生长区与溶解区之间的温差过大，籽晶表面来不及溶解，而釜内溶液已形成过饱和，从而使新的结晶层与籽晶表面结合不良，造成位错或晶格扭变。或者，籽晶经切割后，局部部位有残余应力而形成微小的双晶。这种双晶在升温过程中不能溶解，在生长过程中逐渐发展变大，如形成的凹陷型双晶、鼓包双晶和多面体双晶。

② 在使用脉石英作培养体时，由于其在热液中溶解较快，当籽晶表面尚未溶解时，溶液即已呈现过饱和，因而使籽晶表面的缺陷被遗留下来，如凹陷型和鼓包双晶的形成。

③ 由于温度的波动，溶液对流差，籽晶表面溶解性不好，甚至形成籽晶罩，因而在籽晶罩上形成多面体双晶。

④ 由于温度的波动，使杂质或自发形成的微晶粒落在晶面上或有缺陷特征的部位，形成微小双晶，即花絮状双晶。

（二）包裹体

合成水晶中的包裹体有固体包裹体和气-液包裹体两种。固体包裹体大多像一撮晶须，其主要物质是锥辉石（$NaFeSi_2O_6 \cdot 2H_2O$ 或 $Na_2FeSi_2O_6 \cdot 2H_2O$），或石英的微晶核。此外，在籽晶架上也可能存在硅酸铝钠（$NaAlSiO_4$）、氟铁锂钠（$Na_3Li_3Fe_2F_{12}$）与硅酸锂（$Li_2Si_2O_5$）等。这些物质均可能作为包裹体而进入晶体。气-液包裹体多呈长条状，主要出现在籽晶的生长界面上。

合成水晶中包裹体的形成有两个原因。

① 由于温度的微小波动和杂质的影响，在高压釜中某个部位，如在釜壁或釜顶内部某些部位的过饱和度可能达到了上限，从而产生新的微晶核或锥辉石。对流的溶液可将这些微小的晶核带到晶体的生长面上，因此它们会在不同的生长阶段出现。在晶体生长初期，即在生长状态尚未完全稳定的情况下，包裹体进入晶体的机会较多。

② 由于温度的变化和原材料的流动，引起晶体生长的波动。当溶质沉积在生长表面时，结晶热使其表面温度稍有提高，从而抑制了溶液的流动，使溶质沉积速率下降。溶质沉积速率的下降，降低了生长表面的温度，这样，表面的过饱和度又增加了，溶质沉积速率也增大，因而放出的结晶热也随之增加，结晶热的增加使生长速率再次下降，这样循环往复，促使了包裹体的形成。

（三）位错与腐蚀隧道

合成水晶中的位错多为刃位错和混合位错。除线位错外，还可有层错。位错一般源于籽晶、籽晶-晶体的界面以及晶体内部所含的包裹体。

腐蚀隧道是作为籽晶的石英晶片经过腐蚀而形成的。石英晶片进行腐蚀时，在位错与晶体表面的交错处形成腐蚀坑，少数可形成管道，这就是腐蚀隧道。腐蚀隧道的形成与位错、包裹体及不均匀沾染的杂质等有关。

（四）生长条纹

由于石英晶体具有各向异性的特点，因此在不同方向上的生长速率是不同的。由于晶格平面的位移而产生的线缺陷，会导致产生生长条纹。

五、水热法生长水晶晶体的鉴别特征

水热法生长晶体模拟了自然界热液成矿的过程，但人工创造的条件毕竟与天然条件有差别，这就导致了生长出的晶体与天然晶体存在着不同之处，如图 4-9 显示出天然及合成水晶在波长为0.15～4μm区域内透过率的不同。合成水晶的鉴别特征见表4-4。

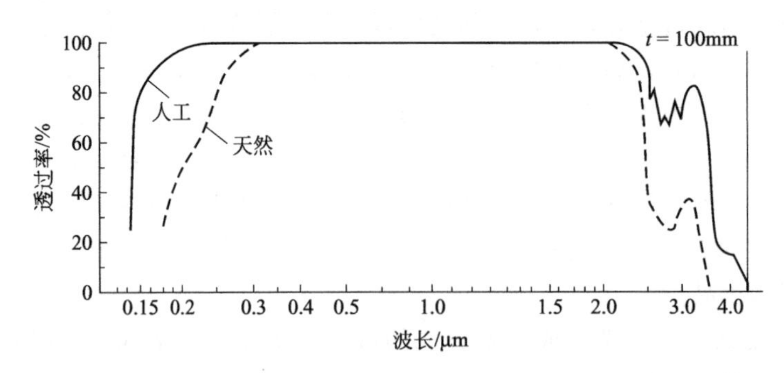

图4-9 天然及人工合成水晶对波长为0.15～4μm光谱的透过率曲线

表4-4 合成水晶与天然水晶的鉴别特征对比

项目		天然水晶	合成水晶
水晶材料		无籽晶核	中心有一平整的片状籽晶核
包裹体特征	气液包裹体	常呈星点状、云雾状和絮状展布	偶见圆形气液包裹体，组成似蜂蜜入水似的构造，也有拉长状气液包裹体，主要出现在籽晶的生长界面上
	固态包裹体	含针状金红石、电气石及粒状黄铁矿等微晶矿物	可见单独或成群分布的渣状包裹体；最特殊的是有平行于籽晶面并贯穿整个晶体的一层或两层以上互相平行分布的“桌面灰尘”状包裹体；还有釜壁和籽晶架的脱落物、锥辉石、石英的微晶粒所形成的包裹体
双晶		存在道芬、巴西和日本双晶	存在凹陷型、多面体、鼓包和花絮状双晶
热敏感		触及皮肤有凉感	触及皮肤有温感不太凉（与天然水晶相比）
彩色水晶		颜色有深浅不同，色彩柔和；紫水晶、黄水晶有角状色晕	颜色浓艳、均匀、呆板，且合成紫水晶紫中带蓝色调，批量样品中色调非常一致；合成紫水晶和合成黄水晶在高倍镜下，可见平行于种晶板（籽晶面）的平行细密生长纹，用低倍镜或肉眼观察，仅能见一组色带或生长纹
光轴		天然紫水晶、黄水晶的光轴出现于刻面宝石的任意方向，但与负晶形包裹体的长轴方向平行	合成紫水晶的光轴大多平行于台面以38.2°角斜交种晶板，合成黄水晶的光轴大多垂直于台面与种晶板垂直
红外光谱		见图4-10，天然紫水晶与合成紫水晶吸收不同	合成紫水晶在3545cm^{-1}处有明显的吸收带
其他缺陷			可能存在位错、腐蚀隧道和生长条纹等缺陷

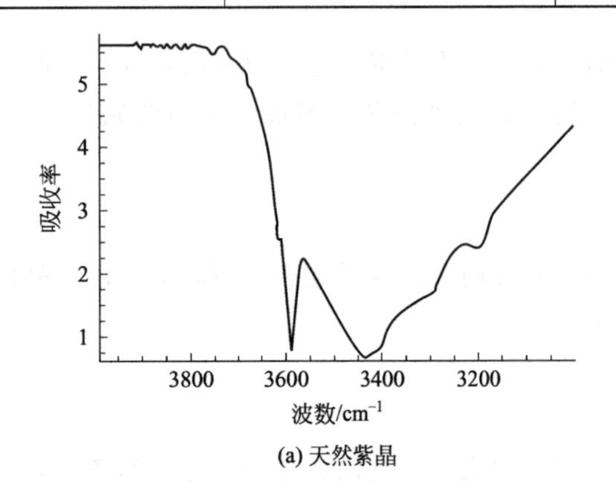

(a) 天然紫晶

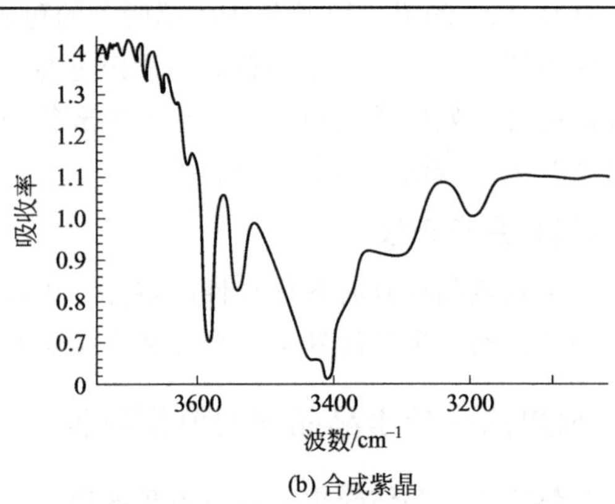

(b) 合成紫晶

图4-10 天然紫晶与合成紫晶的红外吸收光谱

第四节　水热法合成刚玉类晶体与鉴别

刚玉类宝石的水热法生长研究是从研究 $Al_2O_3+H_2O$ 体系开始的。1943 年劳本盖耶和韦茨首次获得成功，随后，欧文（Ervin）和奥斯本（Osborn）进一步完善了这一工作。

在籽晶上控制刚玉生长是由劳迪斯和鲍尔曼在 1958 年完成的。他们研究了 Al_2O_3-H_2O、NaCl-Al_2O_3-H_2O 和 Na_2CO_3-Al_2O_3-H_2O 等多种体系，发现在 NaOH-Al_2O_3-H_2O 体系中，生长速度一开始很快，但不久就停止了生长；而在 Na_2CO_3-Al_2O_3-H_2O 体系中只要有原料存在就一直能生长下去。这一发现加快了刚玉类宝石尤其是合成红宝石水热法生长技术的研究进程。

自 20 世纪 50 年代以来，美、日、苏、中、法、澳等国先后从事过水热法合成红宝石晶体的实验研究。1961 年劳迪斯和尼尔森报道了刚玉在水热法生长过程中温度和压力的改变对晶体生长的影响，并指出（0001）面上晶体的生长速度慢，高压釜应当采用银衬套，并宜用 $Na_2Cr_2O_4$ 作着色剂等，从而宣告了水热法生长红宝石晶体的成功。1976 年，苏联科学家改进了水热法合成红宝石技术，使与天然红宝石极为相似的水热法合成红宝石获得商业化生产。1993 年，泰国与俄罗斯西伯利亚科学院合资在泰国曼谷设立了泰罗斯（TAIRAS）宝石有限公司，该公司主要进行水热法合成红宝石的生产。

水热法合成蓝宝石的工艺技术是由俄罗斯的研究人员通过大量的实验，在 20 世纪 90 年代研究成功的。

我国水热法生长刚玉类宝石晶体的研究始于 1992 年，1993 年合成出了第一颗红宝石，但颜色和质量均不能令人满意。1995 年，广西宝石研究所进行了水热法合成刚玉晶体的研究和开发，并于 1999 年生长红宝石晶体获得成功，同年 12 月 23 日在北京通过了科技部组织的验收。广西宝石研究所相继又研究出了无色、黄色和橙色合成蓝宝石以及彩色刚玉多单晶体梯形水热生长工艺，生长出的刚玉类晶体与天然刚玉类晶体非常相似。其中生长出的优质合成红宝石，引来了大量国外珠宝公司的订单，产品供不应求。

一、水热法合成刚玉类宝石的基本原理

水热法合成刚玉类宝石与合成水晶的原理基本相似，但表面生长离子不同：作为籽晶的刚玉晶面上吸附了 OH^-，在（0001）面上的游离键 Al—O 比较多，吸附水层的稳定性也较好，所以（0001）面上生长速度较慢。刚玉的生长是由于自始至终不断有 Al—O 键的形成所致，在此条件下，其生长过程可表示为：

$$\underset{\text{刚玉表面的OH}}{Al—OH} + \underset{\text{溶液中的离子}}{AlO^{2-}} \longrightarrow \underset{\text{刚玉表面不平衡氧的形成}}{Al—O—Al—\boxed{O}} + OH^-$$

在刚玉晶面上所形成的不平衡氧，能重新被 OH^- 所取代，恢复到原来的活化状态，使晶体不断生长。

刚玉在 K_2CO_3 及 $KHCO_3$ 溶液中的生长速率要比在 Na_2CO_3 溶液中的大，这是由于矿化剂的去水能力不同所造成的。K^+ 比 Na^+ 去表面水的能力要强，它减弱了化学吸附水的牢固性，从而提高了晶面的生长速率。

红宝石是含有 Cr^{3+} 的 Al_2O_3 单晶体，所以水热法生长红宝石晶体，要考虑 Cr_2O_3 在水

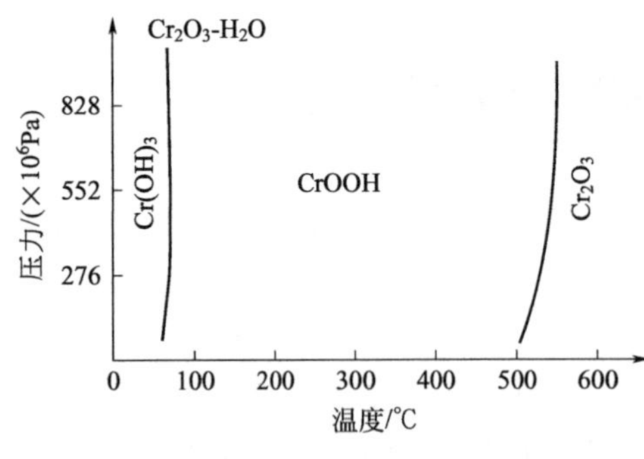

图 4-11 Cr_2O_3-H_2O 相图

中的稳定相。图 4-11 为 Cr_2O_3-H_2O 相图，从图中可看出 Cr_2O_3 的稳定相在 500～550℃以上，其稳定性对温度的要求很高。所以，水热法生长红宝石的结晶温度必须大于 470℃，溶解区的温度必须大于 500℃，才能在 Na_2CO_3 溶液中获得 0.3mm/d 左右的沿 $\{10\bar{1}0\}$ 方向的生长速率。从相图上也可看出，温度越高，掺入的铬含量也越多。

蓝宝石是除红色刚玉宝石（红宝石）之外的诸如无色、蓝色、绿色以及黄色等颜色的刚玉宝石品种的总称，蓝宝石中含有除铬以外的致色元素，如镍、钴等。当蓝宝石中含有铬元素时，蓝宝石颜色会随着铬元素的含量增加向红色靠近。当蓝宝石中含有镍、钴等元素时，其颜色会向黄色、绿色以及蓝色变化。水热法合成蓝宝石的工艺条件与水热法合成红宝石的相似。

二、水热法生长刚玉类晶体的工艺要求

（一）温度和压力

当温度低于 420℃时，在水热环境中刚玉宝石晶体几乎不生长，只有温度达 470℃时，刚玉宝石晶体才开始生长，所以生长区结晶温度应大于 470℃，而且随着结晶温度的提高，晶体的生长速率、透明度和颜色均将有所改善。因此，提高结晶温度对提高生长速率起着主要作用，见图 4-12。温差要求以 30～40℃为宜。水热法合成刚玉类宝石晶体的压力为 7.5×10^7 Pa 左右。

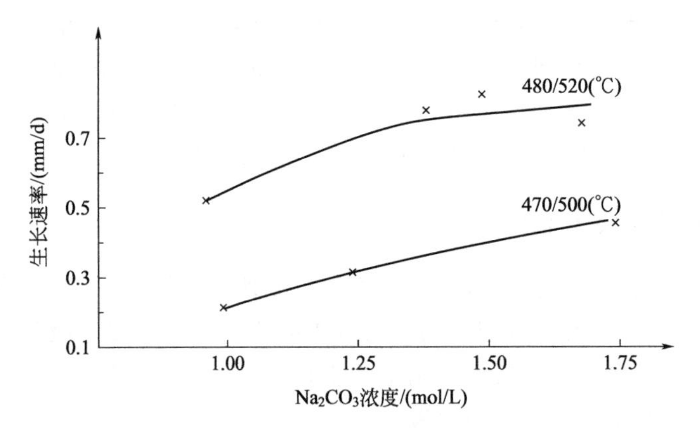

图 4-12 生长速率与结晶温度、Na_2CO_3 浓度的关系曲线

（二）高压釜

水热法合成红宝石需要的温度及压力均较高，故高压釜材料要能耐高温和高压，一般采用 GH33 高温合金钢来制造。另一方面，为了防止在高温高压条件下釜体中所含的铁被腐蚀进入溶液沾污晶体，釜的内腔要采用银衬套或铂金衬套进行保护，借以保证生长出高质量的红宝石晶体。

我国桂林水热法生长刚玉宝石使用的高压釜是用特制的耐高温合金钢制成，反应腔容积为 900mL，可承受 650℃、250MPa 的温压条件，高压釜内配有贵金属防腐衬套管。加热炉

为温差井式电阻炉，可以满足不同区段的温度要求。测温元件采用铂铑金属丝材料组成的铂铑热电偶，并用电脑微机系统严格控制温度压力条件，从而提高了生长条件控制的精密程度。

（三）矿化剂

通常使用碱金属的碳酸盐或氢氧化物的复杂溶液作矿化剂，如 $NaOH$、Na_2CO_3、K_2CO_3 和 $NaHCO_3+KHCO_3$ 等。红宝石晶体在 $NaOH$ 溶液中生长时，往往开始时生长很快，但不久便停止生长；选用 Na_2CO_3 溶液时，生长又较缓慢；所以通常选择 $NaHCO_3+KHCO_3$ 混合液较好，或可选用 $Na_2CO_3+KHCO_3$ 混合液。适当提高矿化剂浓度（见图 4-12），如从 1.0mol/L 提高到 1.25mol/L 或 1.50mol/L，可以提高生长速率，但继续增加浓度则影响不大。另外，提高矿化剂浓度可以改善晶体的透明度，但浓度大于 1.50mol/L 后，则不再有多少变化。

（四）籽晶

多选用焰熔法生长的合成红宝石晶体作为籽晶，也可使用提拉法生长的无色刚玉晶体，沿与 Z 轴成不同角度的方向切成圆棒或条片状，用黄金丝或铂丝吊在高压釜的上部。

在相同条件下，各晶面生长速率的大小顺序如下：

$$(10\bar{1}0)>(11\bar{2}0)>(10\bar{1}1)>(22\bar{4}3)>(0001)$$

其中以（$10\bar{1}0$）和（$22\bar{4}3$）或（$10\bar{1}4$）和（$22\bar{4}3$）所围成的区域作籽晶生长出的红宝石质量较好。

实验对比表明，当沿［$10\bar{1}0$］方向生长时，可以获得最大的生长速度，但晶体表面和内部容易出现沟槽和裂痕，而且晶体透明度差；当沿［$22\bar{4}3$］方向生长时，在适当条件下可以得到高质量的刚玉晶体。

（五）着色剂

生长红宝石晶体时选择的着色剂为 Cr_2O_3，也可以为 $K_2Cr_2O_4$ 或 $Na_2Cr_2O_4$；生长其他颜色刚玉宝石晶体时，要根据所生长的晶体颜色选择不同的着色剂，常选用过渡金属元素中的锰、钒、钴、镍等致色元素的氧化物或盐类。俄罗斯水热法生长刚玉晶体时，使用 Cr^{3+}、Ni^{2+}、Ni^{3+} 作致色离子，合成了从红色到紫色及蓝色、绿色、橙色、橙红色等各种颜色的刚玉宝石晶体，所加入致色离子与晶体生成颜色之间的关系如图 4-13 所示。

（六）挡板

当高压釜内径为 2.22mm 时，挡板孔大小为 0.64mm，则对红宝石晶体的生长影响不明显。挡板放在 Al_2O_3 原料和籽晶之间，可增加釜内溶解区与生长区的温差。

（七）炉温升降速度及生长速度

炉温在 10h 内升到生长所需的温度，在恒定的温度条件下使刚玉晶体生长 7～10d；生长结束后，缓慢降温，在 24h 内将高压釜内温度降到室温。单晶生长速度可以达到 7～9ct/d。

（八）其他条件

充填度：80％。

营养料：Al_2O_3（分析纯）或合成刚玉碎料和 Al_2O_3 的混合物。

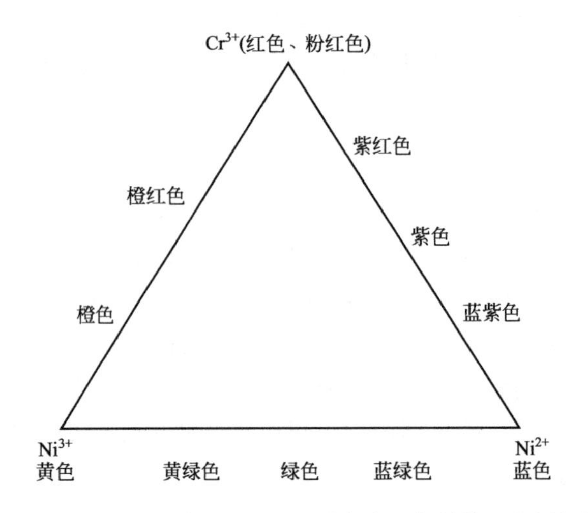

图 4-13 俄罗斯水热法合成刚玉宝石致色离子与晶体生成颜色关系图
俄罗斯合成刚玉宝石由铬和镍致色；图中三角形三个顶点处标示三种离子
单独致色，三条边上分别标示其中两种离子共同致色

三、水热法合成刚玉类宝石实例

(一) 泰罗斯水热法合成红宝石工艺条件

(1) 结晶温度 420～450℃，温度梯度 35～40℃。

(2) 压力 $(8.0\sim8.5)\times10^7$ Pa。

(3) 矿化剂 $Na_2Cr_2O_4$ 与 Na_2CO_3、$KHCO_3$ 及 $KClO_4$ 混合液。

(4) 籽晶片 焰熔法合成红宝石晶体。

(5) 生长周期 3～4 周。

(二) 我国桂林水热法合成红宝石工艺条件

(1) 原料 分析纯的刚玉晶体碎块，$Al(OH)_3$。

(2) 着色剂 Cr_2O_3 或 $K_2Cr_2O_4$（按 1%量加入）。

(3) 矿化剂 $KHCO_3+Na_2CO_3$（浓度均为 1.0mol/L）。

(4) 籽晶片 提拉法合成的无色刚玉晶体，沿 $[22\bar{4}3]$ 或 $[10\bar{1}0]$ 方向切割。

(5) 充填度 60%左右。

(6) 生长温度 500～620℃。

(7) 温差 30～100℃。

(8) 压力 $(1.5\sim2.0)\times10^8$ Pa。

(9) 恒温时间 10d 左右，晶体达 15mm×50mm×17mm，重达 20.4g。

(10) 生长速率 0.3～0.6mm/d。

(三) 梯形水热法合成彩色刚玉多单晶体工艺条件

我国广西宝石研究所通过不断探索，改进了工艺，使用一种新型的梯形黄金籽晶架悬挂多个籽晶片，在新设计的大型高压釜中使用氧化-还原缓冲技术和不同的致色离子或致色离子对缓慢释放技术生长出了多种颜色的厚板状刚玉类宝石晶体，其主要工艺条件如下。

1. 工艺设备

梯形水热法合成彩色刚玉多单晶体所采用的工艺设备主要由反应腔尺寸为 ϕ38mm×700mm 的高压釜和与之配套的温差井式电阻炉组成。高压釜设计采用了双锥密封环、法兰盘式自紧密封结构，这种结构加工简单，操作方便。温差井式电阻炉采取三段控温方式以利于不同地段对温场的不同要求。高压釜内使用了黄金衬管作为防护衬套。

新设计的高压釜与早期高压釜相比，具有反应腔内温度波动较小（±0.5℃）、晶体生长区长（30cm）、生长区温度梯度小（0.27℃/cm）、生长区与溶解区温差较大的特点，从而为快速生长高品质晶体奠定了基础。

2. 刚玉类晶体最佳匹配工艺参数

（1）温度及温差　溶解区 550～580℃，生长区 505～515℃，温差 45～65℃。

（2）工作压力　(1.5～2.0)×10^8Pa。

（3）矿化剂　碱金属碳酸盐的复杂溶液，总浓度 2～3mol/L。

（4）籽晶片切向　平行（$22\bar{4}3$）。

（5）挡板开孔率　5%～10%。

（6）液体固体比　L/S=1.8～2.0mL/g。

（7）充填度　55%～65%。

（8）单晶生长速率　平均为 6.5～7.5ct/d。

（9）炉温升降速度　从室温升到预定温度需 10h，生长结束降至室温需 24h。

3. 刚玉类晶体生长工艺特点及要求

（1）使用着色剂及氧化-还原缓冲剂　根据晶体不同的颜色要求加入含 Cr^{3+}、V^{3+}、Mn^{3+}、Co^{3+}、Ni^{2+}、Ni^{3+} 等致色离子的氧化物，或其中两种致色离子氧化物粉末的混合物。除合成红宝石和粉红色蓝宝石需要加入三价铬离子作着色剂，无色刚玉不需要加入任何着色剂外，其他颜色的蓝宝石晶体生长时要控制着色剂的价态，所以除了加入相应的着色剂外，还需要加入氧化-还原缓冲剂，常用 Cu_2O-CuO 或 PbO-Pb_2O 组合，其作用是使着色剂离子以所需要的价态有效地进入晶体的晶格中。氧化-还原缓冲剂装入尺寸为 ϕ8mm×50mm 的小型铂金管中，加入量为所加入着色剂量的 5～10 倍。该铂金管表面有一定开孔率的小孔并通常置于衬管的最底部。

（2）生长无色蓝宝石晶体的特点　生长无色蓝宝石晶体不用添加着色剂，但对矿化剂碱金属碳酸盐溶液需进行提纯处理。在相同的条件下，无色合成蓝宝石单晶的生长速度是其他颜色合成刚玉类晶体生长速度的 2～3 倍。

（3）培养料及籽晶放置　梯形水热法合成彩色刚玉多单晶体所采用的培养料为一定数量的、粒径为 5～7mm 的焰熔法合成无色刚玉晶体碎块和少量 $Al(OH)_3$ 粉体混合物。培养料放入黄金衬管的底部，然后按照充填度加入矿化剂。

使用黄金丝做出梯形籽晶架，将按一定方向切好的籽晶片用黄金丝连接起来并固定在架子上，一个梯形架每次可以悬挂 6～10 个籽晶片。籽晶片相互之间的摆向应隔片相互垂直，这样放置的目的是使溶质到达每一籽晶片表面的数量尽可能一致，防止某些晶体生长的不均匀性。

在装好籽晶片的梯形黄金架下部挂上一个装有着色剂并有一定开孔率的黄金小管，然后一起放入黄金衬管内并密封好，再将密封好的黄金衬管放入高压釜中。

（4）生长周期与晶体大小　梯形水热法合成彩色刚玉多单晶体的生长周期为7～10d，单炉生长晶体350～450ct，单晶重60～90ct。生长出的晶体呈厚板状，{$22\bar{4}3$}和{0001}等面族发育，30mm×25mm×10mm大小。

四、水热法合成刚玉类宝石晶体的特征及鉴别

由于水热法合成刚玉类宝石的工艺技术刚成熟不久，除水热法合成红宝石已进行商业化生产外，其他水热法合成刚玉类宝石品种还未正式进入市场，因此这里仅以我国桂林生产的水热法合成刚玉类宝石晶体特征和鉴别做一介绍。

（一）晶体外部特征

1. 晶形

水热法合成刚玉类宝石晶体外形多为厚板状-板状，常见的单形有六方双锥{$22\bar{4}1$}和{$22\bar{4}3$}，其次为菱面体{$01\bar{1}1$}，偶见复三方偏三角面体{$35\bar{8}1$}、{$13\bar{4}1$}及平行双面{0001}。

2. 晶面条纹

水热法合成刚玉类宝石晶体的六方双锥晶面上普遍发育有各种生长花纹，较为常见的有舌状或乳滴状生长丘、阶状生长台阶、格状生长纹理和不规则生长斜纹，偶见放射纤维状条纹。这些生长花纹与晶体生长过程中的温度、压力、矿化剂、溶液流向和温度梯度密切相关，是晶体内部镶嵌结构及生长位错的一种表现形式。

3. 开裂现象

水热法合成的刚玉类宝石晶体的颜色均匀，晶体晶莹透明，但部分晶体可出现开裂现象。

合成红宝石晶体的开裂有两种情况：一种是沿籽晶面开裂，另一种是在（$22\bar{4}3$）晶面上呈规则的网状开裂。分析其原因，沿籽晶面开裂主要是由晶体与籽晶之间存在较大的应力所致。当籽晶表面被一层固体包裹物覆盖时，便造成晶体与籽晶之间的结构失配而形成缺陷，或者是升温过程中溶液对籽晶溶蚀严重，使籽晶表面出现蚀坑，进而蚀坑发育使晶体与籽晶之间产生结构缺陷。而网状开裂则是由晶体的结构及生长条件所决定的。由于红宝石晶体在[$11\bar{2}0$]方向上的八面体存在空位及铝氧八面体键Al—O_6与（$11\bar{2}0$）面平行，所以晶体中沿（$11\bar{2}0$）面的缺陷比较发育。该缺陷投影到（2243）面上便成了网状裂隙。实验发现，提高溶液中Al_2O_3的过饱和度可以有效抑制该裂隙的发育。

合成黄色蓝宝石晶体的开裂情况有三种：一是沿晶体菱面体方向二组裂开，二是沿籽晶片中央裂开，三是沿籽晶与晶体结合面裂开。经初步分析后认为，这种晶体裂开的原因较复杂，它可能与籽晶和晶体间的晶格失配或晶格畸变有关，而晶体中某些可溶性杂质或胶状机械混入物的掺入，以及生长过程中不均匀的热流冲击所产生的热波动等都可能是导致合成黄色蓝宝石晶体裂开的主要缘由。

（二）晶体内部特征

1. 存在气液包裹体

水热法晶体生长是所有晶体生长方法中唯一有水参与的方法，因此，生长的晶体中常可见到气液包裹体。天然刚玉类宝石中也常存在气液包裹体，并且水热法合成刚玉类宝石的气液包裹体与天然刚玉类宝石的非常相似，区别在于两者的气液包裹体形态略有不同。

我国广西桂林的水热法合成刚玉类宝石中的气液包裹体，既可以少量单体形式存在，也可以指纹状包裹体形式存在。其中指纹状包裹体多沿愈合裂隙面呈面状分布，似网状，比天然刚玉类宝石的指纹状包裹体立体感强且较为规则；而单体包裹体依据宝石颜色不同而略有不同。

合成红宝石内的单体包裹体边缘圆滑且较规则，气液体积比约为20%。而合成黄色蓝宝石晶体中存在的单个或呈串珠状分布的气-液两相包裹体，大小约0.02～0.05mm，椭圆或不规则状，气液体积比约为15%～25%，一般远离籽晶并孤立分布，其外形特征与天然黄色蓝宝石中的流体包裹体极为相似，二者在镜下不易区分。

2. 存在气泡群

早期的水热法合成红宝石内部含有的气泡群较多。这种微小（直径约为0.01mm）的气泡多密集分布在籽晶片、籽晶罩或挂金丝处，目前合成刚玉类宝石晶体内一般难以见到。

3. 存在籽晶片

水热法生长晶体，必须使用籽晶片，而籽晶与生长出的宝石晶体在光学特性及其他方面总有差别。因此，是否有籽晶片的存在，可作为确定宝石晶体是天然品还是人工合成品的证据。桂林水热法合成黄色蓝宝石主要采用晶体提拉法合成的无色刚玉为籽晶，而合成红宝石则直接采用水热法合成红宝石的生长层为籽晶，因此红色籽晶片与新生长层之间的界线难以识别。若将宝石晶体置于溴化萘浸油中，则可依据籽晶片与生长层之间存在不规则波纹状生长界线这一特征进行识别。

4. 固体包裹体

水热法合成刚玉类宝石晶体内部均可见呈点絮状或团絮状分布的黄金微晶集合体，反射光下为金黄色，金属光泽。这种黄金微晶残余物主要来自高压釜内的黄金衬管或挂丝。

合成红宝石晶体中还可见一种灰白色的$Al(OH)_3$粉末，外形似面包屑，不透明，在晶体中多沿籽晶片附近呈星点状、面状分布。

合成黄色蓝宝石晶体中还可发现有可溶性杂质包裹体，多呈不规则的枝晶状、放射状或不规则粒状，无色透明，中突起，正交镜下干涉色级序较高（与其厚度有关），多沿晶体与籽晶结合面的裂开处呈不均匀分布。此外，合成黄色蓝宝石晶体中还可观察到外形呈规则或不规则网状的胶状机械混入物，为无色或浅黄绿色，透明，中高突起，仅存在于晶体或籽晶片的裂开处，并常与可溶性杂质包裹体或流体包裹体伴生。

5. 生长纹理和色带

放大检查，在暗域场下，合成红宝石晶体存在暗红与橙红色生长纹理，呈平直带状相间分布，外观似聚片双晶；在亮域场下（辅以蓝色滤色片），部分合成黄色蓝宝石晶体内微波纹状生长纹理较发育，这种生长纹理的分布多具方向性，并沿籽晶片方向展布。

部分合成黄色蓝宝石晶体内，橙黄与棕黄色带呈不规则楔状或条带状相间分布，由此表现出的几何色带图案与天然黄色蓝宝石截然不同。

6. 云烟状裂纹

大多数水热法合成红宝石晶体内部较为洁净，但由于存在开裂现象，早期的水热法合成红宝石晶体可见云烟状裂隙，并较为发育，见彩色图版。

（三）光谱及紫外荧光特征

1. 紫外-可见光吸收光谱特征

采用紫外-可见光分光光度计测试结果表明，桂林水热法合成红宝石晶体显示典型的贫铁含铬吸收光谱，紫外区域内241nm谱带是区别于天然红宝石的重要佐证。

2. 红外光谱特征

经红外光谱仪测试，桂林水热法合成红宝石普遍存在$3307cm^{-1}$、$3231cm^{-1}$、$3184cm^{-1}$、$3013cm^{-1}$的Al—OH伸缩振动谱带和$2364cm^{-1}$、$2348cm^{-1}$的$KHCO_3$中O—H伸缩振动谱带。黄色合成蓝宝石在3000～$3600cm^{-1}$范围内有一系列的OH或结晶水振动的红外吸收光谱。

3. 紫外荧光特征

在长、短波紫外光照射下，水热法合成红宝石呈现出比天然红宝石更强、更亮的红色荧光。

水热法黄色合成蓝宝石晶体在长波（LW）下呈惰性；多数晶体在短波（SW）下荧光具分带性，籽晶片为中～弱的蓝白色荧光，少数晶体在短波下也呈惰性。

第五节　水热法合成祖母绿晶体与鉴别

水热法合成祖母绿晶体首先是由奥地利人约翰·莱奇莱特纳在1960年研究成功的，当时被美国林德公司购买了销售权。这种水热法生长的祖母绿当时被称为人造祖母绿（Emerita）和合成祖母绿（Symerold）。在此之后，林德公司开始了水热法生长祖母绿的研究，并先后申请了多项专利，其中包括1971年3月批准的“在中性到碱性介质中生长祖母绿”的伊迪丝·M·弗拉尼根（Edith M Flanigen）专利以及1973年批准的“在强酸$pH<0.1$介质中，采用黄金或铂金衬套生长祖母绿”的杨西（Paul J Yancy）专利。林德公司在1969年至1970年期间达到生产水热法合成祖母绿的高峰期，每年能生产2.0×10^4ct的水热法合成祖母绿。

1993年，俄罗斯和泰国合资成立泰罗斯公司，专门合成各种高档宝石晶体（其中包括水热法生长的合成红宝石和合成祖母绿等），其生长出的合成宝石晶体特点为表面具有三角形、螺旋状、草丛状生长纹，籽晶以{1211}为生长面。1998年，俄罗斯用水热法合成出低质量的祖母绿，在查尔斯滤色镜下呈黄色，紫外荧光下无反应。

我国有色金属工业总公司广西宝石研究所于1987年开始研究水热法生长祖母绿晶体的技术，1989年获得成功，1990年6月在北京通过专家组鉴定，1993年8月投入商业化生产，年产量可达7.0×10^3ct，主要生产仿哥伦比亚带蓝色调祖母绿和仿巴西纯绿色祖母绿。为降低成本，该所于1998年开始研制新的工艺配方，降低了合成压力，同时扩大了生长宝石的高压釜内容量，工艺已达到国际先进水平。

一、水热法合成祖母绿的工作原理

祖母绿是绿柱石的一种，因含铬而具有非常漂亮的绿色，属高档宝石。祖母绿的分子式为$Be_3Al_2Si_6O_{18}$，理论值为SiO_2 67%、BeO 14.1%、Al_2O_3 18.9%。祖母绿的合成是选用SiO_2与$Al(OH)_3$、$Be(OH)_2$和少量$CrCl_3\cdot6H_2O$等为原料，在有水存在的高温高压条件下发生化学反应，并在籽晶上结晶长大而实现的，即：

$$SiO_2+Be(OH)_2+Al(OH)_3+H^+\longrightarrow Be_3Al_2Si_6O_{18}+H_2O$$

首先按要求在合成祖母绿晶体的高压釜中加入培养料、矿化剂、籽晶等，并将高压釜密封后置于加热炉中进行加热，随着温度的升高，水变成水蒸气形成压力。当温度升至水的临界温度374℃时，水与汽无法分辨，水以气溶胶形式充满整个容器。此时，SiO_2组分在高压釜顶部分解，另一些组分则在底部分解，由于底部温度比顶部温度高，就会产生对流与扩散，反应物在高压釜中部相遇，反应生成$Be_3Al_2Si_6O_{18}$，当浓度达到过饱和时，随即在籽晶上结晶长大。由于水热法合成祖母绿是密封在高压釜中进行的，随着祖母绿晶体的不断生长，培养料不断减少，晶体生长到一定程度后，生长速度便会慢下来，直至发生结晶生长与晶面溶解相互平衡。因此，晶体生长到一定时间后，应停止生长，并把长成的晶体取出来。

二、水热法合成祖母绿的工艺条件

本书以我国广西桂林宝石研究所采用悬浮管法合成祖母绿的工艺条件为例进行说明。由于水热法合成祖母绿时，要用12mol/L的浓盐酸介质，若用银、金或铂衬套进行生产，在高压下难免有浓盐酸泄漏，形成$FeCl_3$而腐蚀高压釜。因此，水热法生长祖母绿均采用全密封的悬浮管法。

悬浮管法是将培养料和籽晶等均密封在贵金属（银、金、铂等）的管中，然后将密封管放入高压釜中，再往高压釜内充填一定量的水，最后密封高压釜，置于控温炉内，进行晶体生长的方法。

（一）悬浮管

悬浮管必须比高压釜反应腔的内径短小，以能放进为原则，具体大小要看设计放入管内反应物的多少而定，一般希望越大越好。例如，一个反应腔为ϕ22mm×310mm的高压釜，其悬浮管可以为ϕ16mm×290mm，厚为0.3mm，其内部结构见图4-14。

悬浮管均为贵金属，熔点较高，密封时一般采用两种方法：一种是用氢氧火焰或煤气-氧气火焰密封，另一种是用氩气保护的氩雾焊密封。因为顶部要悬挂金篮和籽晶，所以，一般用一个圆盖与圆管焊接密封。密封时，为防止温度过高，引起管内液体沸腾，需将悬浮管放在较大容器的水中，将需焊封的顶部露出水面，并不断搅拌水体，使热量迅速散发。

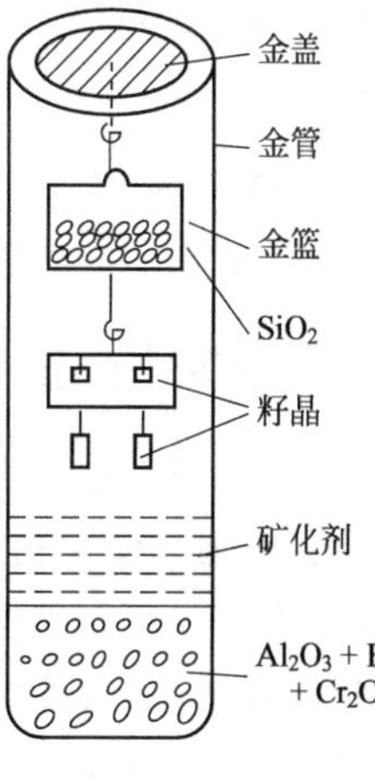

图4-14　水热法（悬浮管）合成祖母绿结构示意

（二）温度和压力

溶解区温度为600～620℃，溶解区与结晶区的温差为50℃左右，压力约为8.3×10^7Pa。

（三）培养料

培养料为碎水晶SiO_2、$Al(OH)_3$、$Be(OH)_2$等，其中碎水晶要放在高压釜顶部温度较低的地方。通常在悬浮管内用另一个小的黄金管，表面打上很多孔，将碎水晶放在里面，挂在顶盖板上，称为金篮。金篮上的开孔率可以控制反应速度。

培养料的加入量应当计算好，以使铝和铍的氧化物能够反应完全为宜。如果培养料中某些组分的加入量太多（即浓度太大），则溶液中形成的祖母绿浓度增高，将出现太多的祖母绿晶体，甚至形成硅铍石（$BeSiO_4$）。一旦在高压釜底部形成硅铍石，则祖母绿便会停止生长。另外，晶体生长速度不仅依赖于温度、压力和温度梯度，还依赖于石英碎块的大小。晶体生长速度过快，则会产生过多的包裹体。

（四）籽晶

通常选用海蓝宝石或无色绿柱石作为籽晶材料。籽晶切取方向有以下两种。

① 平行柱面（$10\bar{1}0$）和（0001）切取，生长后成板状晶体，且以（$10\bar{1}0$）和（0001）面最发育。

② 沿与柱面斜交角度35°方向切取，生长后的晶体呈厚板状或近乎四方柱状，从整体看，（$10\bar{1}0$）和（$11\bar{2}1$）晶面均很发育，并且此种斜切方向有利于提高切磨宝石的利用率。

籽晶片一般长12mm，宽7mm，厚2mm，经打孔清洗后，用金丝串起来，挂在金篮下面，可以挂1～4片。

（五）着色剂

选用$CrCl_3 \cdot 6H_2O$作为着色剂，用量要适当，使晶体呈鲜艳的绿色（含铬约0.9%）。

（六）矿化剂及充填度

最早使用中性到碱性的矿化剂，目前使用最多的矿化剂是12mol/L浓盐酸，$pH<0.1$。因为酸性介质可以防止铬沉淀，使其保持在溶液中，以利于进入生长的晶体中，使晶体致色。

悬浮管内充填度的计算与普通高压釜充填度的计算一样，高压釜内加入溶液的量要用高压釜反应腔体积减去悬浮管体积为自由容积，然后用自由容积乘以充填度即为应加入溶液的量。

（七）生长速率

每一籽晶片上，晶体的生长速率约为0.1～0.8mm/d。

三、世界主要水热法生长祖母绿晶体公司的生长工艺比较

世界上采用水热法生长祖母绿晶体的公司及地区主要有Lechlertner（美国）、Biron（澳大利亚）、Pool（澳大利亚）、Linde（美国）、Regency（美国）、TAIRUS（泰国和俄罗斯）和俄罗斯的一些研究机构以及中国的广西宝石研究所。

在水热法合成祖母绿过程中，各个国家都使用了高压釜设备、温差式电阻炉和自动控温设备。早期合成过程中，各公司均使用浓盐酸作为矿化剂，后来改用硫酸酸性溶液或其他酸性复杂溶液作矿化剂，这在一定程度上降低了水热法生长祖母绿的温度压力条件要求，而且减少了对高压釜的腐蚀。

晶体生长过程中加入的着色剂多为含三价铬的试剂，如有些公司使用含铬和钒的试剂，还有一些公司使用含铬、钒和铁的试剂。我国桂林水热法生长的祖母绿，旧工艺采用铬作为致色元素，但其浓度高达0.9%，而新技术产品含铬的量只有0.3%～0.5%，这一比例与其他添加铬作为着色剂的公司的添加比例一致。

另外，各个水热法合成祖母绿公司所采用的生长温度、温度梯度、生长压力以及籽晶的切割方向等都存在一定的差异，具体见表4-5。

表4-5 主要水热法合成祖母绿公司的工艺参数表

商品名称	生长温度/℃	温度梯度/℃	体系压力/MPa	矿化剂溶液	培养料	籽晶切向
Lechlertner	300～400		100	弱碱	SiO_2、Al_2O_3、BeO	32°～40°
Biron Emerald						22°～23°

续表

商品名称	生长温度/℃	温度梯度/℃	体系压力/MPa	矿化剂溶液	培养料	籽晶切向
Pool Emerald					天然绿柱石	22°～24°
Linde Emerald	500～600	10～25	68.6～172	弱碱或酸性	SiO_2、$Al(OH)_3$、$Be(OH)_2$	36°～38°
Regency Emerald	500～600	10～25	68.6～172		SiO_2、$Al(OH)_3$、$Be(OH)_2$	38°
Russian(old)	590～620	20～130	80～150	酸性或含氟的酸性复杂体系	SiO_2、Al_2O_3、BeO	30°～32°
Russian(new)	590～620		80～150	酸性复杂体系	SiO_2、Al_2O_3、BeO	43°～47°
China Emerald	500～600	15～85	200～600	酸性复杂体系	SiO_2、Al_2O_3、BeO	20°～44°

四、水热法合成祖母绿晶体的特征及鉴别

（一）晶体结构特征和红外光谱特征

天然祖母绿的结构中不仅含有Ⅰ型水（不含碱或含碱少的条件下生长），而且存在Ⅱ型水（含碱高的条件下生长），见图 4-15 天然祖母绿结构示意图。而水热法合成祖母绿晶体中只含有Ⅰ型水。结构上的差异使得二者在红外光谱下的特征吸收峰不同，见图 4-16。需要说明的是，目前许多生产公司或研究单位已对水热法合成祖母绿的工艺进行了不同程度的改进，生产出的合成祖母绿也可含有Ⅱ型水，但与天然祖母绿相比较，其Ⅱ型水的红外光谱吸收峰有偏移现象。

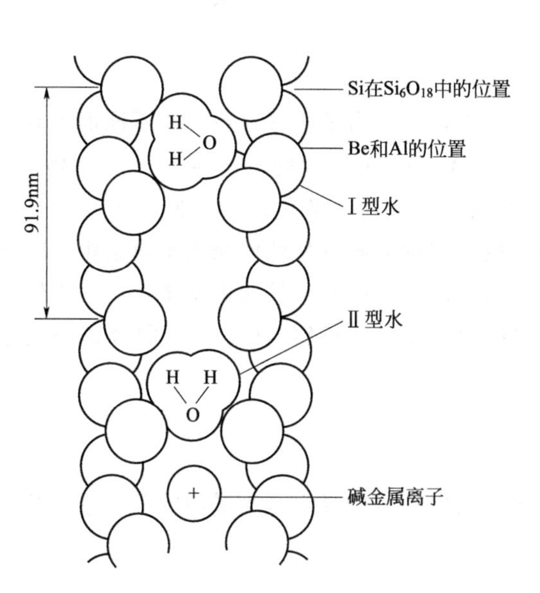

图 4-15　祖母绿结构中的水分子示意

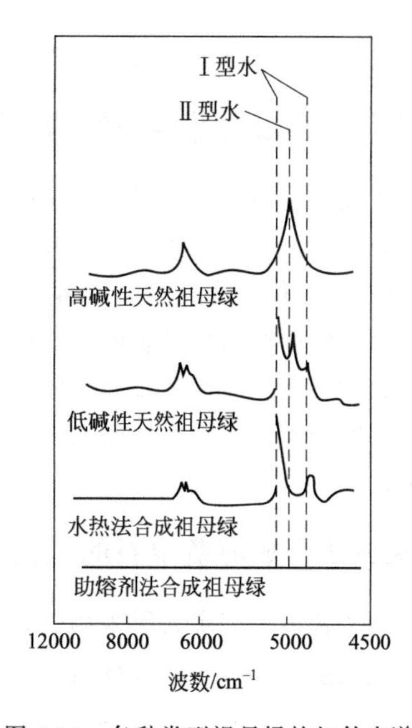

图 4-16　各种类型祖母绿的红外光谱

（二）籽晶片

水热法合成祖母绿晶体过程中使用了籽晶，而且籽晶局部先被溶解，然后再生长，所以

生长出的晶体在显微镜下可以看到籽晶残留的微小不透明籽晶片。

（三）包裹体

在水热法合成祖母绿晶体中，可能会因生成硅铍石（$BeSiO_4$）而形成针状或钉状的固液包裹体（见彩色图版），天然祖母绿中也存在钉状固液包裹体，区别在于合成祖母绿的钉状固液包裹体总是出现在一个个平面上，并且位于同一平面上的包裹体相互平行排列；而天然祖母绿的钉状固液包裹体随机分布，不在同一平面上。此外，在某种情况下，有双折射晶体、多相填充物的腔体和晶种形状的平面及扭曲的白羽痕状、纱状和棉絮状包裹体（见彩色图版）出现，这些都是水热法合成祖母绿的特征。俄罗斯和我国广西桂林生产的水热法合成祖母绿中均有渣状包裹体呈面状分布，且晶体表面呈现特有生长波纹。

（四）特殊光学特征

在黑色底衬条件下，用强光源照射水热法合成祖母绿时，在某些角度会出现红色，这在天然祖母绿中是见不到的。此外，水热法合成祖母绿颜色浓艳，有较强的红色荧光，在查尔斯镜下呈现鲜亮的红色。

第六节　水热法合成海蓝宝石晶体与鉴别

合成海蓝宝石的水热法生长技术研究起步较晚。1990 年苏联新西伯利亚的 A. S. 雷博戴（A. S. Lebeder）博士首次将水热法合成的海蓝宝石样品及生长技术公之于众。虽然这种合成海蓝宝石已被列为当时苏联的几种新宝石材料的计划之中，但至今仍未能形成商业化的生产。

有关海蓝宝石合成方面的研究与生产，在世界其他国家还未见报道。

一、水热法合成海蓝宝石的基本原理

海蓝宝石同祖母绿一样同属于绿柱石类矿物，只是由于所含致色离子不同而呈现出不同的颜色，海蓝宝石是由于 Fe^{2+} 取代了铍氧四面体（BeO_4）中的 Be^{2+} 或铝氧八面体（AlO_6）中的 Al^{3+}，并位于隧道结构中而呈现美丽的天蓝色或浅天蓝色。天然的海蓝宝石多产于微斜长石伟晶岩的原始结晶阶段和晚期热液阶段，这种成矿过程就使采用水热法生长海蓝宝石的设想成为可能。海蓝宝石晶体的生长原理与祖母绿晶体的生长原理基本相同，不同的仅是二者所采用的着色剂不一样而已。合成祖母绿宝石中含三价铬（Cr^{3+}），而合成海蓝宝石中含二价铁（Fe^{2+}）。

二、水热法合成海蓝宝石的工艺条件

水热法合成海蓝宝石所采用的条件与水热法生长祖母绿宝石所采用的条件基本相似。

（一）温度、压力和氧分压

水热法合成海蓝宝石要求温度在 590～610℃（结晶温度），温度梯度（温差）为 70～130℃，压力为 $1.0\times10^8\sim1.5\times10^8$Pa，氧分压为 $\lg P_{O_2}=-25$。实验过程中发现，在赤铁矿/磁铁矿平衡氧分压之上的氧分压条件下，只能生长出无色的含铁绿柱石，而在赤铁矿/磁铁矿平衡氧分压界线之下广泛而稳定的磁铁矿区域内才可获得海蓝宝石；而且只有在稳定的

Fe_3O_4 区内，氧分压靠近 Fe_3O_4/Fe 平稳线的条件下，所获得的合成海蓝宝石样品才有最强的显色效果，见图 4-17。图中 Δ_1 为无色含铁绿柱石，Δ_2、Δ_3、Δ_4 为海蓝宝石，其中 Δ_4 显色最强。

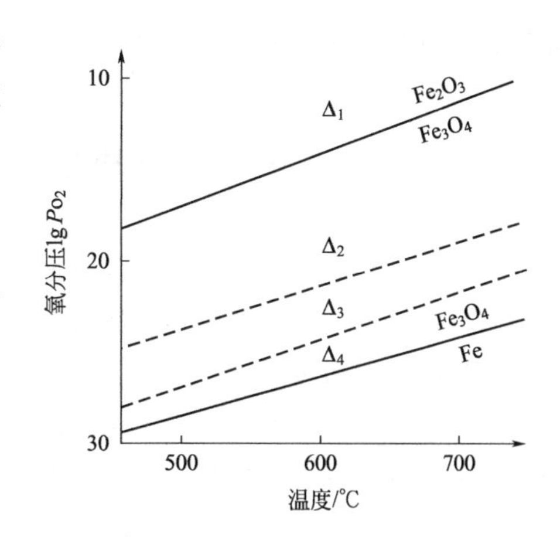

图 4-17　氧分压-温度坐标图

（二）高压釜

水热法合成海蓝宝石晶体是模拟天然海蓝宝石的生长环境，在贫碱条件下生长合成。因此，可以不加任何贵金属内衬，直接在不锈钢高压釜中进行。

（三）培养料

SiO_2（64.42～65.35）%；

Al_2O_3（16.90～17.35）%；

BeO 13.24%。

（四）矿化剂溶液

Li_2O　0.20%；

Na_2O　<0.02%。

（五）着色剂

合成海蓝宝石工艺要求必须有大量的二价铁（Fe^{2+}）占据晶格中的八面体位置，这一点可以通过给溶液中加入不同量的羰基铁（可以降低氧的局部压力）和锂盐（可提供激发补偿离子色心）来实现。另外，由于采用了铍、铝和硅的氧化物培养料，高铁含量也必然取自不锈钢高压釜的釜壁，通常总含铁量为 2.67%～2.99%。

（六）籽晶

采用无色合成绿柱石作为生长籽晶，其切向与合成祖母绿的切向完全相同。

（七）生长速率

每一籽晶片上晶体的生长速率为 0.32mm/d。

三、水热法合成海蓝宝石晶体的特征及鉴别

（一）成分特征

水热法合成海蓝宝石中不含 Mg^{2+} 和 Na^+，并且合成过程中不使用贵金属内衬，故二价铁离子的含量较高并存在镍和铬元素，而天然品中高 Fe 含量常伴随高 Mg^{2+} 和高 Na^+ 的含量，因此测得 Fe^{2+} 含量高并存在镍和铬元素而无 Mg^{2+} 和 Na^+ 者为水热法合成海蓝宝石。

（二）光谱检测

水热法合成海蓝宝石结构中也只存在Ⅰ型水，所以在红外光谱仪下只能看到Ⅰ型水的吸收峰；水热法生长海蓝宝石时，是直接在不锈钢的高压釜中生长的，因此，用紫外光谱和可见光谱可以测到有 Ni 和 Cr 存在时，也可确认是水热法合成的海蓝宝石。

（三）包裹体

用水热法合成的海蓝宝石晶体，存在类似于用同种方法合成的祖母绿中出现的包裹体、

籽晶界面以及微小不透明晶片等特征。

第七节　水热法合成红色绿柱石晶体与鉴别

自20世纪90年代中期以来，市场上就出现了俄罗斯生产的水热法合成的重量达数克拉的刻面红色绿柱石。这里主要介绍俄罗斯科学院晶体研究所水热法合成红色绿柱石的概况。

水热法合成祖母绿的生长技术始于20世纪60年代中期，其他颜色绿柱石的合成则在20世纪末才出现，其中合成粉红色至红色的绿柱石也曾有报道。尽管合成红色绿柱石在整体外形上与天然红色绿柱石很相似，但两者的宝石学性质存在着较大的差异。

一、水热法合成红色绿柱石的基本原理

天然宝石级红色绿柱石只产在南犹他的沃沃山脉，其晶体产在脱玻化的流纹岩中，形成原因可能与富氟的气体与钾长石的交代作用有关。天然红色绿柱石晶体经常会出现的化学分区现象导致晶体的颜色很不均匀。当沿着晶体的 *C* 轴观察时会发现粉红色的边缘内具有六边形的橙红色区域，当沿着垂直 *C* 轴方向观察时会发现直角或沙漏型橙红色区，颜色会从橙向着红色过渡。与其他颜色绿柱石相比，红色绿柱石富含Mn、Fe、Ti、Rb、Zn和Sn，缺少Na、K、Mg。红色绿柱石几乎不含水，这与热液形成的其他绿柱石相比显得较为特殊。

红色绿柱石晶体的生长原理与祖母绿晶体的生长原理基本相同，不同的是二者所采用的着色剂不同而已。

二、水热法合成红色绿柱石的生长条件

水热法合成红色绿柱石所采用的生长工艺条件与水热法生长祖母绿宝石所采用的生长工艺条件基本相似，不同点在于以下三方面。

（一）温度、压力

水热法合成红色绿柱石的生长温度为600℃，压力2.0×10^{8}Pa以上。

（二）种晶

水热法合成红色绿柱石晶体的种晶厚度通常选择为0.7～1.0mm，种晶的颜色有绿色和无色两种，种晶切向平行于复六方双锥的晶面，生长晶体的 *C* 轴与籽晶片之间的夹角可为19°、17°和15°。

（三）着色剂

为了得到理想的红色或橙红色，合成红色绿柱石时必须同时加入Co和Mn等着色剂，加入过渡金属元素的典型比例为1% Fe（1.28% FeO）、0.12% Mn（0.15% MnO）、0.18% Co（0.23% CoO）。

三、水热法合成红色绿柱石晶体的特征及鉴别

（一）外观形态和晶面特征

水热法合成红色绿柱石的晶体呈现红色或橙红色，合成晶体中没有明显的色带。晶体外

形呈扁平状，且伸长方向平行于籽晶片方向（见彩色图版），主要具有一组或两组 $\{10\bar{1}0\}$ 晶面或 $\{11\bar{2}0\}$ 晶面、$\{10\bar{1}2\}$ 晶面或 $\{11\bar{2}2\}$ 晶面，以及其他晶面如 $\{11\bar{2}4\}$ 和 $\{0001\}$，这是由籽晶的切向及不同晶面上的生长速度不同所造成的，与种晶面平行的晶面生长速度最快。

合成红色绿柱石晶体的晶面多数情况下相对光滑平坦（除了非常小的生长丘）。其中 $\{10\bar{1}0\}$ 面覆盖了大多数的表面，沿着籽晶的外边有成直角的压痕和小凹坑，此特征是由于生长环境呈酸性而引起的。$\{0001\}$ 和 $\{11\bar{2}4\}$ 面相对平滑但非常小，或者在某些晶体上缺失。还有一些相对粗糙的面平行于种晶和垂直于生长最快的晶面。这些并不是晶面，而是呈现与晶体内部 V 形生长区相关的生长丘特征。在水热法合成祖母绿的晶体上也曾观察到类似的晶面和表面特征。

（二）常规宝石学性质

1. 折射率

针对红色合成绿柱石刻面宝石样品进行了折射率测定，$n_\varepsilon=1.569\sim1.573$，$n_\omega=1.576\sim1.580$，均高于天然红色绿柱石样品的折射率值范围。

双折射率 0.006～0.008 与天然红色绿柱石样品相同。

2. 相当密度

红色合成绿柱石刻面宝石的相对密度均在 2.67～2.70，与天然红色绿柱石样品的相对密度值一致。

3. 偏光特性

红色合成绿柱石刻面宝石具有一轴晶典型的双折射特征。

4. 多色性

从不同的方向观察，红色合成绿柱石刻面宝石显示出中等到强的二色性——紫红/橙红～橙棕，与天然红色绿柱石样品有所不同（紫红/红～橙红）。

（三）内部特征

① 从垂直于种晶片的方向可以清楚地观察到 V 字形交叉的生长纹（见彩色图版），从平行于籽晶方向观察也能发现近似波浪形的生长纹。这些生长纹是由生长过程中轻微的扰动以及与种晶斜交的多余晶面的生长所引起的。

② 晶体中有时可见生长过程中用来悬挂晶体的金属线残余，以及平直或弯曲的愈合裂隙，大多数成复杂形状，而且含有小的液态或气液两相包裹体（见彩色图版）。

③ 晶体中偶尔可见孤立的气液或固体包裹体（见彩色图版），有些沿着种晶边缘呈三角形状，其中不透明的黑色片状包裹体为赤铁矿。

④ 在种晶附近偶尔可发现钉头状包裹体（见彩色图版），“钉头”为有色或无色的固体，“钉身”为空洞或液相或气液两相包裹体。

（四）化学成分分析

利用电子探针及其能谱测定天然和合成红色绿柱石样品的化学成分，发现合成晶体中存在 Cu、Ni 和 Rb 等元素，测得天然红色绿柱石晶体中含有 Cu、Ga 和 Rb。鉴定天然与合成红色绿柱石宝石的最重要的元素为 Co 和 Ni，这两种元素从未在天然红色绿柱石中发现。

（五）光谱特征

1. 可见光吸收光谱

图 4-18 为天然和合成红色绿柱石的偏振可见光光谱，无论是平行于 C 轴还是垂直于 C 轴的光谱均能明显看出两者之间的差异。

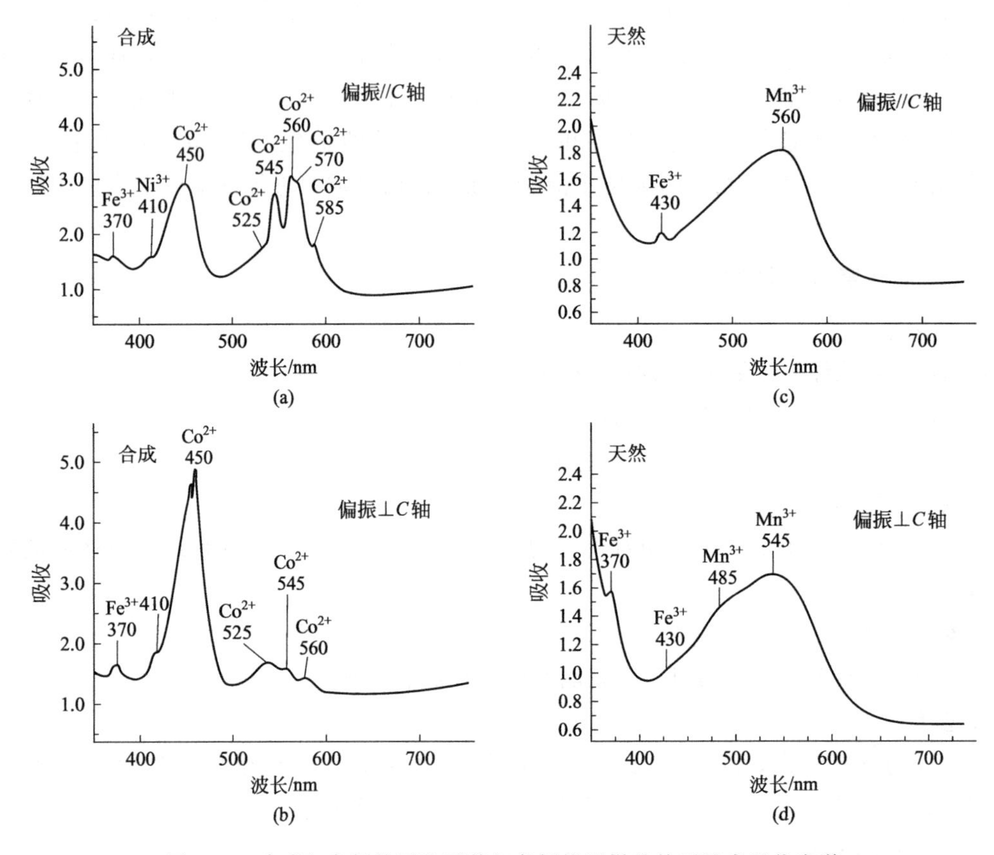

图 4-18　合成红色绿柱石和天然红色绿柱石样品的可见光吸收光谱

① 合成红色绿柱石宝石样品具有 400nm 以下较宽的吸收带，420～470nm 吸收带，400～600nm 包含一个窄的中等强度的吸收带，吸收峰主要集中在 530nm、545nm、560nm，其中 545nm、560nm 吸收峰很强，570nm、590nm 还有两个尖锐的吸收峰［见图 4-18(a) 和 (b)］。

② 天然红色绿柱石样品的光谱［见图 4-18(c) 和 (d)］高吸收峰位于 450nm 以下，且在 540～580nm 之间有较宽的吸收带。

③ 合成红色绿柱石晶体在 410nm 附近出现与 Ni^{3+} 有关的弱吸收带，以及 530～590nm 之间的尖锐吸收峰（由 Co^{2+} 引起）是鉴定水热法合成红色绿柱石的证据。

2. 红外光谱

经样品检测，天然绿柱石晶体的红外光谱在除了 2800～3000cm^{-1} 之间有弱的吸收外，2300cm^{-1} 之上几乎没有吸收。相反，合成红色绿柱石在 5300cm^{-1}、3200～4200cm^{-1} 之间有强的吸收带，2300～3200cm^{-1} 之间还有弱的吸收。3200～4200cm^{-1} 的吸收带是由水的存在造成的。合成红色绿柱石在红外光谱图上的这些特征可以作为鉴定水热法合成红色绿柱石的依据。

（六）水热法合成红色绿柱石与天然红色绿柱石的鉴别

综上所述，将水热法合成红色绿柱石与天然红色绿柱石的各种性质和特征进行对比，并归纳总结，如表4-6所示。

表4-6　水热法合成红色绿柱石与天然红色绿柱石的鉴别

性质	水热法合成红色绿柱石	天然红色绿柱石
样品	莫斯科晶体研究所	犹他州沃沃山脉
颜色	红色～橙红色	紫红色～红色～橙红色
晶体形貌	扁平、沿籽晶方向延长，与 C 轴呈 15°～19°夹角	六方、沿 C 轴延伸
晶面特征	$\{10\bar{1}0\}$、$\{11\bar{2}0\}$、$\{10\bar{1}2\}$、$\{11\bar{2}2\}$光滑	$\{10\bar{1}0\}$、$\{11\bar{2}2\}$光滑，$\{0001\}$平整
折射率		
n_ε	1.569～1.573	1.564～1.569
n_ω	1.576～1.580	1.568～1.572
双折射	0.006～0.008	0.006～0.008
相对密度	2.67～2.70	2.66～2.70
多色性		
平行于 C 轴	紫红	紫红
垂直于 C 轴	橙红～橙棕	红～橙红
紫外荧光	惰性	惰性
颜色分布	平直，有些褐色条带平行于生长纹	少数平直，多数垂直于 C 轴观察成沙漏状
内部生长纹	V字形或有时具有波浪纹	无
液态包裹体	沿着裂隙偶尔有单相或两相包裹体	沿环带结构有大量的单相或两相包裹体
固态包裹体	赤铁矿，钉头状包裹体	石英、方锰铁矿、长石或赤铁矿包裹体
其他包裹体	种晶，金属吊丝(仅存在于晶体中)	有时有褐色斑点
特有痕量元素	Co、Ni	Cs、Sn、Zn
可见光光谱	370nm、410nm 弱吸收带，400～470nm 吸收带，480～600nm 宽吸收带，峰位约在 530nm、545nm、560nm、570nm、580nm	400nm 以下全吸收，370nm、430nm、485nm 弱吸收，450～600nm 宽吸收带
红外光谱	3200～4200cm^{-1}存在强吸收(水的作用)	3200～4200cm^{-1}无水的吸收峰

第八节　水热法合成托帕石晶体与鉴别

托帕石（Topaz）是一种含羟基的铝硅酸盐矿物，中文矿物名称为黄玉，为避免混淆，宝石学及商贸中一般采用英文音译名“托帕石”来表示宝石级的黄玉。

由于托帕石在工业上的用途并不广泛，因此合成托帕石出现的时间相对较晚，直到21世纪初，才由俄罗斯科学院实验矿物学研究所开展研究利用水热法成功合成出了托帕石单晶。有关托帕石晶体合成方面的研究与生产，在世界其他国家还未见报道。

一、水热法合成托帕石晶体的基本原理

托帕石的化学式为 $Al_2SiO_4(F,OH)_2$，其中的 F^- 可部分被 OH^- 替代，$F^-:OH^-=3:1\sim1:1$。托帕石的颜色与 OH 的含量有关：当 OH 含量很少，F 接近理论值的时候，为无色、淡蓝色或褐色，称为 F 型托帕石；当 OH 含量增多，颜色为黄色、金黄色、粉红色、红色时，称为 OH 型托帕石。

托帕石是典型的气成热液矿物，主要产于花岗伟晶岩中，其次产于云英岩、高温气成热液脉及酸性火山岩气孔中，常与石英、电气石、萤石、白云母、黑钨矿、锡石等矿物共生，其成矿过程使研究者采用水热法生长托帕石晶体的设想成为可能。托帕石晶体的生长原理与水晶晶体的生长原理基本相同。

二、水热法合成无色托帕石单晶的工艺条件

（一）主要设备

水热法合成托帕石的主要设备包括：铬镍合金高压釜（体积为 $100cm^3$）、拥有两个独立加热器的立式电炉、温度控制器。

（二）温压条件

温度：500～800℃。

压力：20～200MPa。

温差：20～100℃。

（三）培养料

如果原料中不含石英，那么即使是在 600～800℃、160MPa 的条件下，托帕石原料也很难溶解。但是在有石英存在的条件下，托帕石和石英的溶解速度相似，因此采用破碎的石英和托帕石混合颗粒作为培养料。

（四）矿化剂溶液

AlF_3 溶液（$\rho\geqslant0.33g/L$），pH=1～2。

（五）充填度

在 700～730℃、充填度 10%～20%时，压力为 40～70MPa。

在 700～730℃、充填度 40%～50%时，压力达 150～200MPa，实验证明，此条件下晶体生长相对较快。

（六）种晶

采用无色托帕石作为生长种晶，沿 *ZX* 切向切成长方形。

（七）生长速率和时间

托帕石晶体的生长受到种晶的取向、温度、温差和溶液中 F 含量的影响。在（101）方向上，晶体生长速率最快，可达到 0.1mm/d；在（001）方向上，托帕石晶体生长速率最慢，生长速率为 0.001mm/d。

（八）生长时间与晶体大小

生长 20～30d 后，可获得如下托帕石晶体大小：

长：20.1～40.8mm；

宽：8～15mm；

厚：2.5～4mm；

重量：可达20g以上，见图4-19。

图4-19　合成托帕石晶体

三、水热法合成托帕石晶体的特征及鉴别

（一）颜色特征

采用水热法技术，在上述工艺条件下生长出的合成托帕石晶体，颜色呈浅灰色到接近无色。

（二）晶体表面特征

合成托帕石晶体表面粗糙，有大量同心圆状生长丘，其上常有小黑点，可能是杂质造成的。生长丘越大，形状越不规则，其中，最大的生长丘直径为3mm，见图4-20。

图4-20　合成托帕石晶体表面特征

（三）晶体内部特征

放大检查，可发现水热法合成托帕石晶体内部种晶板附近存在一个红紫色窄带，这可能是在晶体生长过程中，高压釜壁被腐蚀使得其中的铬进入到晶体结构中的缘故；种晶板边缘含有二相包裹体，并沿着生长方向拉长。此外，晶体内部有可能残留有悬挂种晶板的不锈钢丝。

（四）光谱特征

水热法合成托帕石晶体的红外光谱和拉曼光谱与天然托帕石的光谱非常相似。红外光谱在 2317cm^{-1}、3478～3680cm^{-1}有较强的吸收峰，4798cm^{-1}有一个小的吸收峰，3969cm^{-1}处有宽吸收峰，见图 4-21。

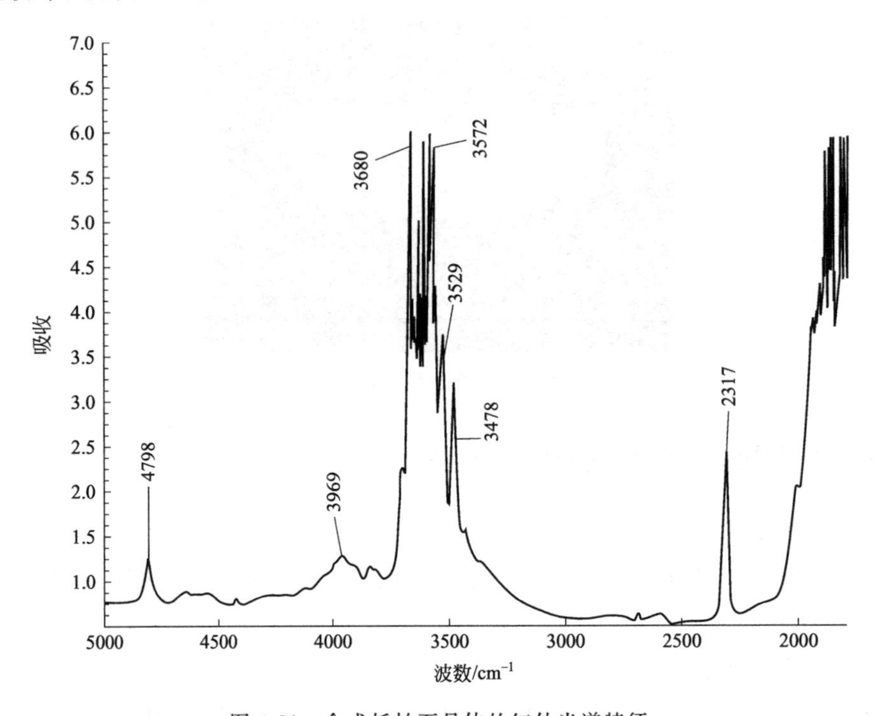

图 4-21　合成托帕石晶体的红外光谱特征

经 X 射线荧光光谱仪分析得知，合成托帕石晶体主要含有的微量元素为 Fe、Ni、Ge。

第九节　水热法合成碧玺晶体与鉴别

碧玺的中文矿物名称为“电气石”，为六方环状硼硅酸盐矿物，其化学式为 $Na(Mg,Fe,Mn,Li,Al)_3Al_6[Si_6O_{18}][BO_3]_3(OH,F)_4$，具热电性和压电性，在工业上有着广泛的应用。

水热法合成碧玺的研究始于 20 世纪中叶，当时苏联科学家使用电气石成分的玻璃、氧化物和其他化合物的混合物以及含有硅和铝氧化物的矿物和岩石，在 400～800℃和 70～800MPa 的高压釜中合成出了碧玺单晶。研究还表明，碧玺单晶可以生长在种晶上。特别是，沃斯克列森斯卡亚（Voskresenskaya）研究了有色碧玺（掺铁、镁、钴、镍、锰、铬等）的生长方法。例如，在 750℃的高温和 200MPa 压力的条件下，在种晶上得到了 3mm 的含钴碧玺晶体，该工艺需使用 80％的高浓度氯化硼溶液作为矿化剂，但该矿化剂溶液非常昂贵。尽管进行了大量试验，但可靠且可重复的碧玺单晶的生长方法尚未发展起来。发展困难的原因主要与碧玺化学成分复杂和颜色品种多样有关，尤其是在同一个单晶上也存在颜色多种的现象。很明显，这是由这种矿物在生长过程中复杂和不断变化的物理化学结晶条件，以及存在明显的类质同象所造成的。

一、水热法合成碧玺晶体的原理及工艺

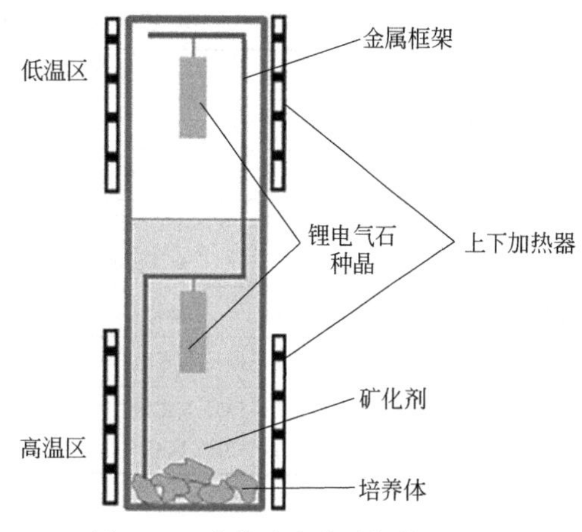

图 4-22　水热法合成碧玺装置示意

碧玺多产于花岗伟晶岩以及气成热液矿床中，因此利用水热法合成技术生长碧玺晶体的原理与生长水晶、生长托帕石的原理基本相同。

塔蒂安娜·塞特科娃（Tatiana Setkova）等研究者通过稳定性实验进行分析，发现使用碱性和重金属的氟化物和氯化物作为矿化剂，是合成碧玺晶体生长所需的必要条件。

将两块以天然锂电气石晶体制成的晶种板，挂在由钛、铁或铬镍合金制成的金属框架上，分别放置于高压釜的上部（较冷）和下部（较热）区域（见图 4-22）。

将培养体放置在高压釜底部，并将水溶性差的 AlF_3 按要求量直接装入高压釜中。用 H_3BO_3、NaOH、NH_4F、NaCl 和 $FeCl_2 \cdot 6H_2O$、$NiCl_2 \cdot 6H_2O$、$CoCl_2 \cdot 6H_2O$ 等化学试剂配制矿化剂溶液，矿化剂加入高压釜后密封。将密封好的高压釜置于带有两段加热器的立式电炉中。顶部和下部高压釜区域之间的温差为 50℃。压力由高压釜充填度决定。

碧玺在锂电气石种晶上的生长在高压釜的高温区和低温区同时发生，生长速率相同。这表明碧玺的生长是由单独的碧玺形成成分合成的，而不是由于其再结晶。温度梯度对于培养体的更好溶解和所需组分溶液的饱和度非常重要。

生长周期为 15～30d。

二、水热法合成碧玺晶体的工艺条件

（一）主要设备

水热法合成碧玺的主要设备包括：钛和铬镍合金高压釜（体积为 $20cm^3$、$50cm^3$ 和 $200cm^3$）、拥有两个独立加热器的立式电炉、温度控制器和附在高压釜壁上的标准铬-铝热电偶。

在一定的温度梯度条件下，对于在高温（500～750℃）和氯化物溶液中的晶体生长，需使用铬镍合金安瓿，加金内衬。将容量为 $7cm^3$ 的安瓿放在铬镍合金高压釜的中心部位。

（二）温压条件

温度：400～750℃；

压力：100～150MPa；

温差：50℃。

（三）培养料

采用石英和刚玉单晶混合颗粒物作为培养料。

（四）矿化剂溶液

采用温度间隔较宽的硼酸、碱性硼酸、硼酸-氟化物、氯化硼-氟化物和氯化硼溶液作为矿化剂，具体种类及其浓度见表 4-7。

表 4-7 水热法合成碧玺工艺参数表

矿化剂溶液	矿化剂中的化合物及浓度	温度范围/℃	高压釜材料
硼酸	5%～30% H_3BO_3	400～700	Ti,Cr-Ni
碱性硼酸	5%～30% H_3BO_3+4% NaOH	500～550	Cr-Ni
硼酸-氟化物	4%～5% NH_4F+5%～30% H_3BO_3 0.1g/mL AlF_3+15%～20% H_2BO_3	500～700	Cr-Ni
硼酸-氯化物-氟化物	0.1g/mL AlF_3+18% H_3BO_3+0.01g/mL NaCl	600～650	Cr-Ni
硼酸-氯化物	5%～10% NaCl+5%～30% H_3BO_3+5%～40% $FeCl_2\cdot 6H_2O$	400～500	Ti
	5%～10% NaCl+5%～30% H_3BO_3+5%～40% $NiCl_2\cdot 6H_2O$ 5%～10% NaCl+5%～30% H_3BO_3+5%～40% $CoCl_2\cdot 6H_2O$	500～750	Au

（五）种晶

以天然锂电气石晶体［化学式 $Na(Li,Al)_3Al_6Si_6O_{18}(BO_3)_3(OH,F)_4$］为晶种，制备种晶板。种晶板垂直于光轴的方向上进行切割。

（六）生长速率

种晶上生长的晶体可以是生长在硼化物和硼化物-碱性溶液中的含铁碧玺，也可以是生长在硼化物-氟化物溶液中的含镍、铁碧玺，还可以是生长在硼化物-氯化物-氟化物溶液中的含镍、铬、铁碧玺以及生长在氯化硼溶液中的含钴、镍、铬和多色碧玺。

所生长的碧玺晶体生长速率为：

沿锥面（+0001）方向：0.05mm/d；

沿锥面（−0001）方向：0.01mm/d（见图 4-23）。

沿棱柱方向：0.001mm/d。

随着大单晶的形成，大量细小的碧玺晶体（30～150μm 大小）在晶种表面和培养料表面自发成核形成。

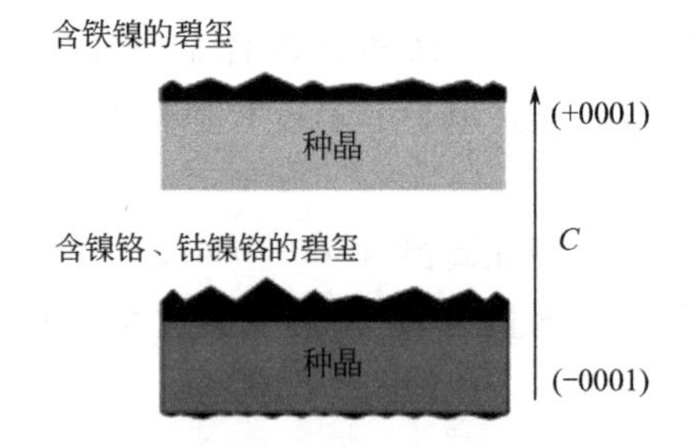

图 4-23 水热法合成碧玺晶体生长示意

三、水热法合成碧玺晶体的特征

（一）颜色及化学成分

采用水热法技术，在上述工艺条件下生长出的合成碧玺晶体，颜色多样，有绿色、红色、黑色等，还有沿着 *C* 轴从粉红色到绿色的多色晶体（绿色由铬和镍引起，粉红色由钴引起）。

利用电子探针对不同颜色的合成碧玺晶体进行了化学成分分析，结果见表 4-8。

表 4-8　水热法生长不同颜色合成碧玺的化学成分一览表

成分/%	含铁碧玺	含铁碧玺	含铁镍碧玺	含镍铬碧玺	含钴碧玺	含镍碧玺	含铁碧玺
SiO_2	37.94	32.58	39.55	35.50	32.98	32.76	33.82
TiO_2	0.26	0.17	0.09	0.67	0.46	0.56	0.00
Al_2O_3	39.06	41.48	34.71	28.71	37.87	37.50	38.52
FeO	14.73	12.79	3.89	0.27	0.00	0.00	11.60
Cr_2O_3	0.00	0.04	0.01	10.02	0.02	0.00	0.00
Na_2O	0.08	3.13	0.15	2.18	1.93	1.29	1.90
CoO	0.00	0.00	0.00	0.00	15.14	0.00	0.00
NiO	0.89	0.55	3.80	15.70	0.00	11.96	1.29
F	0.00	0.00	5.60	2.16	0.00	0.00	0.00
Σ	92.96	90.74	87.80	95.21	88.40	84.07	87.13
$\Sigma B_2O_3, H_2O$	7.04	9.26	12.20	4.79	11.60	15.93	12.87
实验后 pH	6.5	6.5	8	6	1	1	1
颜色	黑色	黑色	翠绿色	深绿色	深红色	鲜绿色	黑色

需要说明的是，虽然利用上述工艺可以生长出多种颜色品种的碧玺，但生长的晶体尺寸较小，还处于实验室研究阶段。

（二）晶体表面特征

沿｛+0001｝面生长的碧玺晶体表面具有典型的再生粗糙形貌。在生长开始时，｛+0001｝面上出现彼此紧密相邻的非常精细的棱锥面。这些棱锥面进一步扩大，形成典型的再生粗糙面。

此外，自发成核形成的细小碧玺晶体均具有长棱柱状（针状）习性，并有纵向的微绿色分带现象。

第五章　助熔剂法生长宝石晶体

助熔剂法又称熔剂法或熔盐法，它是在高温下从熔融盐熔剂中生长晶体的一种方法。利用助熔剂法生长晶体的历史已有百年，而且在一个时期内起到了不可忽视的作用，并在19世纪末实现了生长宝石材料的突破，如用助熔剂法生长出了合成红宝石和合成祖母绿等宝石晶体。现在可用助熔剂法生长的晶体类型很多，从金属到硫族及卤族化合物，从半导体材料、激光晶体、非线性光学材料到磁性材料、声学晶体以及一些宝石晶体。本章主要从人工合成宝石的角度来探讨助熔剂法生长晶体的过程。

第一节　助熔剂法生长宝石晶体基本理论

一、助熔剂法生长宝石晶体的原理

助熔剂法生长宝石晶体的原理是将组成宝石的组分原料在高温下熔融于低熔点的助熔剂中，使之形成均匀的饱和熔融液，然后通过缓慢降温或在恒定温度下蒸发熔剂等方式，使熔融液处于过饱和状态，从而使宝石晶体得以从过饱和熔融液中生长出来，其生长过程类似于岩浆中矿物的结晶过程。

由此可见，助熔剂法生长宝石晶体与水热法生长宝石晶体类似，区别主要在于助熔剂法是用助熔剂形成的熔融液代替了水热法所用的水溶液中的水作溶剂。所以，助熔剂法也被称为高温熔融液生长法。

助熔剂法生长宝石晶体的基本原理可用二元组分的共晶型相图来说明，如图5-1所示。假设宝石组分A的熔点为T_A，助熔剂作为低熔点组分B的熔点为T_B。将A组分和B组分进行混合，混合比为X。受热熔化后，A、B组分均熔融成熔液。此时，作为混合组分X的熔点处于P。当温度下降时，A组分在Q点，相当于T_Q温度时结晶析出。再降低温度，熔融液的成分比沿T_AQE变化，最后达到E点的组分，E点称为低共熔点。在这个过程中，A组分不断析出或生长成晶体。从图中还可看出，B组分的加入，使T_Q点的A组分结晶温度明显地低于T_A，即A组分中加入低熔点的B组分后，A组分的熔点和结晶点由T_A下降到T_Q，这样，就可以在较低温度下生长出高熔点的宝石晶体。由于B组分起到了降低熔点的作用，所以称为助熔剂。又因为B组分通常为无机盐类，因此，助熔剂法也被称为盐熔法或熔剂法。

由图5-1可知，在低共熔点T_E以上，宝石组分A和助熔剂组分B分别结晶出晶体，在

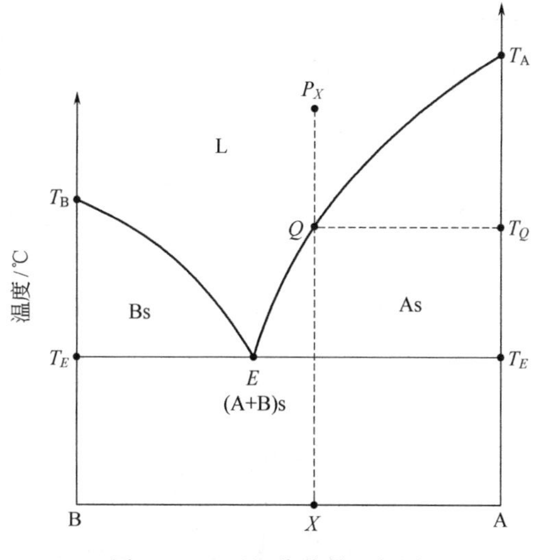

图 5-1　二元组分共晶型相图

T_E 以下，宝石组分 A 和助熔剂组分 B 混合在一起结晶，这是我们所不欢迎的，所以实际操作时，应当在 T_E 以上就把助熔剂倒掉，然后将剩下的晶体冷却。此外，宝石晶体表面常粘有助熔剂组分，使用宝石晶体前应将其溶解掉。

二、助熔剂法分类

根据晶体成核及晶体生长的方式不同可将助熔剂生长宝石的方法分为两大类：自发成核法和籽晶生长法。

（一）自发成核法

自发成核法按照获得过饱和度方式的不同又可分为缓冷法、反应法和蒸发法。这些方法中以缓冷法设备最为简单，使用最普遍。

1. 缓冷法

缓冷法是在高温炉中使晶体材料全部熔融于助熔剂中之后，缓慢地降温冷却，使晶体从过饱和熔体中自发成核并逐渐成长的方法。采用缓冷法生长的宝石晶体有无色合成蓝宝石和合成红宝石等，其晶体生长装置如图 5-2(a) 所示。此法也可用来生长钇铝榴石（YAG）晶体。

2. 反应法

反应法是将助熔剂加入晶体原料熔融后，助熔剂与原料发生化学反应，助熔剂中的某些组分成为新生长成的晶体组分的一部分，反应后的成分在熔融液中维持一定的过饱和度，从而使晶体成核生长的方法。例如，以 $BaCl_2$ 为助熔剂，Fe_2O_3 为原料，高温熔融后通水蒸气，产生高温化学反应生成 $BaFe_{12}O_{19}$（钡铁氧）晶体，反应式如下：

$$BaCl_2 + 6Fe_2O_3 + H_2O \longrightarrow BaFe_{12}O_{19}(\text{晶体}) + 2HCl$$

助熔剂 $BaCl_2$ 中的 Ba 通过反应成为新生晶体的组成部分。其他如用 Li_2MoO_4 作助熔剂生长 $BaMoO_4$ 晶体、用 $PbCl_2$ 作助熔剂生长 $PbTiO_3$ 晶体等方法都属于助熔剂反应法生长晶体的例子。

3. 蒸发法

蒸发法是在恒温条件下蒸发熔剂，使熔体处于过饱和状态，从而使晶体从熔体中析出并

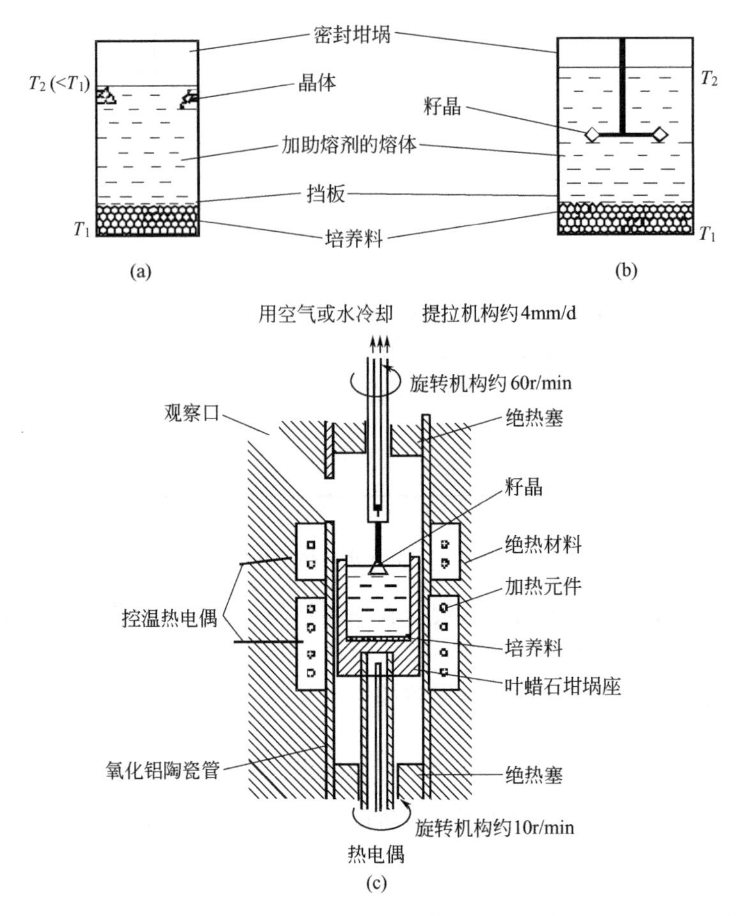

图 5-2　助熔剂法生长晶体的装置示意

长大的方法。虽然该方法设备简单，晶体成分较均匀，但由于易在熔体表面成核，晶体中有较大的浓度梯度，并且生长过程难以控制，所以晶体质量不太好。用蒸发法生长的晶体有 CeO_2、$YbCrO_3$ 等。曾有人提出改变温度梯度的方向，使晶体生长发生在坩埚底部，可获得质量好的晶体，如从 BaF_2 中生长尖晶石晶体，但此方法不常用。

（二）籽晶生长法

这是一种在熔体中加入籽晶的晶体生长方法，主要目的是克服自发成核时晶粒过多的缺点，其生长原理与自发成核法相同，仅是使晶体在籽晶上结晶生长而已。籽晶生长法根据晶体生长的工艺过程不同又可分为以下几种方法。

1. 籽晶旋转法

由于助熔剂熔融后黏度较大，熔体向籽晶扩散比较困难，采用籽晶旋转的方法可以起到搅拌作用，使晶体生长较快，且能减少包裹体。生长装置见图 5-2(b)。此法曾用于生长“卡善”合成红宝石。

2. 顶部籽晶旋转提拉法

这是助熔剂籽晶旋转法与熔体提拉法相结合的方法。其原理是：原料在坩埚底部高温区熔融于助熔剂中，形成饱和熔融液；在旋转搅拌作用下扩散和对流到顶部相对低温区，形成过饱和熔融液；在籽晶上结晶生长，随着籽晶的不断旋转和提拉，晶体在籽晶上逐渐长大。

该方法除具有籽晶旋转法的优点外，还可避免热应力和助熔剂固化加给晶体的应力。另外，晶体生长完毕，剩余熔体可再加入晶体材料和助熔剂继续使用。采用该方法可生长出质量良好的钇铁榴石（YIG）晶体，其生长装置见图 5-2(c)。

3. 底部籽晶水冷法

当采用的助熔剂挥发性高时，顶部籽晶生长难以控制，晶体质量也不好。为了克服这些缺点，采用底部籽晶水冷技术，则能获得良好的晶体。水冷保证了籽晶生长，抑制了熔体表面和坩埚其他部位的成核。这是因为水冷部位才能形成过饱和熔体，从而保证了晶体在籽晶上不断成长。该技术生长装置见图 5-3。用此法可生长出质量良好的 YAG 单晶。

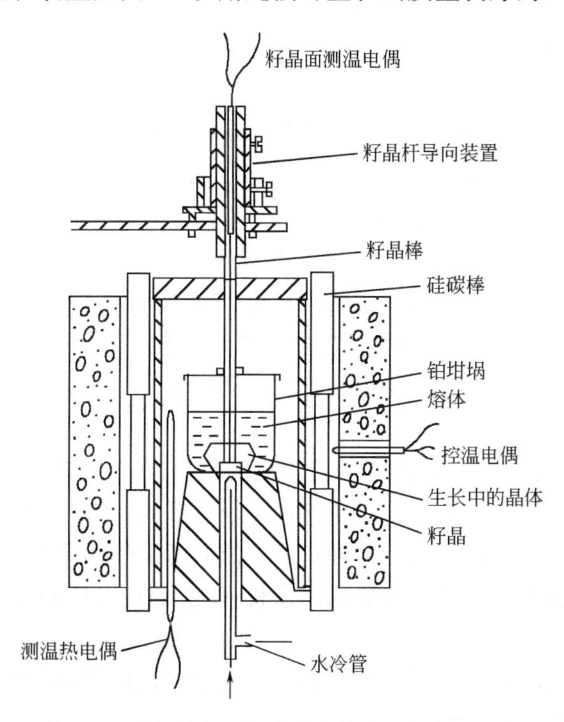

图 5-3　助熔剂底部籽晶水冷技术生长装置示意

三、助熔剂的选择

（一）助熔剂的选择原则

助熔剂法生长宝石晶体的关键之一是选择适当的助熔剂，它直接影响到晶体的质量与生长工艺。根据实践，所选助熔剂应具备以下的物理化学性质。

① 对晶体材料应具有足够强的溶解能力，在晶体生长的温度范围内，助熔剂的溶解度要有足够大的变化范围，以便获得足够高的晶体产量。

② 应具有尽可能低的熔点和尽可能高的沸点，以便选择理想的和较宽的晶体生长温度范围。

③ 应具有尽可能小的黏滞性，以便得到较快的溶质扩散速度和较高的晶体生长速度。

④ 在使用温度下挥发性要低（蒸发法除外），毒性和腐蚀性要小，不易与坩埚材料发生反应。

⑤ 应易溶于对晶体无腐蚀作用的溶剂中，如水、酸、碱等，以便容易将晶体从助熔剂中分离出来。

⑥ 最好含有与欲生长出的晶体有一种以上相同的离子，又不含可能以置换形式进入晶格的离子，并且助熔剂中的阳离子与晶体中的阳离子相比，它们的离子半径、电荷数差异较大，不易污染晶体。

（二）助熔剂的种类

在实际使用中，往往很难找到能够同时满足上述条件的助熔剂。因此，为弥补不足，人们多采用复合助熔剂，也有使用少量助熔剂添加物的，通常可以显著地改善助熔剂的性质。助熔剂的用量一般是形成单晶原料的 5 倍。

助熔剂可分为以下四种类型。

1. 简单离子性盐类——卤化物类

此类助熔剂主要有 LiF、NaF、NaCl、KF、BaF_2、ZnF_2、LaF_3、Na_3AlF_6 等。通常这些卤化物的熔解能力较低，熔剂易于挥发，对铂金坩埚有侵蚀，而且难以得到大晶体。

2. 极性化合物类——铅、铋化合物类

这是目前使用最广泛的一类助熔剂，如 PbO、PbF_2、$PbCl_2$、PbO-PbF_2、Bi_2O_3、BiF_3、Bi_2O_3-B_2O_3 等。它们在熔融状态时，导电性及熔解能力均很强，常与溶质形成复杂的离子团，具有很强的离子性。但在使用时要注意以下问题。

① 单独选用 Bi_2O_3 时，要保证是氧化条件，否则金属铋被还原后易与铂金坩埚反应生成低熔点合金而损坏铂金坩埚。

② PbO 对铂金坩埚也有侵蚀作用，而且不能提供良好的成核条件。若能使用 PbO-B_2O_3 复合助熔剂，则可降低蒸气压，改善成核条件，降低对铂金坩埚的侵蚀。

③ 使用 PbO-PbF_2 复合助熔剂，则可获得较低的挥发性和较低的共熔温度。

④ PbO-V_2O_5 复合助熔剂具有较低的挥发性及腐蚀性，能提供良好的成核条件，但是不能用来生长稀土化合物晶体。

⑤ Bi_2O_3-V_2O_5 也是常用的一种复合助熔剂，具有较强的熔解能力。

3. 网络液体——硼化合物类

这也是一种使用较为广泛的助熔剂，如 B_2O_3、$NaBO_2$、$Na_2B_4O_7$、KBO_2、BaB_2O_4 等。该类助熔剂具有低熔点、低挥发性的优点，特别适用于籽晶法晶体生长。但硼化物具有坚固的 O—B—O 键，易于形成网络结构，使熔融液具有较高的黏滞性，应予以重视。

4. 复杂反应熔液类——钒酸盐、钼酸盐、钨酸盐类

这类助熔剂应用不太广泛，主要有 V_2O_5、Li_2VO_3、MoO_3、Li_2MoO_4、$Li_2Mo_2O_7$、Li_2WO_4、$Li_2W_2O_7$ 等。使用该类助熔剂时，晶体成分与助熔剂熔液有较强的键合，并且在晶体生长过程中，有时伴随着化学反应。

常见助熔剂的性质见表 5-1。

表 5-1 常见助熔剂的性质一览表

助熔剂	熔点/℃	沸点/℃	相对密度	熔剂（熔解助熔剂）	生长晶体举例
B_2O_3	450	1250	1.8	热水	$Li_{0.5}Fe_{2.5}O_4$、$FeBO_3$
$BaCl_2$	962	1189	3.9	水	$BaTiO_3$、$BaFe_{12}O_{19}$
BaO-0.62 B_2O_3	915		约 4.6	盐酸、硝酸	YIG、YAG、$NiFe_2O_4$
BaO-BaF_2- B_2O_3	约 800		约 4.7	盐酸、硝酸	YIG、$RFeO_3$

续表

助熔剂	熔点/℃	沸点/℃	相对密度	熔剂（熔解助熔剂）	生长晶体举例
BiF_3	727	1027	5.3	盐酸、硝酸	HfO_2
Bi_2O_3	817	1890(分解)	8.5	硝酸、碱	Fe_2O_3、$Bi_2Fe_4O_9$
$CaCO_3$	782	1627	2.2	水	$CaFe_2O_4$
$CdCO_3$	568	960	4.05	水	$CdCr_2O_4$
KCl	772	1407	1.9	水	$KNbO_3$
KF	856	1502	2.5	水	$BaTiO_3$、CeO_2
LiCl	610	1382	2.1	水	$CaCrO_4$
MoO_3	795	1155	4.7	硝酸	$Bi_2Mo_2O_9$
$Na_2B_4O_7$	724	1575	2.4	水、酸	TiO_2、Fe_2O_3
NaCl	808	1465	2.2	水	$SrSO_4$、$BaSO_4$
Na	995	1704	2.2	水	$BaTiO_3$
$PbCl_2$	498	954	5.8	水	$PbTiO_3$
PbF_2	822	1290	8.2	硝酸	Al_2O_3、$MgAl_2O_4$
PbO	886	1472	9.5	硝酸	YIG、$YFeO_3$
PbO-0.2 B_2O_3	500		约 5.6	硝酸	YIG、YAG
PbO-0.85 PbF_2	约 500		约 9	硝酸	YIG、YAG、$RFeO_3$
PbO-B_2O_3	约 580		约 9	硝酸	$(Bi、Ca)_3(Fe、V)_5O_{12}$
$2PbO \cdot V_2O_5$	720		约 6	盐酸、硝酸	RVO_4、TiO_2、Fe_2O_3
V_2O_5	670	2052	3.4	盐酸	RVO_4
Li_2MoO_4	705		2.66	热碱、酸	$BaMoO_4$
Na_2WO_4	698		4.18	水	Fe_2O_3、Al_2O_3

注：R 代表稀土元素。

四、助熔剂法生长宝石晶体的优缺点

（一）助熔剂法生长宝石晶体的优点

助熔剂法与其他生长宝石晶体的方法相比，有着许多突出的优点。

① 适用性很强，几乎对所有的宝石材料，都能够找到一些适宜的助熔剂，从中将宝石晶体生长出来。

② 生长温度低，许多高温难熔的化合物可长出完整的单晶，并且可以避免高熔点化合物所需的高温加热设备、耐高温的坩埚和较高的能源消耗等问题。

③ 对于有挥发性组分并在熔点附近会发生分解的宝石晶体，无法直接从其熔融体中生长出完整的单晶体，但助熔剂法可以进行此类晶体的生长，如钇铁榴石（$Y_3Fe_5O_{12}$）YIG 单晶体的助熔剂法生长。

④ 某些宝石晶体在较低温度下，会发生固态相变，产生严重应力，甚至可引起晶体碎裂，助熔剂法可以在其相变温度以下生长晶体，因此可避免破坏性相变。

⑤ 助熔剂法生长晶体的质量比焰熔法生长出的晶体质量好。

⑥ 助熔剂法生长晶体过程中热量输送对晶体生长的影响可以忽略。

⑦ 助熔剂法生长晶体的设备简单，是一种很方便的晶体生长技术。

（二）助熔剂法生长宝石晶体的缺点

尽管助熔剂法有以上诸多优点，但由于其晶体生长过程中需要较大的过饱和度，以及助熔剂熔融后的黏滞度较大，并且晶体生长阶段遵从螺旋位错生长机理，所以助熔剂法存在着一定的缺点，归纳起来有以下四点：

① 生长速度慢，生长周期长；

② 晶体尺寸较小；

③ 容易夹杂助熔剂阳离子；

④ 许多助熔剂具有不同程度的毒性，其挥发物还常腐蚀或污染炉体。

以上缺点使助熔剂法生长宝石晶体受到一定的限制。

第二节　助熔剂法合成祖母绿晶体

助熔剂法生长宝石晶体最典型的例子是合成祖母绿，合成祖母绿的发展历史也就是助熔剂法合成宝石技术不断发展和完善的历史。

1848 年 J. J. 埃贝尔曼（J. J. Ebelmen）首次报道用助熔剂法获得了祖母绿晶体。J. J. 埃贝尔曼用硼酸（H_3BO_3）作助熔剂，加热天然祖母绿粉末，祖母绿粉末在助熔剂中分解重结晶出很小的六方柱形祖母绿晶体。1888 年和 1900 年，P. 奥特弗耶尔（P. Hautefeuille）和 H. 佩雷（H. Perry）报道了采用自发成核法中的缓冷法生长出了祖母绿晶体。之后，德国的 H. 埃斯皮克等人进行了深入的研究（1924～1942 年），并对助熔剂缓冷法做了许多改进，生长出了长达 2cm 的祖母绿晶体。1935 年，美国人 C. 查塔姆进行了助熔剂法生长祖母绿的研究，并于 1940 年获得成功，但市场不认可，直到 1963 年，联邦贸易委员会才认可了“查塔姆制造祖母绿（Chatham Created Emerald）”，继而由美国查塔姆公司（Chatham Company）进行推广并达到了商业化生产的规模。

1963 年，法国的陶瓷学家 P. 吉尔森进一步改进了助熔剂法合成宝石技术，采用籽晶法合成出高纯度的祖母绿，生长出的单晶体达 14mm×20mm，曾琢磨出 18ct 大小的刻面合成祖母绿宝石，并于 1964 年开始商业化生产，其产品一度控制了国际市场的 95%。

我国在助熔剂法合成祖母绿研究方面较为欠缺。1990 年，中国地质大学（北京）和地质科学研究院进行合作，曾经尝试用助熔剂法生长出了六方柱状的祖母绿晶体。但由于当时未使用籽晶，而且坩埚较小，生长出的晶体太小不能进行研磨，此后没有开展进一步的研究工作。

一、自发成核缓冷法合成祖母绿晶体

（一）缓冷法的主要设备

缓冷法生长宝石晶体的设备最为简单，只要有一个高温马弗炉和一些铂金坩埚即可，如图 5-4 所示。

高温马弗炉可根据晶体生长温度及其他要求选用不同的发热体，缓冷法常采用硅碳棒发热体炉（最高温度 1350℃），其他合成祖母绿晶体的生长方法则采用最高温度为 1650℃的硅

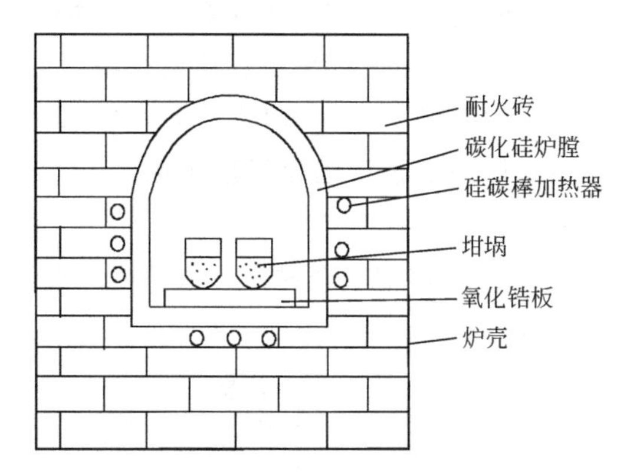

图 5-4　助熔剂法晶体生长炉示意

钼棒电炉。炉子一般呈长方体或圆柱体，要求炉子的保温性能好，坩埚进出方便，这样有利于在助熔剂未固化前就能取出坩埚，并将助熔剂从坩埚中倾倒出来。助熔剂蒸气对发热体有侵蚀作用，因此还要求发热体具有较强的抗腐蚀能力。另外，要求炉子配以良好而稳定的控温系统。

坩埚材料常选用铂金，使用时要特别注意避免痕量的金属铋、铅、铁等的出现，以免形成低共熔物（铂合金），引起坩埚穿漏。坩埚在高温电炉内的放置方式有两种：一是放在炉膛内无任何保护（见图 5-4）；二是埋入耐火材料中（见图 5-5），这种方式有助于增加热容量、减少热波动，并且一旦坩埚穿漏，对炉子的损害不大。

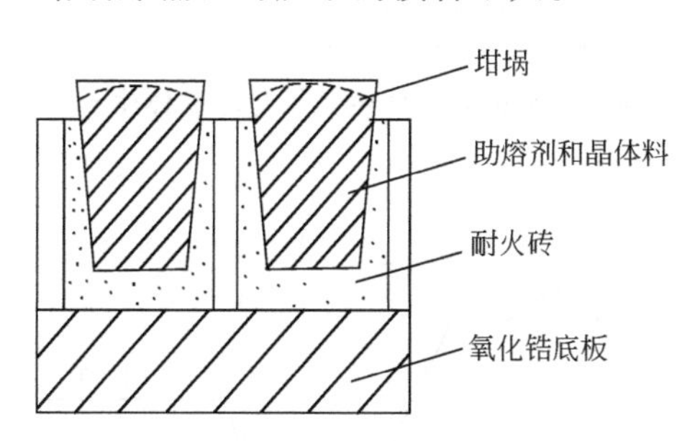

图 5-5　坩埚埋入耐火材料中加热示意

（二）缓冷法生长晶体的过程

首先在铂金坩埚中放入晶体原料和助熔剂，并将坩埚放入高温电阻炉中进行加热。待原料和助熔剂开始熔化后，在略高于熔点的温度下恒温一段时间，使所有原料完全熔化，然后缓缓降温使熔融液形成过饱和，晶体便在坩埚中结晶生长。生长结束后，倒出残余熔融液，所得晶体随后与坩埚一起重新放回炉中，随炉温一起降至室温。出炉后，将晶体与坩埚一起放在能溶解助熔剂的溶液中，溶去剩余的助熔剂，即可得到设计生长的晶体。

通常要求电炉顶部温度稍高于底部温度，使晶体从坩埚底部生长。恒温温度应高于原料熔融温度，且恒温时间要长，确保原料完全熔融，避免以未熔化的原料为核心形成结晶，影响晶体的质量。在成核阶段，降温速度要慢（0.2～0.5℃/h），这样有利于降低过饱和度和减少晶核数，提高晶体的平均尺寸。随着晶体不断长大，降温速度可逐渐加快。温度下降至一定程度后，除主要晶体结晶外，很可能还有别的晶体也会结晶出来，此时应及时结束晶体生长，将熔融液倒出，然后重新置于炉内冷却。

此法生长晶体时，由于熔融液黏度大，离子要依靠扩散才能运动到晶体表面，加入生长行列，所以边界层厚度较大，约为 1.7cm。晶体生长速度很慢（约 6.0×10^{-6} cm/s）。如果降温速度过快，容易因晶体生长表面所需离子通过扩散供应不足而造成晶体缺陷。

（三）缓冷法合成祖母绿晶体的工艺流程和工艺要点

1. 缓冷法合成祖母绿晶体工艺流程

以 1960 年 H. 埃斯皮克公开的助熔剂法合成祖母绿晶体的报告为例，其晶体生长装置及工艺操作流程分别见图 5-6 和图 5-7。

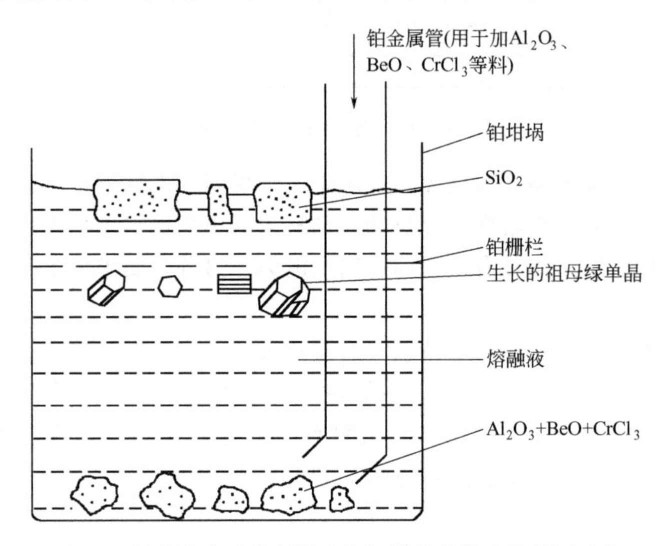

图 5-6　埃斯皮克助熔剂法生长祖母绿晶体生长装置示意

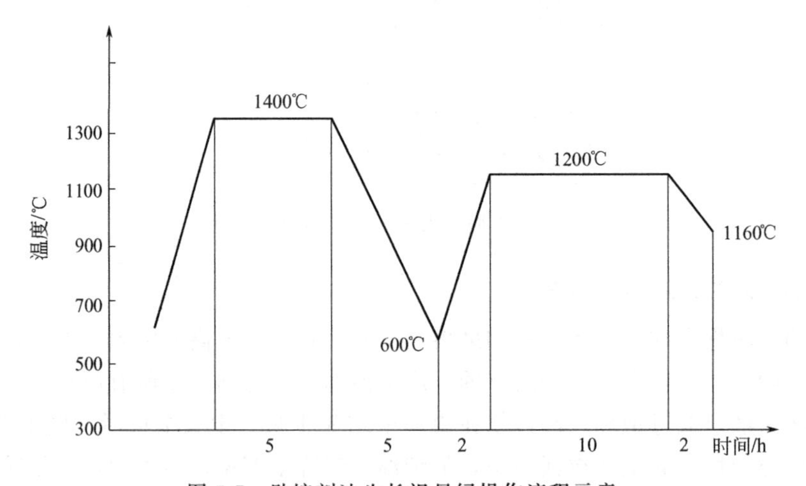

图 5-7　助熔剂法生长祖母绿操作流程示意

① 称取高质量的天然绿柱石粉 20g、V_2O_5 100g、$Li_2Mo_2O_7$ 3g、CrO_3 0.2g 或称取纯元素氧化物 SiO_2 2 份、BeO 2 份、Al_2O_3 4 份、助熔剂 $Li_2Mo_2O_7+MoO_3$ 8.9 份、Li_2CrO_4 着色剂少量。

② 将上述原料和助熔剂放入铂金坩埚内，然后置于高温炉中。

③ 将炉温升至 1400℃，恒温 5h，然后用 5h 的时间逐渐降温至 600℃。

④ 再次升温，在 2h 内升温至 1200℃，并恒温 10h。

⑤ 以 20℃/h 的速率降温，在 2h 后熔体温度下降到 1160℃。

⑥ 再以 0.5℃/h 的速率降温至 1000℃，使祖母绿晶体稳定生长约 320h。

⑦ 生长结束后，将助熔剂倾倒出来，在铂金坩埚中加入热硝酸进行溶解处理 50h，待温度缓慢降至室温后，即可得到合成祖母绿单晶。

采用上述工艺步骤可得到合成祖母绿单晶的大小为 2～10mm，其产量为 7%～12%，并含少量硅铍石。

H. 埃斯皮克对原有工艺的改进之处是，将铂金坩埚用铂栅隔开，原料 SiO_2 在铂栅以上，其余原料在铂栅以下。另有一根铂金属管通到坩埚底部，以便不断向坩埚中加料。通常底部料 2 天补充一次，顶部料 SiO_2 2～4 周补充一次。当温度升至 800℃时，坩埚底部的助熔剂和 Al_2O_3、BeO、Li_2CrO_4 等已熔融并向上扩散，SiO_2 熔融向下扩散，在铂栅下相遇形成祖母绿分子。当浓度达到过饱和时，便有祖母绿晶核形成，并不断生长成祖母绿单晶体，在 12 个月内可长出最大达 2cm 的晶体。起初，埃斯皮克未加籽晶，祖母绿晶体基本上都生长在铂栅下面。后来，埃斯皮克采用祖母绿籽晶作晶种，在开始降温结晶前加入坩埚中，但籽晶的位置不固定，通常悬浮在铂栅下面。这种方法生长出的晶体有较大的包裹体和裂纹，以至于不能刻磨出大于 1ct 的刻面宝石来。

2. 缓冷法合成祖母绿晶体工艺要点

(1) 原料要求　合成祖母绿所使用的原料是纯净的绿柱石粉或形成祖母绿单晶所需的纯氧化物，其成分为：BeO＞13%，SiO_2＞65%，Al_2O_3＞17%，杂质＜3%。使用纯净的氧化物，可防止杂质元素的进入，使合成祖母绿单晶的颜色和单晶生长易于控制。

在祖母绿晶体生长过程中，必须按时定量供应生长所需的原料，使形成祖母绿单晶的原料自始至终都均匀地分布在熔体中。若原料供应过多，则会在晶体周围产生大量的晶核而影响单晶生长。相反，若原料供应不足，祖母绿单晶的生长速度必然变慢，便会提高生长成本。

(2) 助熔剂特点　常用的有五氧化二钒（V_2O_5）、硼砂（$Na_2B_2O_7$）、锂钼酸盐（$LiMoO_4$、$Li_2Mo_2O_7$）、钼酸盐（$K_2Mo_2O_7$、$Na_2Mo_2O_7$）和钨酸盐（$Na_2W_2O_7$、$Li_2W_2O_7$、$PbWO_4$），此外还有 Na_2CO_3、Li_2CO_3 和 K_2CO_3 等。

最早使用的助熔剂是硼砂，之后使用的是五氧化二钒，近年来多采用锂钼酸盐。以上助熔剂的熔点均低于 $Be_3Al_2Si_6O_{18}$（绿柱石），且能和祖母绿原料形成均匀的低熔点共熔体。其中钒是可以替代绿柱石结构中 Al^{3+} 的元素，它也是绿柱石宝石的绿色着色剂之一。但全部由钒引起的绿色不能称为祖母绿。实际工作中一般采用数种混合助熔剂，以五氧化二钒和锂钼酸盐混合使用最为普遍。

(3) 温度与降温速度的控制　必须严格控制原料的熔化温度、祖母绿单晶的生长温度和降温速度等，因为绿柱石成分的晶体在不同的温度区间内会形成不同的同质异构体，如图 5-8 所示。金绿宝石最易形成的温度是 1200～1300℃，硅铍石是 1100～1200℃，祖母绿最稳定的温度是 900～1150℃。因此，必须严格按照上述工艺操作流程进行升温降温，才能有效地抑制金绿宝石和硅铍石晶核的大量形成，促使祖母绿单晶的稳定生长。

此外，铂金坩埚顶部和底部要保持较高的温度，中部温度保持较低，这样坩埚内存在一定的温差可有效地防止硅铍石和金绿宝石晶核的大量出现。

二、吉尔森籽晶法合成祖母绿晶体

吉尔森籽晶法合成祖母绿的工艺最早于 1956 年公开。该方法选用的助熔剂最初是

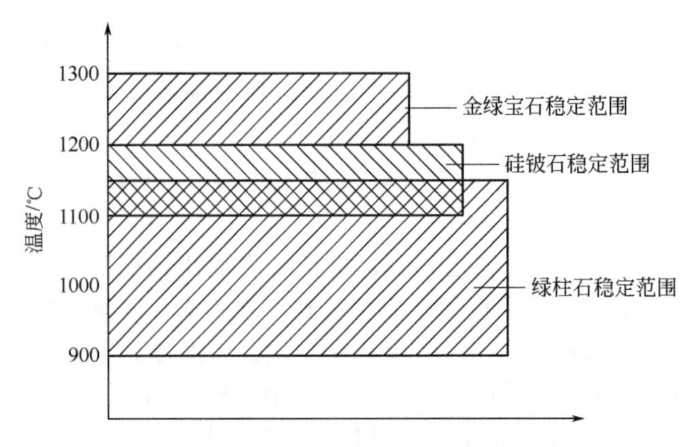

图 5-8　不同矿物相的组成与形成温度范围关系

Li_2O-MoO_3-V_2O_5，后来改为酸性钼酸锂。

（一）吉尔森籽晶法合成祖母绿的装置

如图 5-9 所示，在铂金坩埚的中央加竖铂栅栏网，将坩埚分隔为两个区，一个区的温度稍高，另一个区的温度较低，在温度较低的区内吊挂祖母绿籽晶。这两个区的温差很小，这是因为必须保持一定低的过饱和度以阻止硅铍石和祖母绿的自发成核作用。

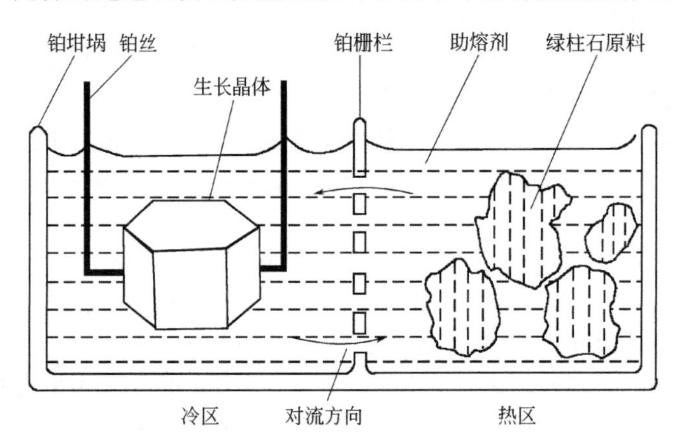

图 5-9　吉尔森助熔剂法生长祖母绿晶体的装置示意

（二）吉尔森籽晶法合成祖母绿的原理

吉尔森籽晶法合成祖母绿的基本原理是：位于温度稍高的热区的助熔剂和绿柱石原料熔融后，扩散到挂有籽晶的温度稍低的冷区，造成熔融液过冷却，祖母绿便在籽晶上结晶生长；结晶后，熔融液由冷区对流到热区，成为不饱和溶液，在热区补充溶质成饱和溶液后，再对流到挂有籽晶的冷区，成为过饱和溶液，过饱和部分中的祖母绿成分便在籽晶上结晶，直到成为冷区的饱和溶液；然后这部分饱和溶液被对流到热区成不饱和溶液，再次达到饱和溶液后被对流到冷区……如此反复，造成持久的对流作用，使祖母绿晶体不断长大。

很明显，视坩埚大小，在坩埚的冷区内可以排布很多祖母绿籽晶片，绿柱石原料可以不断添加，因此，一次可以生长出多颗祖母绿晶体。吉尔森籽晶法合成祖母绿晶体的原料为天然绿柱石块，助熔剂为酸性钼酸锂。其具体工艺过程及条件未有详细报道。该方法的生长速度大约为 1mm/月，7 个月可生长出 7mm 厚的祖母绿晶体。由于使用了籽晶，所得的晶体重量大，质量均匀。

第三节　助熔剂法合成红宝石及生长 YAG 晶体

一、助熔剂法合成红宝石晶体

助熔剂法合成红宝石晶体是在自发成核缓冷法合成无色蓝宝石晶体的基础上发展起来的。无色合成蓝宝石晶体的助熔剂法生长首次由德国人实现于 1837 年，方法较简单，是用 PbF_2-PbO 作助熔剂，Al_2O_3 作原料，将其混合后放入铂金坩埚中，加热至 1350℃，经数小时后，使 Al_2O_3 完全熔融。然后按 1℃/h 的冷却速度冷却至 900～1000℃，倒出残余助熔剂熔融液，冷却至室温后，用硝酸溶液溶去助熔剂。由此得到的无色蓝宝石晶体位错密度较低。1969 年，市场上出现了“卡善”助熔剂法合成的红宝石，该合成红宝石的内部不但添加了铬元素，而且还添加了铁元素作为致色元素，使其与天然红宝石很难辨别。另外，美国的 C. 查塔姆也用助熔剂法合成了红宝石和蓝宝石晶体。而拉马拉（Ramaura）公司在用助熔剂法合成的红宝石中添加了一种可以发荧光的成分，使得这种合成红宝石很容易鉴别。

我国在 1990 年后由国家建材局人工晶体研究所采用助熔剂法成功合成出了红宝石晶体。此次晶体生长使用了籽晶，但合成的红宝石晶体没有进行商业化生产。

本节介绍的合成红宝石晶体的助熔剂法生长与合成无色蓝宝石的生长工艺相似，也是采用自发成核缓冷法，不同的是采用了坩埚变速旋转法，见图 5-10。

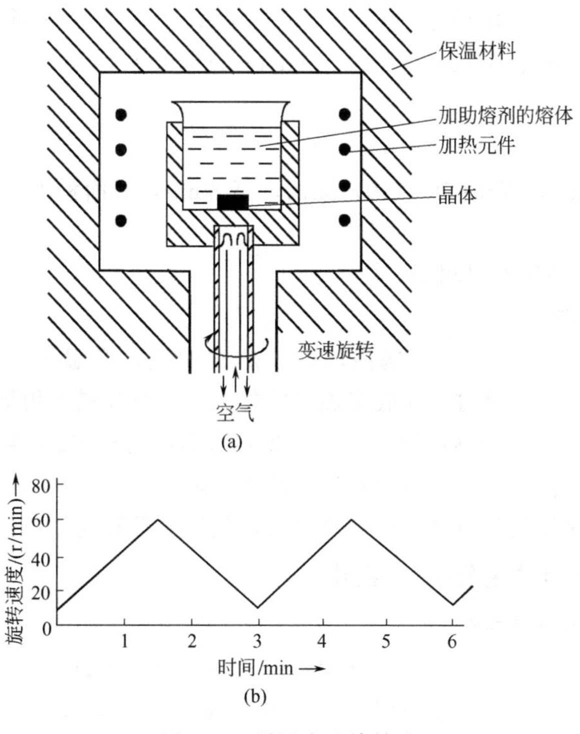

图 5-10　坩埚变速旋转法

在缓冷法生长晶体过程中，质量输送的主要形式是扩散。采用坩埚变速旋转技术，可使熔体不断处于搅拌之中，对晶面可产生冲刷效果，从而使包裹体大大减少。搅拌熔体还可使溶质浓度分布均匀，减少局部过冷，从而减少自发晶核的数目，也可抑制局部地段有其他相的析出。铂金由于太软不适合作为长期有效的浸入式搅拌器，故而一般都是将坩埚装在轴架上，轴架以连续变化的速率旋转，从而达到搅拌的目的。助熔剂法合成红宝石晶体的具体工艺步骤如下。

① 称取适量的 Al_2O_3 和少量的 Cr_2O_3 作原料，加入适量的助熔剂 $PbO-B_2O_3$ 或 PbF_2-PbO。

② 将以上原料及助熔剂混合后放入铂坩埚内，再将铂坩埚置于装有旋转支持底座的电炉内加热。

③ 升温至1300℃，并按一定的速率变化旋转坩埚，使坩埚内的助熔剂和原料完全熔融。

④ 停止加热，以2℃/h的冷却速度缓慢冷却至915℃，大致需8天。

⑤ 晶体生长结束，倒出助熔剂。也可在坩埚底部打一小孔，使坩埚中助熔剂流出。

⑥ 用稀硝酸将残存在红宝石晶体表面上的助熔剂溶解，即可获得合成红宝石晶体。

用此法生长出的合成红宝石晶体成本高，难以大量生产。

二、助熔剂法生长YAG晶体（钇铝榴石 $Y_3Al_5O_{12}$）

（一）底部籽晶水冷法生长YAG晶体

我国福建省物质结构研究所晶体材料研究室曾用助熔剂底部水冷法生长出重400g、质量良好的钇铝榴石单晶。该方法的晶体生长装置见图5-3，具体工艺条件如下。

1. 原料和助熔剂

助熔剂采用 $PbO-PbF_2-B_2O_3$，原料为 Y_2O_3 和 Al_2O_3，另有少量 Nd_2O_3 作稳定剂。熔融液配比为 Y_2O_3(345g)、Al_2O_3(332g)、Nd_2O_3(69.5g)、PbO(2300g)、PbF_2(2800g)、B_2O_3(152g)。

2. 籽晶

籽晶选用YAG晶体，底面为（110）晶面，高8mm，底面积为（16×16)mm^2。

3. 坩埚

采用体积为2.5L的铂材料坩埚。

4. 温度控制和操作

将原料及助熔剂混合后放入坩埚内，置于炉中加热，升温至1300℃，恒温25h，以3℃/h的速率降至1260℃。此时，在底部加水冷却，并将籽晶浸入坩埚底部中心水冷区，按20℃/h的速率降至1240℃，然后以0.3～2℃/h的速率降至950℃，生长结束。将晶体提拉离开熔融液液面，然后使晶体随炉冷至室温，晶体出炉。

用此法生长出的晶体结晶时几乎没有热应力，晶体质量较高。

（二）自发成核缓冷法生长YAG晶体

1. $PbO-PbF_2$ 助熔剂法生长

按比例称取试剂：Y_2O_3(3.4%)、Al_2O_3(7.0%)、PbO(41.5%)、PbF_2(48.1%)。将上述原料及助熔剂混合后放在铂金坩埚内，入炉加热。升温至1150℃后恒温6～24h，然后以4.3℃/h的速率降至950℃，取出坩埚，倒去熔融液，再将晶体放入炉内，冷却至室温，开炉取出晶体。

此法生长时，助熔剂 PbF_2 蒸发损耗大，损耗量达重量的10%～20%。生长出的YAG

晶体显示（110）面，在不同程度上受（211）面的影响。YAG 在 $PbO-PbF_2$ 助熔剂内的稳定范围很窄，一般能生成 10 个左右的单晶，直径在 2～10mm，最大的单晶往往生长在熔体的面上。

2. $PbO-B_2O_3$ 助熔剂法生长

按配比称取试剂：PbO(185g)、B_2O_3(15g)、Al_2O_3(6g)、Y_2O_3(8g)。将原料及助熔剂混合后放入铂金坩埚内，进炉加热。升温至 1250℃后恒温 4h，然后以 1℃/h 的速率降至 950℃（也可在 1250℃时恒温 5h，然后以 5℃/h 的速率降至 1000℃）。将坩埚自炉中取出，倒去熔融液，再将晶体放入炉内，冷却至室温，用硝酸溶去助熔剂。

此法生长出的晶体平均大小为 5mm×5mm×4mm，最大可达 10mm×7mm×7mm。

第四节　助熔剂法生长宝石晶体的鉴别

一、助熔剂法生长宝石晶体的特征

助熔剂法生长的宝石晶体或多或少都存在着包裹体、助熔剂阳离子、生长条纹、位错和替代性杂质等缺陷，其中对晶体质量危害最大的是包裹体。

（一）包裹体

在助熔剂法生长的晶体内可以观察到以下两类主要包裹体。

1. 固态包裹体

助熔剂法生长的晶体内常包含有结晶相包裹体、助熔剂包裹体、未熔化熔质包裹体和坩埚金属材料包裹体等固态包裹体。结晶相的形成是由于晶体在生长过程中，温度降到其他晶相可以存在的范围；或者由于组分过冷，成分分布时高时低，其他晶相在局部区域形成较高的过饱和度，新相便可以在晶体界面上发生非均匀三维成核，晶芽牢固地附着于晶体表面上，并随着晶体的生长，被包裹在晶体内部，如祖母绿晶体内的硅铍石包裹体。助熔剂包裹体的形成与晶体的非稳定生长有关，最严重的包裹体发生在自发成核过程中枝蔓状生长阶段，快速生长使枝蔓间的助熔剂在随后的稳定生长中被包裹起来。另外，助熔剂法生长的晶体，或多或少都要受到坩埚材料的污染，并存在一些未被熔化的熔质原料包裹体。

2. 气态包裹体

助熔剂法生长晶体内的气态包裹体是由助熔剂具挥发性造成的。由于熔体黏滞性较大，熔体搅拌不均匀，某些助熔剂的气体未能完全挥发出去，而被包裹在晶体中。

有时气态和固态包裹体会同时存在，可构成气、固二相包裹体。

（二）生长条纹

助熔剂法生长的晶体有时可观察到平直的生长条纹，它是由组成成分的相对浓度变化或杂质浓度的周期性变化引起的。生长条纹的出现也与晶体中存在着很细的包裹体有关。另外，温度波动和对流引起的振荡，也是造成生长条纹的重要因素。

（三）位错

助熔剂生长的晶体多含有螺旋位错。螺旋位错在晶面上终止时，表面会形成生长丘或卷线。它是由大量晶层堆叠而成，生长位错中心可由自发成核形成，或由包裹体产生。紧靠生长丘的下面常常联结着小的包裹体中心。生长过程中扰动的突然变化，会使位错密度增高，热起伏和机械振动可使小丘密度增加。但一般来说，助熔剂法生长的晶体位错密度较低，在稳定生长条件下，晶面上的生长丘很少，有时只有一个。

(四) 替代性杂质及成分不均匀性

助熔剂法生长的晶体会由于坩埚材料和助熔剂的污染而受到影响。经电子探针及 X 射线荧光分析测定，助熔剂法生长的晶体往往含有助熔剂的金属阳离子，这可以作为鉴定助熔剂法生长宝石的重要特征，如合成祖母绿晶体中含有 Mo 和 V，合成红宝石晶体中含有 Pb、B 等。另外，无论如何控温和调整助熔剂成分或更换助熔剂，在同一块晶体内最初阶段生长的晶体和后期阶段生长的晶体会出现成分的不均匀性。

二、助熔剂法合成祖母绿晶体的鉴别

(一) 红外光谱分析

同水热法合成祖母绿晶体的鉴别一样，助熔剂法合成的祖母绿也可以采用红外光谱进行鉴定。天然祖母绿的红外光谱中有Ⅰ型水和Ⅱ型水的吸收峰，而助熔剂法合成的祖母绿没有水，因此不存在任何水的吸收峰。

(二) 包裹体特征

天然祖母绿中多出现三维条纹和方解石、云母或阳起石等矿物包裹体，而合成祖母绿则没有。

助熔剂法生长的祖母绿中，能见到一些未熔化的固体熔质包裹体，呈羽毛状、纱状或束状，看上去像飘动的窗纱（见彩色图版），还能看到一些阶梯状粗粒助熔剂包裹体（见彩色图版）。有时还能看到一些平行的带或线条，它们或是一致伸向六面棱柱面，或是都与棱柱面成一角度，有的顺着晶体轴的方向出现，使六角形的外轮廓看上去像有个空洞一般。另外，在晶体中有时还能见到铂金坩埚材料包裹体或硅铍石的固态包裹体。铂金坩埚材料包裹体的特征容易与黄铁矿包裹体相混，因二者均属等轴晶系。

(三) 籽晶片及其周围的包裹体

助熔剂法生长的祖母绿晶体中，有时可观察到天然籽晶片的痕迹。籽晶片在生长前有一个表面被熔蚀之后再生长的过程。通常籽晶片颜色较浅，生长的祖母绿颜色较深，环绕着籽晶的深色祖母绿部分显示出相同的包裹体特征，这些包裹体可分为五种类型。

1. 弯曲的、像面纱或稻草把似的羽状包裹体类型

此类包裹体是由未熔化的熔质原料形成，是助熔剂法生长祖母绿晶体中典型的包裹体。它可以呈不规则的、似上升扭曲的网格状，也可以像在平的薄板中，且包裹体垂直于光轴。

2. 楔形钉状包裹体类型

该类包裹体由硅铍石的细小晶体成核引起，也可以由封闭的圆锥形包裹体或籽晶片组成。

3. 二相包裹体类型

这种包裹体的形状是一个充满流体的腔，中间有一个气泡，有的也可在大的钉状包裹体的头部出现。

4. 小的堆积状晶体类型

据推测，此类包裹体是由硅铍石晶核堆积而成。

5. 稀有的大圆锥形暗褐色包裹体类型

此类包裹体看上去似由多晶体形成。

(四) 成分分析

进行成分分析，可发现晶体中含有 Mo 和 V 等助熔剂的金属阳离子，从而与天然祖母绿鉴别开来。

三、助熔剂法合成红宝石晶体的鉴别

① 天然红宝石中的气相包裹体多为独立单体，形状多变，且与周围反差小。助熔剂法合成的红宝石气泡单体间似断非断，似连非连，且与周围反差大。

② 助熔剂法合成的红宝石中可见黄色至粉红色块状助熔剂包裹体，呈典型的平行条带状（见彩色图版）或云朵状，有时看起来像小水滴或虚线或带状。

③ 助熔剂法合成的红宝石中还常见一种呈金属光泽，三角形或六边形及其他自形的铂金包裹体（见彩色图版）。

④ 籽晶法生长的红宝石晶体，在显微镜下观察，在籽晶周围可见到特有的云朵状气泡集合体或箬帚状包裹体，也偶尔可见粗粒助熔剂包裹体和有蓝色边缘的籽晶。

⑤ 对助熔剂法生长的红宝石进行成分分析，可有 Pb、B 等助熔剂阳离子的存在。

⑥ 助熔剂法合成的红宝石在短波紫外光下呈中～强的红色荧光，与天然红宝石（呈弱～中红色荧光）不同，可以进行鉴别。

第六章　熔体法生长宝石晶体

从 19 世纪末到 20 世纪 20 年代，人们就已创立了熔体法生长晶体的多种重要方法，但是到最近三四十年，由于现代科学技术发展的需要，熔体法生长宝石晶体的工艺和理论才逐渐完善起来。迄今为止，熔体法生长宝石晶体所涉及的内容相当丰富。对于熔体法生长宝石晶体的内涵，目前还没有统一和严格的定义。从广义上来讲，凡是从熔融液中结晶生长出晶体的方法，均属于熔体法，包括焰熔法、助熔剂法、壳熔法、提拉法、导模法、坩埚下降法、浮区法等。而狭义的熔体法，则是指利用坩埚直接从相应组成的熔体中结晶出相同成分晶体的方法。因此，从严格意义上来讲，焰熔法（未使用坩埚）、助熔剂法（加有其他组分）、壳熔法（未使用真正的坩埚）、浮区法（未使用坩埚）均被排除在狭义的熔体法之外。狭义熔体法生长晶体的方法，主要包括：晶体提拉法、熔体导模法、熔体泡生法、熔体热交换法、熔体底部冷却法、坩埚下降法和弧熔法等。目前世界范围内利用熔体法生长高品质宝石晶体的方法主要有 4 种：①熔体晶体提拉法；②熔体导模法；③熔体热交换法；④熔体泡生法。因此，本章主要介绍狭义熔体法中的晶体提拉法、熔体泡生法、熔体导模法和熔体热交换法生长宝石晶体的相关内容。

第一节　晶体提拉法生长宝石晶体

晶体提拉法是一种利用籽晶从熔体中提拉生长出晶体的方法。该方法能在短期内生长出大而无位错的高质量单晶，是由 J. 丘克拉斯基（J. Czochalski）在 1917 年首先发明的，所以又称丘克拉斯基法，简称 Cz 提拉法。20 世纪 70 年代，由于激光材料研究的需要，我国开始研制人造钇铝榴石（YAG）和人造钆镓榴石（GGG）晶体的提拉法生长技术，不久便获得成功并先后投产。除了满足工业和军事的需要外，YAG 和 GGG 还作为仿钻石材料进行应用。20 世纪 80 年代末，我国四川成都西南技术物理研究所在用提拉法生长 YAG 晶体过程中进行掺杂实验，获得了非常逼真的仿祖母绿 YAG 宝石晶体，并申请了发明专利。该技术生长出的人造钇铝榴石晶体外观与天然祖母绿晶体非常相似，深受国内外用户的欢迎。近年来，提拉法生长宝石晶体技术得到了进一步的发展和完善，已能够顺利生长出许多有实用价值的宝石晶体，如合成无色蓝宝石、合成红宝石、人造钇铝榴石（YAG）、人造钆镓榴石（GGG）、合成变石和合成尖晶石等。

一、晶体提拉法生长宝石晶体的原理

晶体提拉法生长宝石晶体的原理是：将待生长的晶体原料放在耐高温的坩埚中，加热熔化，然后调整炉内温度场，使熔体上部处于稍高于熔点状态；籽晶杆上安放一颗籽晶，让籽晶接触熔融液面，待籽晶表面稍熔后，降低温度至熔点，提拉并转动籽晶杆，使熔体顶部处于过冷状态而结晶于籽晶上，在不断提拉和旋转过程中，生长出圆柱状晶体。

二、晶体提拉法生长宝石晶体的装置

晶体提拉法的装置见图 6-1。

通常，晶体提拉法的整个装置由以下五部分组成。

（一）加热系统

加热系统由加热、保温、控温三部分构成。

1. 加热装置

最常用的加热装置有电阻加热和射频感应加热两大类。石墨、钨、钼、硅钼棒、硅碳棒、电热合金丝等是常用的电阻加热材料。采用电阻加热，方法简单，容易控制。射频感应加热的设备较复杂，其加热原理是通过交变的电磁场使被加热材料内产生涡流，从而达到高温使材料熔化。

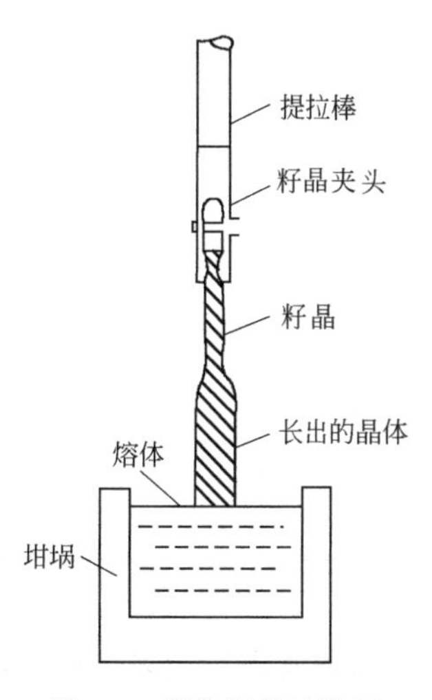

图 6-1　晶体提拉法装置

2. 保温装置

封闭系统中采用电阻加热时，保温装置通常采用金属材料以及耐高温材料等做成热屏蔽罩和保温隔热层，如用电阻炉生长 YAG、刚玉类宝石晶体时就需要采用该保温装置，而且金属外壳一般是用水冷却。在敞开的系统中采用电阻加热时，保温装置是用热导率小的保温材料和耐温材料（耐火棉、石英砂等）制成炉体。

3. 控温装置

主要由比较器、传感器、控制器、功率源、负载等组成，通常要求各部分由相应的精密仪器进行操作和控制。

（二）坩埚及其支撑和籽晶夹

坩埚是用来盛装熔体的容器，它的优劣与熔体生长有很大关系，对坩埚材料的要求是：

① 化学性质稳定，不与熔体发生反应；

② 在工作温度下，有高的机械强度；

③ 纯度高，不污染熔体；

④ 具有低的孔隙率；

⑤ 熔点要远高于晶体材料的熔点，一般至少高出 200℃左右；

⑥ 加工性能好，来源方便，价格低；

⑦ 容易清洗，除尽表面杂质。

常用的坩埚材料为铂、铱、钼、石墨、二氧化硅或其他高熔点氧化物。其中铂、铱和钼坩埚主要用于生长氧化物类晶体或碱金属、碱土金属的卤化物晶体；石墨、二氧化硅或其他高熔点氧化物材料制成的坩埚主要用于生长半导体或金属晶体。石墨和钼坩埚不能在氧化气氛下使用，铱坩埚可在弱氧化气氛下使用，其他材料则不受气氛的限制。常见坩埚材料的性质见表 6-1。

表 6-1　常见坩埚材料的性质

材料名称	热导率 /[cal/(cm·s·℃)]	线膨胀系数 /(℃$^{-1}$×10^6)	相对密度	最高工作温度 /℃	抗热冲击 能力
氧化铝	0.004	8	2.4	1900	好
氧化铝		5.7	3.26	2000	好
氧化铍	0.4	8.4	2.97	2300	良好
氧化硼	0.012	0.2,0.3	2.1	1700	很好
氧化镁	0.08～0.5	12.7	3.3	2600	好
石英	0.005	0.5～0.6	2.2	1250	很好
氮化硅	0.023	3.2	3.4	1850	很好
氧化钍	0.01	6	10	2800	好
氧化锆	0.0047	4.5	5.6	2300	良好
石墨	0.012	2	1.5	2600	很好
铱	0.141	6	22.7	2200	很好
钼	0.348	5	10.2	2400	很好
铂	0.166	9.6	21.5	1600	很好

注：1cal/(cm·s·℃)=418.6W/(m·K)。

坩埚支撑是用来安放坩埚的装置，籽晶夹用来装夹定向生长用的籽晶。

（三）传动系统

提拉法的传动系统一般由籽晶杆、坩埚轴和升降系统组成。传动系统中的调速部分一般由可控硅对伺服电机进行直流调速来完成。为了获得更稳定的旋转和升降，有的设备已采用力矩电机。另外，若利用液压技术可使籽晶杆的升降更为平稳。

（四）气氛控制系统

不同晶体常需要在各种不同的气氛里进行生长。如 YAG 和 Al_2O_3 晶体需要在氩气气氛中进行生长。该系统由真空装置和充气装置所组成。其中充气装置包括气源、减压器、压力表、流量计等。

（五）后加热器

由晶体提拉法生长的晶体，在离开熔融液液面后，不能直接进入室温的空间，否则会因为温度急剧变化而产生内应力使晶体破裂。所以，应在设备上考虑保温装置，使晶体逐渐冷却，这样的装置便是后加热器（简称后热器）。

后热器可分为自热式和隔热式两种（见图 6-2）。自热式为圆柱状或伞状；隔热式后热器可用高熔点氧化物如氧化锆、氧化铝、刚玉陶瓷等制成，也可以由多层钼片、铂片反射器组成，所以隔热式后热器也叫保温盖。

通常后热器放在坩埚的上部，生长的晶体逐渐进入后热器，生长完毕就在后热器中冷却至室温。可见，后热器的主要作用是调节晶体和熔体之间的温度梯度，以得到合适的纵向温度梯度，防止晶体开裂。

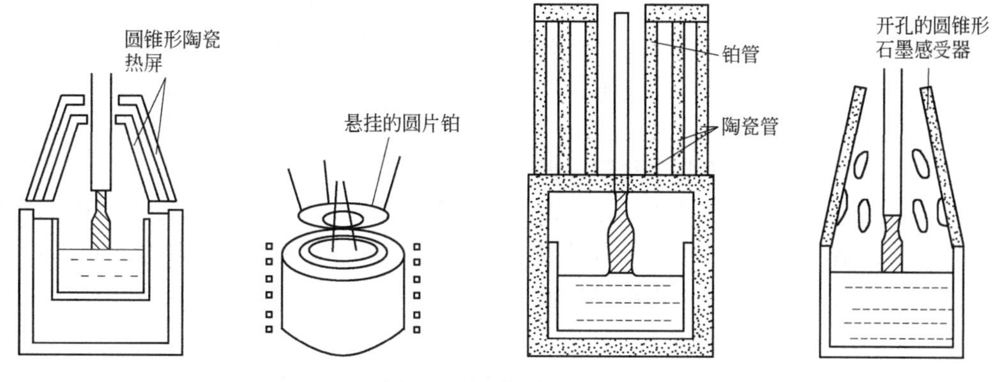

图 6-2 各种后加热方法

三、晶体提拉法中影响晶体质量的主要因素

(一) 籽晶的切割和加工

为了使生长的晶体减少从籽晶上继承下来的位错，在挑选籽晶时要求选用无位错或位错密度低的相应宝石单晶制作籽晶。在切割加工籽晶时，最好用钢丝切割。若用金刚石刀切割时，应尽量切得慢一些。切好的籽晶应该用热腐蚀液（不同材料籽晶用不同腐蚀液清洗，如刚玉用磷酸、水晶用重铬酸钾洗液、绿柱石用氢氟酸等）除去籽晶表面上的加工损伤层。下种过程中要确保籽晶得以充分预热，保证籽晶和熔体能够充分沾润，使晶体在清洁的籽晶表面上生长，采用“缩颈”的方法排除位错。

(二) 熔体温度控制

要保证晶体正常生长，熔体的温度必须严格控制。要求熔体中温度的分布在固液界面处的温度恰好是熔点，保证籽晶周围的熔体有一定的过冷度，其余地方温度高于熔点，这样晶体才能稳定地生长。否则，熔体会出现假成核现象，见图 6-3。

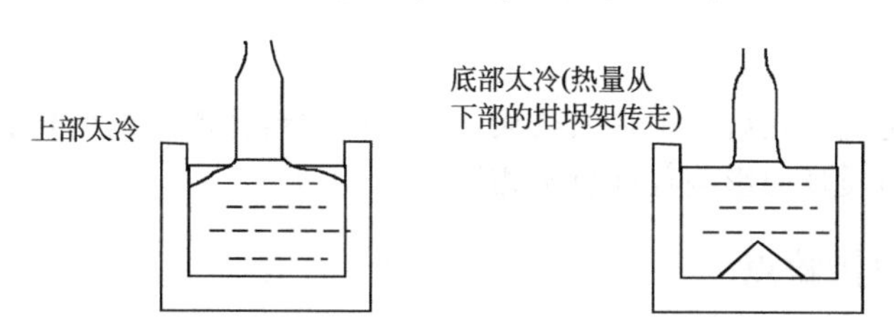

图 6-3 温度梯度对杂质成核的影响

(三) 拉速与转速

晶体提拉速率的选择取决于以下几个因素：

① 待生长晶体的直径；

② 熔体温度；

③ 位错包裹体；

④ 组分过冷。

通常，人们总希望得到尽可能大的晶体，但大的直径将伴随着较大的应变和较高的位错密度。同时，随着生长速率的提高，位错密度也将增加。

固液界面的形状也是决定晶体质量的重要参数。最好的晶体通常呈现出平界面生长的特点，因为弯曲的界面会引起晶体中杂质在径向上分布不均匀。若界面凸进熔体，有可能形成小晶面，YAG、GGG和红宝石晶体生长时就会发生此种情况，这种情况可以使用高转速（100～200r/min）予以克服。此外，周围的气压和晶体的长度也能影响界面的形状，若升高气压并增加晶体长度，界面将变得稍许凹向熔体。

转速除了能改变界面的形状外，还可改变熔体中的流动花样，从而改变温度和杂质的分布（见图6-4）。适当的转速，可对熔体产生良好的搅拌作用，达到减少径向温度梯度，阻止组分过冷的目的。转速过高，则会导致液流不稳定。

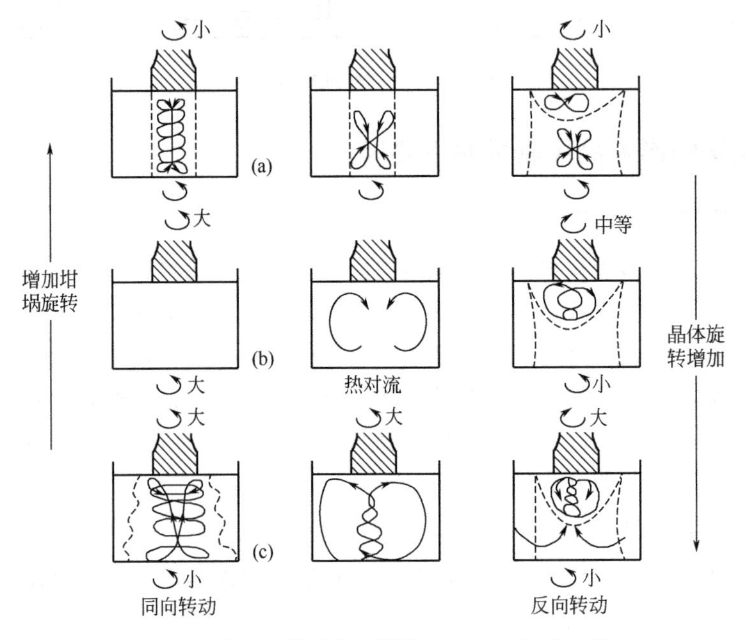

图6-4　晶体和坩埚的不同转速引起的流动花样

（四）杂质

无论是有意还是无意在熔体中掺入杂质，均会引起熔体温度的变化。随着掺杂的种类和数量的不同，对晶体质量的影响程度也不相同。

四、晶体提拉法的优缺点

（一）晶体提拉法的优点

晶体提拉法与其他晶体生长方法相比有以下优点。

① 在晶体生长全过程中可以直接进行测试与观察，有利于及时掌握生长情况，控制生长条件。

② 生长的晶体不与坩埚相接触，没有埚壁寄生成核和埚壁对晶体的压应力。

③ 使用优质定向籽晶和“缩颈”技术，可减少晶体缺陷，获得所需取向的晶体。

④ 能以较快的速度获得质量较高的优质单晶体。如提拉法生长的红宝石与焰熔法生长的红宝石相比，位错密度低，光学均一性高，无镶嵌结构等。

（二）晶体提拉法的缺点

尽管晶体提拉法有很多优点，但这种晶体生长方法仍存在着许多不足之处：

① 在高温下，坩埚及其他材料对晶体的污染不可避免；

② 熔体中复杂的液流作用对晶体的影响难以克服；

③ 机械传动转置的振动和温度的波动，会在一定程度上影响晶体的质量。

五、晶体提拉法生长宝石晶体的实例

（一）无色合成蓝宝石晶体的生长工艺

① 将纯净的 α-Al_2O_3 原料装入铱、钨或钼坩埚中。坩埚上方装有可旋转和升降的提拉杆。杆的下端有一个籽晶夹具，其上装有一粒定向的无色蓝宝石籽晶。

② 将坩埚加热到 2050℃以上，降低提拉杆，使籽晶插入熔体中。

③ 控制熔体的温度，使液面温度略高于熔点，熔去少量籽晶以保证能在籽晶的清洁表面上开始生长。

④ 在实现籽晶与熔体充分沾润后，缓慢向上提拉和转动晶杆。控制好拉速和转速，同时缓慢地降低加热功率，籽晶就逐渐长粗。

⑤ 小心地调节加热功率，使液面温度等于熔点，实现宝石晶体的缩颈—扩肩—等径生长—收尾的生长全过程。整个生长装置安放在一个外罩里，以便抽真空后充入惰性气体，使生长环境中保持所需要的气体和压强。通过外罩上的窗口可观察晶体生长情况，以便随时调节，使晶体生长过程正常进行。

晶体提拉法生长出的无色蓝宝石晶体可粗细不同，具不同的形态（见彩色图版）。

（二）人造钇铝榴石（YAG）仿祖母绿晶体生长工艺

钇铝榴石（YAG），化学成分 $Y_3Al_5O_{12}$，等轴晶系，自然界无相应矿物，属人造宝石，主要用作激光材料。我国西南技术物理研究所利用掺杂铬离子，使 YAG 原子的吸收光谱发生改变，吸收红光和紫光，透过 500nm 处吸收带较宽的绿光，使 YAG 的外观颜色与祖母绿相仿。根据同样的原理，YAG 还可以仿海蓝宝石、橄榄石、紫晶等。

YAG 可以用多种方法制备，但提拉法所得到的晶体质量最好。晶体提拉法生长 YAG 的工艺条件如下。

1. 坩埚材料

提拉法所用坩埚是铱坩埚，熔点 2443℃，而 YAG 的原料 Y_2O_3 的熔点为 2400℃，已接近铱坩埚的熔点，直接在铱坩埚中熔化 Y_2O_3 和 Al_2O_3 的混合物是相当危险的，所以应该先采用烧结或其他办法将原料变成多晶。

2. 原料制备

称取适量 Y_2O_3 和 Al_2O_3（仿祖母绿时加 Cr_2O_3），将其放入带盖的刚玉坩埚中，加热至 1300℃，恒温 5～10h。然后取出混合物，粉碎并搅拌均匀，在 20t 压力下压成片；再在 1300℃下烧结 10h，再粉碎压片，形成多晶片。

3. 加热装置

YAG 的熔点为 1950℃，晶体提拉法可采用高频炉加热并用氩（Ar）气进行保护。

4. 标准工艺条件

生长速率 1.22mm/h，转动速率 10r/min，生长方向 [100]、[111]；除加热温度改为 1950℃外，其他操作与无色蓝宝石晶体生长工艺相似。

5. 着色原理

YAG 仿祖母绿晶体在加入铬离子以后往往不是呈翠绿色而是带有黄色调的绿色，因此，需要利用颜色的互补性原理加入合适的其他杂质离子，消除黄色调，最后达到与天然祖母绿颜色接近的翠绿色。

YAG 仿其他颜色宝石时，颜色的调整原理与此相同，即均是利用了颜色的互补性原理。

(三) 合成镁橄榄石晶体的生长工艺

橄榄石是以镁为端元的硅酸盐，镁有两种晶格取向位置，分别为反对称和镜像对称位置，镁的位置可以被一些过渡金属代替，这些过渡金属包括二价阳离子锰、铁、钴、镍以及微量的三价阳离子铬，这些离子的存在对橄榄石弹性、导电性、光学等物理性质有很大的影响。

自 1971 年至 2007 年，有多位科学家利用晶体提拉法在生长合成橄榄石单晶体方面进行了尝试，并获得了成功，其工艺条件如下。

1. 坩埚材料

生长晶体所用坩埚是铱坩埚，熔点 2443℃，高于镁橄榄石的熔点（1890℃）。

2. 原料制备

可采用天然橄榄石晶体作为原料（如圣卡罗橄榄石单晶），初始镁摩尔百分比为 97.6mol%，需经过丙酮清洗后放入铱坩埚中；也可采用纯度为 99.99%，粒度为 1～3mm 的 MgO、SiO_2 粉末和 Mn_3O_4 粉末混合而成的混合物作为原料。

3. 加热装置

采用高频炉加热并在氮气环境下加热到 1900～2000℃。

4. 提拉速度和旋转速度

当原料完全熔化后将温度降到镁橄榄石的液相线以上约 1900℃，然后以 10～25r/min 的转速旋转镁橄榄石籽晶，接触熔融后以 5～12mm/h 的速度向上提拉，随着镁橄榄石籽晶的上提，生长出了大颗粒的橄榄石单晶（可达 250ct）。

5. 着色原理

若采用天然橄榄石作为原料，其原料本身就含有铁、锰、铝、钙等多种微量元素，可使生长的合成镁橄榄石晶体着色呈浅黄或黄绿色。若采用化学纯粉剂混合物，可在其中加入微量的铁、锰等致色离子即可，掺铁的晶体呈黄绿色，掺锰的晶体呈粉色，生长出的掺锰橄榄石晶体和切磨好的刻面宝石成品，见彩色图版。

晶体提拉法合成镁橄榄石晶体的具体工艺条件如表 6-2 所示。

表 6-2　晶体提拉法合成镁橄榄石晶体的具体工艺条件

研究者及成功时间	生长方向	温度/℃	坩埚	转速/(r/min)	拉速/(mm/h)	气氛
Finch et al,1971	[100]	1900	Ir	10～25	12	N_2
Takei et al,1974	[100]	1900	Ir	10～25	12	N_2
Ito et al,2003	[100]	约 2000	Ir	20	5	N_2
Kanazawaa et al,2007	[100]	约 1950	Ir	约 20	5	N_2

(四) 晶体提拉法生长宝石晶体的典型工艺条件

晶体提拉法生长不同宝石晶体的典型工艺条件及参数稍有不同，表 6-3 列出了几种宝石晶体用提拉法生长的典型工艺参数，其具体工艺过程同无色蓝宝石。

表 6-3　晶体提拉法生长宝石晶体的工艺参数

晶体种别	晶系	熔点/℃	坩埚	转速/(r/min)	拉速/(mm/h)	气氛
Al_2O_3	六方	2050	Ir,W,Mo	10～60	1.8～12	N_2,Ar
$Gd_3Ga_5O_{12}$	等轴(立方)	1825	Ir	50	<6	Ar
$MgAl_2O_4$	等轴(立方)	2105	Ir	30	10	N_2
$Y_3Al_5O_{12}$	等轴(立方)	1950	Ir	10	1.2	Ar

六、晶体提拉法生长宝石晶体的特征

（一）固态包裹体

由于晶体提拉法生长的宝石晶体都是在高温下将晶体材料直接熔融后，在受控条件下降温使熔体逐渐凝固而生长的。所有这些方法中，都要使用耐高温的金属坩埚。因此，在长成的晶体中可以有坩埚材料如钼、钨、铱、铂等金属包裹体的存在。偶尔也可见到未完全熔化的原料包裹体。

由于原料不纯或者配比不当，或发热体、坩埚、绝缘材料和气氛的影响，可对熔体造成污染，形成杂质。随着晶体的生长，这些杂质将富集于界面附近，一旦它们的浓度达到了过饱和状态，杂质将在界面上成核并生长，从而在晶体内形成固体包裹体。

（二）存在籽晶及其缺陷

熔体法生长晶体时，由于采用籽晶生长，因此生长出的晶体会有籽晶的痕迹。并且，当晶体生长前未消除籽晶下端的加工损伤或污染物时，界面会形成位错。

（三）气态包裹体和生长条纹

用提拉法生长的晶体，由于提拉和旋转的作用，可能会存在一些拉长的气态包裹体和弯曲弧状的生长条纹。此外，由于熔体冷却变成固体时体积缩小而形成的气体杂质也可进入晶体形成气泡群。

由于生长设备的机械振动频率不均或固液界面产生的振动，使晶体的生长速率上下波动，于是晶体中出现因熔质浓度分布不均而形成的生长层（生长条纹）。此外，热力学参数的变化、温度的波动也会产生生长条纹。

七、晶体提拉法生长宝石晶体的鉴别

（一）成分分析

用 X 射线荧光分析方法可检测出熔体法生长的宝石晶体中存在钼、钨、铱、铂等金属元素。

（二）放大检查

用放大镜或显微镜观察，晶体内部有云朵状气泡群及箒帚状包裹体，或者可见拉长的气态包裹体和很细的、弯曲成圆弧状的不均匀生长条纹。

利用超标准暗域或倾斜光纤照明技术观察，提拉法生长的宝石晶体偶尔可见一些细微的、类似于烟雾般的微白色云状物质。

（三）合成变石的鉴别

用提拉法生长的合成金绿宝石（变石），折射率为1.740～1.749(±0.0001)，密度约3.72g/cm³。与天然金绿宝石相比，折射率偏低。在此合成品中可能出现板条状的杂质晶体、针状包裹体及弯曲条纹等。

（四）仿祖母绿YAG的鉴别

提拉法生长的绿色YAG主要用于仿祖母绿，其鉴别特征见表6-4。

表6-4　仿祖母绿钇铝榴石（YAG）与祖母绿的鉴别

项目	YAG(仿祖母绿)	祖母绿
光泽	亚金刚光泽	玻璃光泽
偏光性	均质体	非均质体
多色性	无	二色性弱
折射率	1.834	1.566～1.589
双折射率	0	0.005～0.007
色散	0.028	0.014
密度	4.55g/cm³	2.67～2.71g/cm³
莫氏硬度	8	7.5
紫外荧光	橙色	红色
放大检查	内部洁净，偶见气泡	可有很多裂绵绺及天然矿物包裹体

第二节　熔体泡生法生长宝石晶体

熔体泡生法是由基罗波洛斯（Kyropoulos）在1926年发明的，也称基罗波洛斯法（Kyropoulos Method）。经过几十年来科研工作者的不断改进和完善，目前是能够生产大晶体的最佳方法之一。20世纪60～70年代，经过苏联穆萨托夫（Musatov）的改进，将此方法运用于蓝宝石单晶的生长制备。

泡生法与其他方法相比，最大的优点是晶体在生长过程中或生长结束时完全不与坩埚接触，这样就会有效地降低晶体的热应力和坩埚的污染程度，从而也大大减小位错密度。泡生法生长蓝宝石晶体既继承了传统的提拉法生长蓝宝石晶体的优点，又改进创新了技术，使生长大尺寸和高质量单晶的目标得以实现。

泡生法主要在俄罗斯得到广泛的应用和发展，俄罗斯的ATLAS公司利用该方法已实现了对直径为50mm、100mm和150mm的光学级蓝宝石晶棒的产业化生产。1993年，俄罗斯的SI Vavilov国家光学研究所报道采用泡生法生长出了直径300mm的蓝宝石晶体，之后，新西伯利亚无机化学研究所采用泡生法也研究制备出了直径400mm、少缺陷的蓝宝石晶体。

目前中国国内很多单位都能用熔体泡生法生长合成蓝宝石大晶体，其中苏州恒嘉、黑龙江奥瑞德、内蒙古晶环电子、浙江昀丰及浙江巨化集团等公司的生产规模较大。用熔体泡生法生长的蓝宝石晶体最大可达300kg（见彩色图版）。

熔体泡生法生长出的优质大晶体，尤其是生长出的优质无色合成蓝宝石大晶体被广泛应用于LED节能灯的开发利用和国防工业、军工科技以及尖端科学技术的研究领域（例如作为导弹、航天飞机、无人驾驶飞机、潜水艇的窗口材料等），其边角料可以大量用于珠宝首饰行业。

一、熔体泡生法生长宝石晶体的原理

泡生法主要应用于生长含某种过量组分的晶体或用于生长同成分熔化的化合物。泡生法的生长原理与提拉法类似，此方法是将一根受冷的籽晶接触熔体，条件则要符合界面的温度低于凝固点，籽晶方可生长。为实现晶体不断长大的目标，则要求熔体的温度逐渐降低，同时缓慢下放旋转晶体以便改善熔体的温度分布，或是缓慢且循序渐进地上提晶体，来扩大散热面。

熔体泡生法生长宝石晶体装置见图6-5，其主要技术特点是：将待生长的晶体原料放在耐高温的坩埚中加热熔化，然后调整炉内温度场，使熔体上部处于稍高于熔点状态；籽晶杆上安放一颗籽晶，让籽晶接触熔融液面，待籽晶表面稍熔后，降低表面温度至熔点，提拉并转动籽晶杆，使熔体顶部处于过冷状态而结晶于籽晶上，在不断提拉的过程中，生长出圆柱状晶体。晶体被提拉到一定高度后，只旋转不提拉，这样的操作使晶体在生长过程中或生长结束时不与坩埚接触，这就大大减少了晶体的应力，可以获得高质量的大直径晶体。

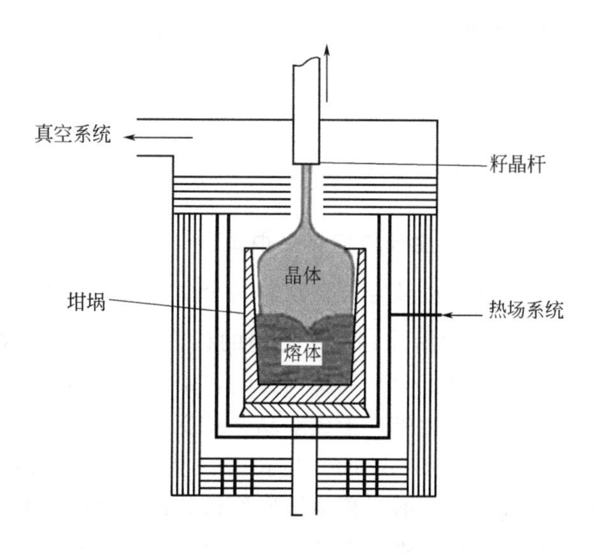

图6-5　熔体泡生法生长宝石晶体装置示意

熔体泡生法与晶体提拉法不同之处在于扩肩时晶体直径比较大，几乎与坩埚直径相同，加上晶体不与坩埚接触，这些就是熔体泡生法的工艺特点和难点所在。

二、熔体泡生法生长高质量无色蓝宝石晶体实例

熔体泡生法生长高质量无色蓝宝石晶体作为实例最具代表性，其技术要点及生长工艺过程如下。

（一）工艺技术要点

蓝宝石属三方晶系，晶体结构存在着两个主要的滑移体系（底面滑移系和柱面滑移系），因此在采用提拉法生长蓝宝石单晶工艺中，温场的温度梯度和晶体生长方向的合理选择将对蓝宝石单晶的质量产生关键的影响。

1. 建立合理的温度梯度是生长优质晶体的首要条件

热系统是温度梯度的决定因素，是生长优质晶体的基本条件。当晶体恒温生长时，根据界面稳定条件：

$$\left(\frac{\partial T}{\partial z}\right)_1 \geqslant 0 \tag{6-1}$$

而

$$K_1\left(\frac{\partial T}{\partial z}\right)_1 + \rho f L = K_s\left(\frac{\partial T}{\partial z}\right) \tag{6-2}$$

所以有

$$f \leqslant \frac{K_s}{\rho L}\left(\frac{\partial T}{\partial z}\right)_s \tag{6-3}$$

因此界面保持稳定的最大生长速率为

$$f_{max} = \frac{K_s}{\rho L}\left(\frac{\partial T}{\partial z}\right)_s$$

式中，$\left(\frac{\partial T}{\partial z}\right)_1$ 和 $\left(\frac{\partial T}{\partial z}\right)_s$ 分别为界面附近熔体和晶体中的温度梯度；K_1和 K_s分别为熔体和晶体的热导率；L 为结晶潜热；ρ 为晶体密度。

从式(6-3) 中可以看出，晶体的最大生长速率取决于晶体中温度梯度的大小，要提高晶体的生长速率，必须加大温度梯度。但是，晶体中温度梯度过大，将会增加晶体的热应力，引起位错密度增加，甚至导致晶体开裂。

因此，根据无色蓝宝石单晶的热导率等性质，建立合理的温度梯度是生长完整单晶的前提。

2. 晶体的生长方向选择很重要

三方晶系的蓝宝石存在着两个主要的滑移系：(0001) 面沿 [$11\bar{2}0$] 方向的底面滑移系和 ($11\bar{2}0$) 面沿 [$\bar{1}100$] 方向的柱面滑移系。滑移最易沿原子密度大的晶向发生，因此晶体生长界面 (0001) 面交角大时，由于底面滑移，易于产生大量晶界；当滑移比较严重时，则可能产生滑移带，形成双晶；相反，则不易产生滑移，晶界不易生成。

沿 0°取向即 (0001) 生长时，晶体外形的对称截面虽易呈六角形，但是缺陷会优先在光轴方向增殖，容易形成镶嵌结构，破坏晶体结构的完整性。

由此可见，选择合适的晶体生长方向是必要的，根据所建立的温度梯度，选择合适的晶体生长方向是生长高质量无色蓝宝石单晶的关键。

(二) 生长工艺流程

① 将纯净的 α-Al_2O_3 原料装入坩埚中。坩埚上方装有可旋转和升降的提拉杆，杆的下端有一个籽晶夹具，其上装有一粒定向的无色蓝宝石籽晶（注：籽晶采用无色蓝宝石，生长过程中无需添加致色剂）。

② 将坩埚加热到 2050℃以上，降低提拉杆，使籽晶插入熔体中。

③ 控制熔体的温度，使液面温度略高于熔点，熔去少量籽晶以保证能在籽晶的清洁表面上开始生长。

④ 在实现籽晶与熔体充分沾润后，使液面温度处于熔点，缓慢向上提拉和转动籽晶杆。控制好拉速和转速，籽晶就逐渐长大。

⑤ 小心地调节加热功率，使液面温度等于熔点，实现宝石晶体的缩颈—扩肩—等径生长—收尾的生长全过程。

整个生长装置安放在一个外罩里，以便抽真空后充入惰性气体，使生长环境中保持所需要的气体和压强。通过外罩上的窗口可观察晶体生长情况，以便随时调节温度，使晶体生长过程正常进行，用这种方法可以生长出大直径高质量的无色蓝宝石晶体。

泡生法生长的蓝宝石单晶，外形可以生长到比坩埚内径小10～30mm的尺寸大小，一般情况下呈梨形（见彩色图版）。

三、熔体泡生法生长无色蓝宝石晶体的特征

熔体泡生法生长的优质蓝宝石之所以在国防工业、军工科技和尖端科学技术研究领域中得到广泛的应用，是由所生长出的无色蓝宝石晶体本身的优良性能决定的。无色蓝宝石单晶的部分性能参数见表6-5。

表6-5　熔体泡生法生长无色蓝宝石单晶部分性能

化学式	α-Al_2O_3
晶体结构	三方晶系
晶体常数/Å	a=4.759，c=12.992
50℃时热导率/[W/(m·K)]	25.12
透过率/2mm	0.25～5μm大于80%
介电常数	11.5(平行于C轴)，9.4(垂直于C轴)

注：1Å=0.1nm。

四、泡生法合成蓝宝石晶体的鉴别特征

对于泡生法生长的蓝宝石晶体，主要的鉴别特征有位错、气泡、包裹体、裂隙等。

① 采用偏光仪观察泡生法合成的蓝宝石晶体，晶体单晶性好，质量均匀，无双晶现象。

② 晶体中存在大量气泡，气泡多呈雾状，分布在从籽晶到肩部的过渡区域、晶体中心或者是从前一区域一直扩散至晶体中心，形成气泡轴。

③ 包裹体多为颗粒状，尺寸较小，常集中于晶体的底部，且在晶体中多呈现出中心夹杂物少、边缘夹杂物多的放射形杂质群。

第三节　熔体导模法生长宝石晶体

一、熔体导模法生长宝石晶体简介

熔体导模法实质上是控制晶体形状的提拉法，也称定型晶体生长方法，即直接从熔体中拉制出具有各种截面形状晶体的生长技术。它是一种更为先进的生长特定形状单晶的方法，是20世纪60年代才发展起来的技术。

导模法有以下两种不同类型。

（一）斯切帕诺夫法

这是20世纪60年代由苏联科学家斯切帕诺夫完成的晶体生长方法，因而也称斯切帕诺夫法。该方法是将有狭缝的导模具放在熔体中，熔体通过毛细管现象由狭缝上升到模具的顶端，在此熔体部分放入籽晶，就能够按照导模狭缝规定的形状连续地拉制晶体，拉出的晶体形状完全由毛细管狭缝决定。由于熔体是通过毛细管作用上升的，因此会受到毛细管大小及熔体密度和重量的限制，所以此法具有局限性。但此法的优点是不要求所用模具材料能被熔体润湿。

（二）EFG 法

该方法亦称“边缘限定薄膜供料生长（Edge-defined Film-fed Growth）”技术，简称EFG法，是20世纪70年代初，由美国TYCO实验室的H.E.拉培尔博士研究成功的。EFG法首要的条件是要求模具材料必须能为熔体所润湿，并且彼此间又不发生化学作用。在润湿角 θ 满足 $0° < \theta < 90°$ 的条件下，使得熔体在毛细管作用下能上升到模具的顶部，并能在顶部的模具截面上扩展到模具的边缘而形成一个薄膜熔体层，晶体的截面形状和尺寸则严格地为模具顶部边缘的形状和尺寸所决定，而不是由毛细管狭缝决定。因此，EFG法能生长出各种片、棒、管、丝及其他特殊形状的晶体，具有直接从熔体中控制生长定型晶体的能力。所以，此法生产的产品可免除对宝石晶体加工所带来的繁重切割、成型等机械加工程序，同时大大减少了物料的加工损耗，节省了加工时间，从而可大大降低产品成本。由此可见其优越性。

目前用熔体导模法已能生长出合成蓝宝石、合成红宝石、YAG、GGG、合成尖晶石、合成金绿猫眼等宝石晶体。国内用导模法生长宝石晶体的厂家主要分布在天津、南京、广州、河南等地，其中能生长出600mm×400mm×20mm超大合成无色蓝宝石晶片的生产厂家是洛阳金诺电子公司（见彩色图版）。

二、导模法生长晶体的工艺过程

将晶体材料在高温坩埚中加热熔化，并将能被熔体所润湿的材料制成带有毛细管的模具放置在熔体中，熔体沿着毛细管涌升到模具顶端。将籽晶浸渍到熔体中，待籽晶表面回熔后，逐渐提拉上引。为了减少位错或内应力，可先升高炉温使晶体长成窄形，过一段时间再进行放肩，向上提拉使熔体到达模具顶部的表面。此时，熔体在模具顶部的截面上扩展到边缘时中止。随后，再进行提拉，可使晶体进入等径生长阶段。晶体的形状将由模具顶部截面形状所确定的尺寸决定，晶体按该尺寸和形状连续地生长。整个晶体生长发展过程可参见图6-6。

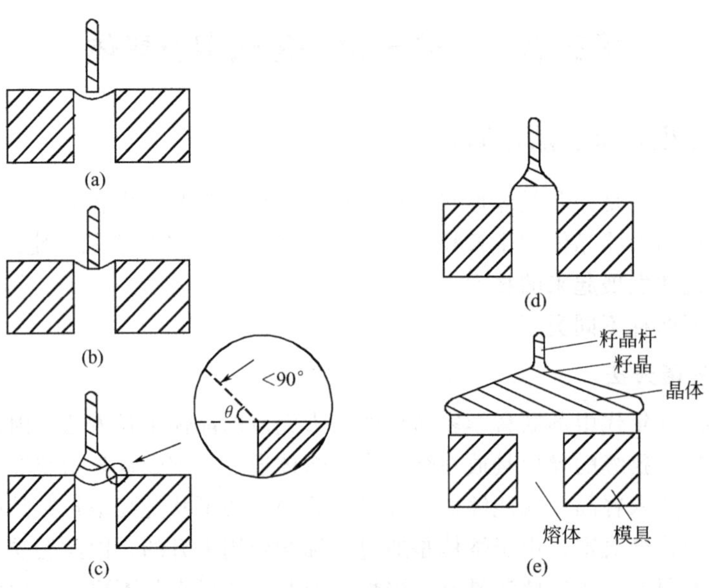

图6-6　模具顶部熔体薄膜的形成与发展过程示意

三、导模法生长晶体的工艺原理

导模法生长晶体的原理如图 6-7 所示。当带毛细管或狭缝的模具浸入熔体后，能润湿模具材料毛细管的熔体就会沿毛细管上升。上升的高度可用下式表示：

$$h=\frac{2\delta\cos\theta}{drg}$$

式中 δ——表面张力，$\times10^{-5}$N/cm；

d——熔体密度，g/cm^3；

r——毛细管半径，cm；

g——重力加速度，cm/s^2；

θ——润湿角。

例如，熔融 Al_2O_3 的表面张力对钼（Mo）为（360±40）×10^{-5}N/cm，对钨（W）为（638±100）×10^{-5}N/cm，有时此数值还要高一些。当毛细管孔径为 0.75mm 时，Al_2O_3 熔体的爬升高度可达 11cm。从图 6-7 中可以看到，随着晶体不断生长，液面不断下降，h_1不断增大。当 $h_1<h=2\delta\cos\theta/drg$ 时，熔体可连续地向模顶供料，保证晶体不断生长；若 $h_1>h$，则熔体无法涌到模顶，晶体就不能生长。

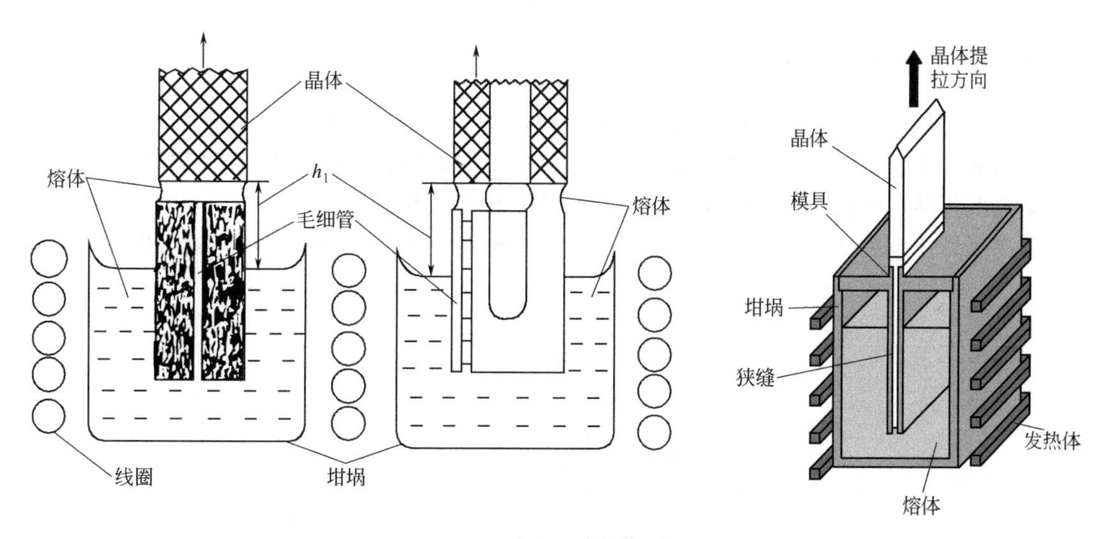

图 6-7 导模法生长晶体示意

在导模法中，由于熔体无对流搅拌，熔体是通过模具的毛细管到达模顶的，因此其杂质分布主要由扩散所决定。用此法生长的晶体，其组成与凝固分数 G（凝固部分与全部物料的体积比）无关，几乎是恒定不变的，这是此法的一大优点。然而，用提拉法生长晶体时，其组成随凝固分数 G 而改变，且与生长条件有关。

欲生长出结构完整性好的晶体，必须有一个合适的温场。温场的分布一般有两种情况，如图 6-8 所示。图 6-8(a) 表示熔体温度比晶体温度高。热流由熔体向晶体流动，固液界面是平的。此时界面的任何部位向下移动都会熔化，从而始终保持稳定的平界面，生长出的表面也较光滑。图 6-8(b) 表示不稳定界面的条件。此时熔体处于过冷状态，它会引起晶体呈枝蔓状生长和小晶粒团聚状生长，长出的晶体表面不光滑，且气泡很多。

在晶体生长过程中，要严格控制好生长条件，否则会产生大角度晶界（由位错堆积产

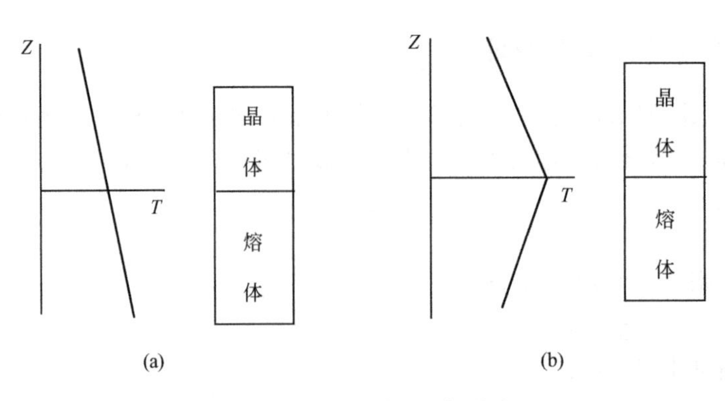

图 6-8　两种不同的温场分布

生），甚至严重多晶，在冷却过程中发生开裂。为避免此现象产生，应创造良好的引晶条件和选用优质籽晶。生长速度也是影响晶体质量的原因之一，若生长速度太快，生长界面会成蜂窝状，晶体中会有大量气孔或空洞，位错密度也将增高。炉温也应控制适当：如果炉温太高，籽晶会熔掉，晶体会收缩，严重时会造成缺口；若炉温过低，晶体会在导模顶部凝固；只有炉温控制得当，长出的晶体外形一致性才能很好。另外，采用升温“缩颈”技术也是克服大角度晶界、位错，提高晶体完整性的有效措施。

四、导模法生长宝石晶体装置

导模法的晶体生长装置与提拉法的基本相同，所不同的是导模法是将一个金属钼制的毛细管模具垂直地安装在坩埚底部，籽晶通过毛细管口与熔体相接触，然后按模具顶端截面形状被提拉出各种形状的晶体。而晶体提拉法只能获得圆柱状晶体。

导模法晶体生长装置如图 6-9 所示。图中，钼坩埚中放有钼制的模具。钼坩埚被安置在

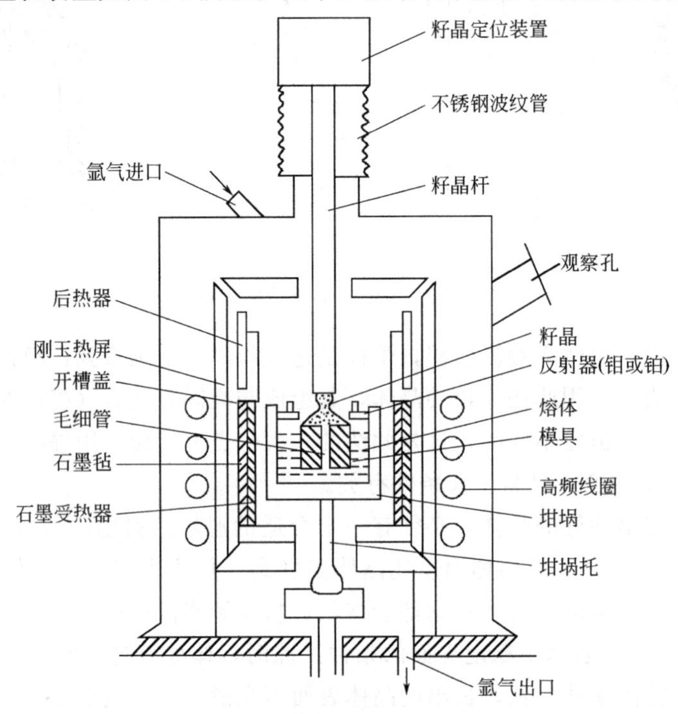

图 6-9　导模法晶体生长装置示意

石墨受热器内，用钨棒进行连接定位，坩埚下边用坩埚托托住。石墨受热器外用石墨毡保温。坩埚的上方装有籽晶杆和籽晶，有一组反射器和后热器对熔体和晶体进行保温。这一切被安装在刚玉热屏（耐热罩）内，耐热罩外面用450kHz、20kW的高频加热器加热石墨受热器。随后，将整个装置密封起来，里边充氩气或氦气等惰性气体进行保护。籽晶和籽晶杆用籽晶定位装置定位，通过波纹管进行上升和下降操作。

模具的选择必须依据籽晶材料而定，选择原则为：①熔点高于晶体的熔点；②能被熔体润湿；③与熔体相互之间不发生化学反应。

所使用的模具，可根据需要精心设计成杆状、片状、管状或多孔管状等，见图6-10。模具应当边限尺寸精确，边缘平滑，顶部表面的光洁度好（达到镜面的水平）。加工好的模具在使用前应当在高温下进行退火处理，这样不易产生气孔。

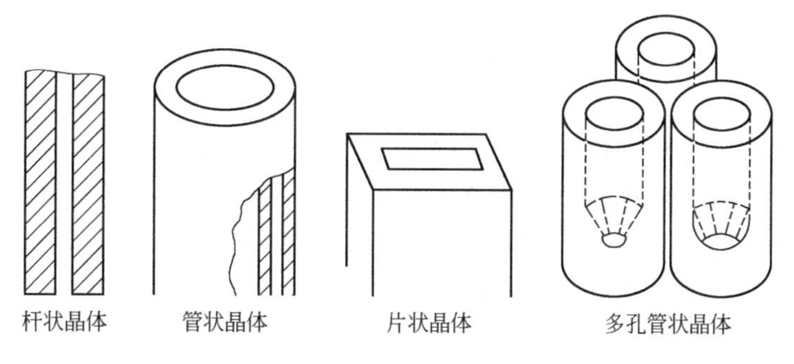

图6-10　不同形状的导模

五、导模法生长宝石晶体实例

（一）合成变石猫眼的生长

所谓合成变石猫眼是指既具有变色特征，又具有猫眼效应的合成金绿宝石。变石猫眼宝石是金绿宝石中较珍贵的一种，其化学成分为$BeAl_2O_4$，斜方晶系，莫氏硬度为8.5，密度为3.70～3.72g/cm^3，折射率为1.745～1.759。

合成变石猫眼的生长需要在$BeAl_2O_4$原料中掺入铬（Cr^{3+}）和钒（V^{5+}），才能使晶体具有变色的特征。铬（Cr^{3+}）作为一种掺质元素，主要起传递色彩的作用，它使得宝石对绿光的透射最强，红光次之，对绿光和红光之外的其他光线，则全部强烈吸收。因而在自然光下，宝石透射的绿光最多，呈现绿色；而在富有红光的白炽灯照射下，宝石透射的红光特别多，呈红色。但要注意，铬含量过高会使宝石绿色减弱，甚至略带红色；含量过低又会使宝石无色彩变化，因此要控制好铬的含量。钒（V^{5+}）的作用是增强变色的敏感性和调整宝石的颜色。合理调整铬和钒的用量可仿制不同产地的天然变石猫眼。

猫眼效应的产生是与宝石内部结构特点相联系的，在宝石内部存在无数极细小的纤维状结构并有规律地平行排列着，而且具有反光的特点是产生猫眼效应的充分和必要的条件。当光线照射的方向垂直于纤维排列方向时，每一个细小的纤维上就有一个光点，无数光点连接起来就组成了一条光带。当宝石加工成弧面的外形时，能使这条光带显得更加清晰夺目。

合成变石猫眼的具体生长方法如下。

1. 原料的配制

按化学比称取纯度为99.99%的$Al_2(SO_4)_3(NH_4)_2SO_4 \cdot 24H_2O$、纯度为99.5%的

$BeSO_4 \cdot 4H_2O$ 和掺质元素试剂$(NH_4)_2Cr_2O_7$(优级纯)及 NH_4VO_3(优级纯)。称好后倒入瓷蒸发皿中，盖好皿盖放入高温炉中，徐徐加热升温约 8h，当温度达到 1000～1100℃后，保温 4h，使其分解完全，以便制成氧化物。冷却至室温后，将固体氧化物研细成粉末状，然后再压成块状，于 1300℃下保温灼烧 10h，即可合成出金绿宝石，但属多晶相，用它作为导模法生长变石猫眼的原料。

根据颜色及变色效应的要求，控制掺质元素的加入量为：

Cr^{3+}　$5.0\times10^{-5}\%$～3.12%；　V^{5+}　$9\times10^{-4}\%$～2.49%。

2. 晶体生长的工艺条件

① 籽晶切向为//[001]。

② 模具顶端以上 10mm 内的轴向温度梯度为 5～7℃/mm。

③ 提拉速度为 15～20mm/h。

④ 生长气氛为氩气，纯度为 99.99%。

3. 晶体生长过程

在坩埚中安放具有毛细管的模具。熔体通过毛细管到达模具顶端水平面下，然后，通过籽晶的诱导作用，使晶体在模具顶端的熔体膜上生长。晶体的外形尺寸由模具顶端截面的形状所规定。由于表面张力的作用，坩埚中的熔体将通过毛细管源源不断地供应到模具的顶端，从而保证了晶体生长作用连续不断地进行，直至坩埚中的熔体消耗完毕，晶体与模具顶端自然脱离，晶体生长停止。然后，在 4h 内将炉温降至约 500℃。

4. 生长结果

可生长出 ϕ10mm×100mm 的晶体棒，外形尺寸准确，等径度好，表面光滑。晶体在自然光下呈绿色，在白炽灯下观察，会迅速变成暗红色。

将晶体切割后琢磨抛光加工成素面宝石界面，则可观察到由宝石的内部反射出一条聚集耀眼的活光，光带灵活生动似猫眼。

(二) 导模法生长宝石晶体的典型工艺条件

导模法生长宝石晶体的几种典型工艺条件见表 6-6。

表 6-6　导模法生长宝石晶体的工艺条件

晶体名称	形状	坩埚与模具材料	熔点/℃	生长方向	温度梯度/(℃/mm)	生长速度/(mm/h)
钆镓榴石(GGG)	片	铱	1825	[110][211]	500	60
尖晶石($MgAl_2O_4$)	片	铱	2105	[110]	—	约 120
金绿宝石($BeAl_2O_4$)	片	钼	1900	[001]	5～7	15～20
钇铝榴石(YAG)	棒	铱	1950	[111]	—	5
红宝石(Al_2O_3)	棒	钼	2050	[0001]	—	8～60
无色蓝宝石(Al_2O_3)	丝、棒 管、片	钼	2050	[0001]	20～50	20～140
钽铌酸锂(LTN)	片	铂	—	Z 轴	60	—

六、导模法生长宝石晶体的特点

① 可以按要求直接从熔体中拉制出丝、管、杆、片、板以及其他各种特殊形状的晶体，

还可以一次生长多块晶板或多根圆柱状晶棒。由于晶体的外形尺寸能够较精确地适合于使用上的要求，这就大大简化了晶体加工工序，节省了晶体材料和能源，从而降低了晶体器件的成本，经济效益明显。

② 能够获得成分均匀的掺质晶体。这是因为熔体在毛细管中的对流作用极弱，界面排斥的过剩熔质仅能通过扩散过程向熔体主体中运动。然而，毛细管孔道中熔体的流速较快（即晶体的拉速较快，相当于提拉法的一个数量级以上），所以，这些熔质难以回到坩埚熔体中去，这样，晶体的熔质浓度将达到主体的浓度，这就表明熔质的有效分凝系数 $Ke \approx 1$。用此法生长的掺 Cr^{3+} 红宝石，具有颜色均匀和色彩鲜艳的特点。

③ 易于生长出具有恒定组分的共熔体化合物晶体，从而克服了提拉法生长这类晶体所发生的相分离作用。

④ 易于生长出无生长纹的、光学均匀性好的晶体。因为晶体的生长发生在模具顶端的熔体薄膜上，处于恒定的温度状态（轴向温度梯度为 5～7℃/mm），不受坩埚中液面变化的影响，因此，固液界面附近的温度梯度能够保持恒定。加之熔体没有搅拌作用，且在毛细管中的对流作用很弱，热条件稳定，保证了晶体生长在稳定状态下进行。

七、导模法生长宝石晶体的鉴别

（一）固态包裹体

熔体导模法生长的晶体，通常不存在未熔化的粉料包裹体，但可能存在导模金属的固态包裹体。

（二）存在籽晶及其缺陷

因为熔体导模法与提拉法一样使用了籽晶，所以生长出的晶体必然有籽晶的痕迹，并且籽晶的缺陷也可进入导模法生长的晶体中。

（三）气态包裹体

熔体导模法生长的晶体常含有气态包裹体。晶体内部可发现直径在 0.25～0.5μm 范围大小的气泡，且气泡分布不均匀。气态包裹体形成的原因如下。

① 由于结晶过程中熔体的收缩作用和蜂窝状界面的出现，使熔体的热分布释放出的微量气体被捕获，形成气态包裹体。

② 模具顶端熔体的对流作用常扰动结晶前沿平坦固液界面形状的稳定状态，从而增加对气泡的捕获作用。

③ 提拉速度过大，超过了晶体临界生长速率时，固液界面会全部变成不稳定状态，结晶前沿产生小面化现象，气泡也会大量地被捕获。

④ 生长环境的清洁程度差、氩气中含有不纯物质、生长系统漏气和吸附在原料上的气体都会产生气态包裹体。

第四节　熔体热交换法生长宝石晶体

熔体热交换法（Heat Exchanger Method），可简称 HEM 法，是通过控制温度，让熔体在坩埚内直接凝固结晶出晶体的方法。

一、熔体热交换法生长宝石晶体的原理

熔体热交换法生长宝石晶体的装置见示意图 6-11，其生长原理和主要技术特点是：要有一个温度梯度炉，这个温度梯度炉是在真空石墨电阻炉的底部装上一个钨钼制成的热交换器，内有冷却氦气流过。把装有原料的坩埚放在热交换器的顶端，两者中心相互重合，而籽晶置于坩埚底部的中心处。当坩埚内的原料被加热熔化以后，氦气流经热交换器进行冷却，使籽晶不被熔化。随后，加大氦气的流量，带走更多的熔体热量，使籽晶逐渐长大，最后使整个坩埚内的熔体全部凝固。

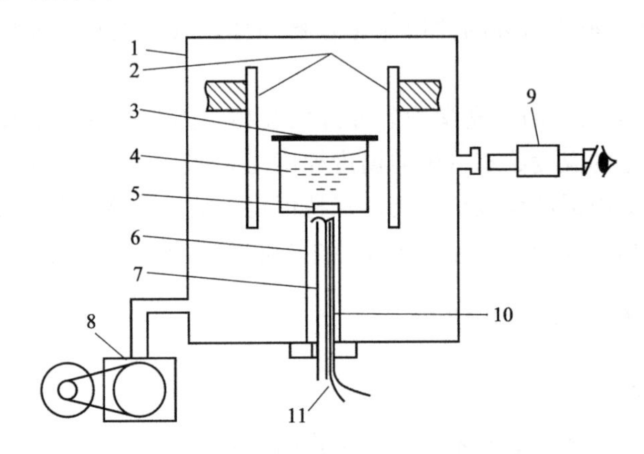

图 6-11　熔体热交换法生长宝石晶体装置示意

1—真空炉壳；2—加热元件；3—耐熔金属盖；4—耐熔金属坩埚和熔体；5—晶种；6—热交换器；7—钨管；8—真空泵；9—高温计；10—热电偶；11—氦气

熔体热交换法的主要优点是：晶体生长时，坩埚、晶体、加热区都不动，消除了由于机械运动而造成晶体的缺陷；同时，可以控制冷却速率，减少晶体的热应力及由此产生的晶体开裂和位错等缺陷。其是生长优质大晶体的好方法。

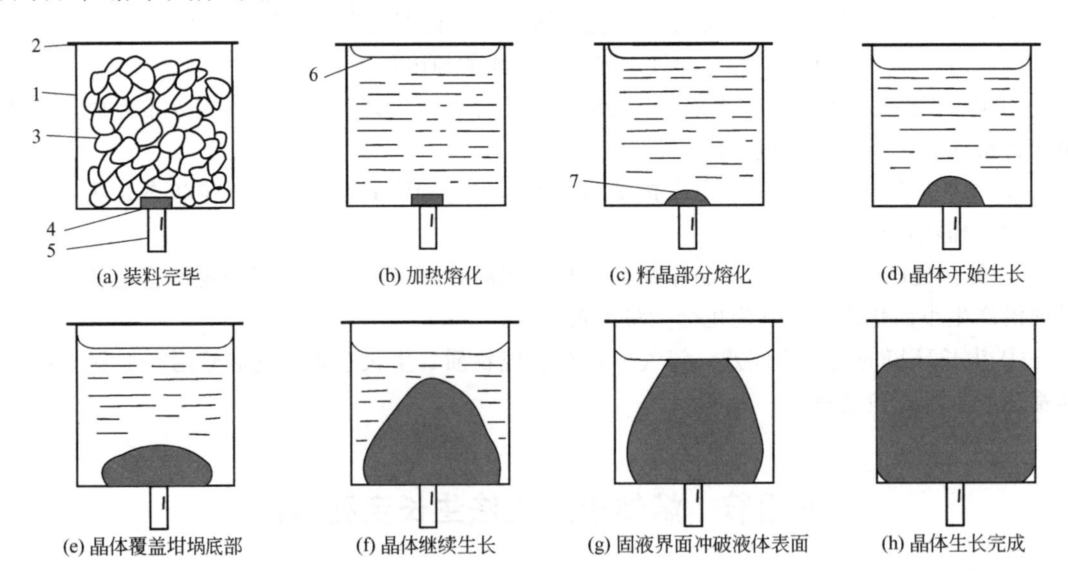

图 6-12　熔体热交换法生长宝石晶体工艺过程示意

1—坩埚；2—盖；3—原料；4—籽晶；5—热交换器；6—熔体液面；7—固液界面

熔体热交换法的缺点是：设备条件高，整个工艺复杂，运行成本高。

二、熔体热交换法生长宝石晶体的工艺过程

熔体热交换法的工艺为晶体系统（Crystal System）公司专利技术，其晶体生长的工艺过程如图 6-12 所示。

三、熔体热交换法生长宝石晶体的特征

熔体热交换法生长的宝石晶体无晶体开裂和位错等缺陷，晶体内部洁净，颜色均匀，品质佳，尺寸大，外观规整（见彩色图版）。

目前国内生产厂家有广东富源公司、贵州皓天公司等，用熔体热交换法生长的蓝宝石大晶体可达 220kg。

第七章 壳熔法和浮区法生长宝石晶体

壳熔法和浮区法均属于广义的熔体法生长宝石晶体范畴，与焰熔法一样没有使用坩埚，但依据各自的晶体生长原理和工艺特点，生长出了非常有特点的宝石晶体，丰富了人工宝石的品种。

第一节 壳熔法生长宝石晶体

1937 年，两位德国化学家 M. V. 斯坦伯格（M. V. Stackeberg）和 K. 楚多巴（K. Chudoba）在研究天然锆石时，用 X 射线分析高蜕变的晶质锆石时发现其中含有微小的斜锆石，经确定为立方相氧化锆（ZrO_2）。并且发现立方相氧化锆发生相变时，其体积也发生变化，这时晶体会发生破裂。现在科学研究表明，纯 ZrO_2 晶体存在着下列相变：

$$单斜相 \underset{900℃}{\overset{1100℃}{\rightleftharpoons}} 四方相 \overset{1900℃}{\rightleftharpoons} 六方相 \underset{2300℃}{\overset{2370℃}{\rightleftharpoons}} 立方相$$

其中立方相氧化锆的稳定温度最高为 2750℃。

基于上述发现，1969 年，法国科学家 Y. 罗林（Y. Roulin）等人利用高频电源加热冷坩埚的方法，得到了微小的立方相氧化锆晶体。1972 年，苏联科学院 P. N. 列别捷夫（P. N. Lebedev）固体物理研究所的 V. V. 奥西科（V. V. Osiko）领导下的研究小组，对立方相氧化锆晶体生长的技术和设备进行了改进，生长出了尺寸较大的晶体，并将改进后的方法命名为壳熔法技术（Skill Melting Method），于 1972 年 12 月申请了专利。1973 年发表文章公开了此项技术。自 1976 年起，苏联逐步地将无色的合成立方相氧化锆晶体作为钻石的代用品推向市场，人们当时称之为“苏联钻”。我国曾把合成立方相氧化锆刻面宝石称作“水钻”，而其科学的名称则应为“合成立方氧化锆”。数年后，瑞士、美国也相继进行了合成立方氧化锆的生产。由于合成立方氧化锆晶体易于掺杂着色，所以可获得各种颜色鲜艳的晶体，受到宝石商和消费者的欢迎。

我国于 1982 年开始进行合成立方氧化锆生产技术的研究，并于 1983 年投产。合成立方氧化锆以其卓越的性能成为最佳仿钻石材料而深受人们喜爱，并迅速成为畅销品。2010 年前后，我国对合资兴建的合成立方氧化锆生产工艺进行了改进，引进了每炉生长 120～400kg 合成立方氧化锆的先进设备，年产量超过了 700t。目前，我国生产合成立方氧化锆的厂家已发展到年产量 1500t 以上，成为世界第一生产大国。我国生产的彩色合成立方氧化锆有深红、玫瑰红、粉红、橘红、紫罗兰、橘黄、金黄、湖水蓝、海水蓝、坦桑蓝、橄榄绿、苹果绿、祖母绿、香槟色和黑色等二十多个品种（其中还包括变色品种）。合成立方氧化锆晶体大小与每炉产量多少成正比，随着炉体直径与体积的不断增大，目前生产的合成立方氧化锆晶体单粒尺寸均较大。除了作为宝石材料应用外，合成立方氧化锆还可作为无人侦察机、人造卫星和宇宙飞船上极好的窗口材料。由于用壳熔法生长的合成立方氧化锆晶体折射率高、产量大、成本低，所以问世后便迅速取代了其他的钻石仿制品，如人造钇铝榴石（YAG）、人造钆镓榴石（GGG）、人造钛酸锶（$SrTiO_3$）、合成金红石（TiO_2）、合成水晶（SiO_2）等。合成立方氧化锆已成为壳熔法生长出的代表性的宝石晶体。

需要说明的是，2008年西南技术物理研究所开始对壳熔定向结晶法进行深入研究，改变了合成立方氧化锆的常规生产工艺，2012年成功利用“壳熔法”的新工艺生长出无色蓝宝石晶体。目前这种工艺在国内已经被多家生产厂应用。

一、壳熔法的技术特点

壳熔法（也曾被称为“冷坩埚法”或“冷坩埚熔壳法”）本质上是一种熔体法晶体生长技术，与其他熔体法生长晶体的不同之处是：一般熔体法晶体生长要在高熔点金属材料的坩埚中进行，但壳熔法技术不使用专门的坩埚，而是直接用拟生长的晶体材料本身作“坩埚”，使其内部熔化；在其外部则设有冷却装置，使表层不熔，形成一层未熔壳，起到坩埚的作用。内部已熔化的晶体材料，依靠坩埚下降法晶体生长原理使其结晶并长大。

壳熔法技术的特点如下。

① 用高频感应电源作加热源，温度不受限制，可达3000℃或更高的温度。

② 用水冷坩埚作外壳，未熔化炉料作内壳坩埚，可解决耐高温耐腐蚀的容器问题，还可以保护熔体不受坩埚材料污染。

③ 可在真空或各种气氛条件下工作。

④ 熔融状态下能导电的非金属材料晶体都有可能使用该方法进行生长。

⑤ 冷坩埚可以多次重复使用。

二、壳熔法的基本原理

壳熔法在合成宝石方面主要用于生长立方氧化锆晶体，现以生长立方氧化锆晶体为例进行说明。

壳熔法晶体生长装置示意见图7-1。在一个由通水冷却的底座上，焊上通水冷却用的紫铜管，紫铜管排列成圆杯状“冷坩埚”，彼此间有一定的空隙，看似紫铜“栅”。紫铜管外层有石英管，以备套装高频线圈。在杯状“冷坩埚”内堆放二氧化锆材料及“引燃”用的锆（Zr）金属片和起稳定作用的三氧化二钇（Y_2O_3）。高频线圈处于固定位置，而冷坩埚连同水冷底座均可以下降。高频发生器一般用1～6MHz可调，功率为10～400kW，输出匹配良好。

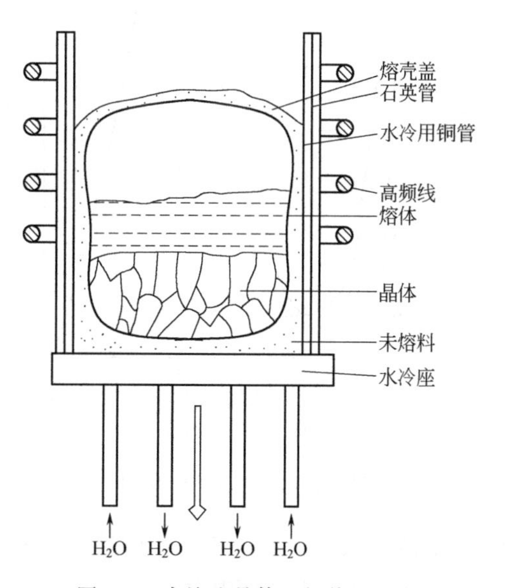

图7-1　壳熔法晶体生长装置示意

ZrO_2 粉末在常温下是非导电体，在 1200℃以上时才具有导电性能，才会被高频电磁场加热，因此，必须加入金属锆进行“引燃”。高频发生器通电后，首先使金属锆熔化（熔点 1900℃），由于温度大于 1200℃，从而起到“引燃”作用，使金属锆周围的 ZrO_2 粉末导电并加热熔化（立方相 ZrO_2 的熔点是 2370℃），产生的高温带动其他 ZrO_2 粉末导电并熔融。此时，外部通水冷却，从而使表层不熔，形成一层未熔壳，起到坩埚的作用，盛熔融的 ZrO_2 原料。这些熔化的原料在底座下降过程中结晶出立方氧化锆晶体，并不断长大，直到所有熔体结晶完为止。这就是壳熔法生长立方氧化锆晶体的原理。

壳熔法技术的加热功率源自高频振荡器，用高频电磁场进行加热。然而使用电磁场加热方法只对导电体起作用。一般非金属材料如 MgO、CaO 等都是不导电的，电阻率很大，所以很难用高频电磁场加热熔融。但是某些常温下不导电的非金属材料，在高温下却有良好的导电性能。如 ZrO_2 在常温下不导电，但在 1200℃以上时便有良好的导电性能，可以用高频电磁场来加热，这就为生长立方氧化锆晶体创造了条件。

为了使冷坩埚内的 ZrO_2 粉末熔融，首先要让它产生一个大于 1200℃的高温区，只要很小一点，它就能在高频电磁场下导电和熔融。ZrO_2 粉末熔融的温度达 2370℃，足以使 ZrO_2 导电，并不断扩大熔融区，直至 ZrO_2 粉料除熔壳外全部熔融为止。我们将加入金属锆粉或锆片达到此目的的技术称为“引燃”技术。之所以选择金属锆粉或锆片进行“引燃”，是因为锆粉或锆片不会污染晶体。

由于 ZrO_2 在相变过程中体积变化大，形成的晶体容易开裂，所以在晶体生长的配料中必须加入稳定剂。通常选用 Y_2O_3、CaO、MgO 等稳定剂使立方相状态稳定。其中以选用 Y_2O_3 产生的效果最好，易于生长出大的单晶。CaO 或 MgO 也可起稳定作用，但生长出的晶体直径较小，且不易将立方氧化锆产品分离为单晶。

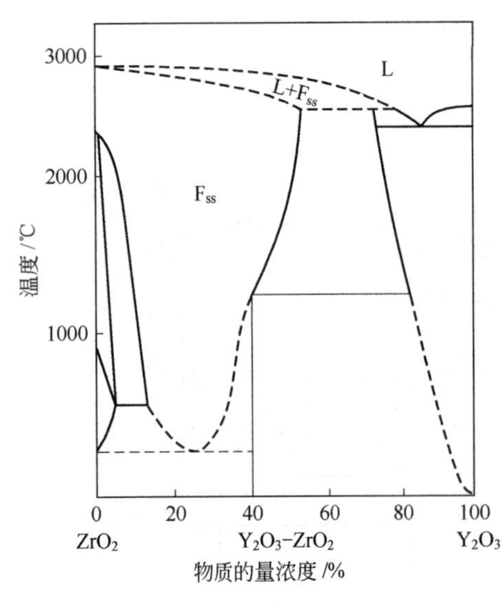

图 7-2　Y_2O_3-ZrO_2 相图

通常 Y_2O_3 稳定剂的加入量，以能恰好全部将立方相稳定为原则。最少加入量为 10%（物质的量），过少则会有四方相出现而呈现乳白色混浊状；加入量过多则晶体易带黄色，并且造成不必要的成本上升，还会降低晶体的硬度。Y_2O_3-ZrO_2 的相图见图 7-2。

当二氧化锆原料含有一定量的稳定剂时，室温下晶体就可得到立方结构的（Zr、M）O_{2-X} 固溶体，M 为稳定剂中的金属阳离子。这种晶体与萤石（CaF_2）结构相似，Zr^{4+} 相当于 Ca^{2+} 的相应位置，O^{2-} 相当于 F-的相应位置。由于 Y^{3+} 或 Ca^{2+} 离子半径与 Zr^{4+} 离子半径相近，故而可以取代 Zr^{4+} 的位置。晶格中 Zr^{4+}、O^{2-} 的配位数原为 8、4，但稳定剂为三价钇氧化物，取代 Zr^{4+} 后造成晶格中空位。对 Y_2O_3 来说，两个 Y 原子取代锆原子后，就应缺一个氧原子。稳定的立方氧化锆在高温下导电性能之所以良好，便是由于晶格中存在固有的氧离子空位的缘故。

三、合成立方氧化锆晶体的工艺过程

壳熔法生长立方氧化锆晶体的具体工艺过程见图 7-3。

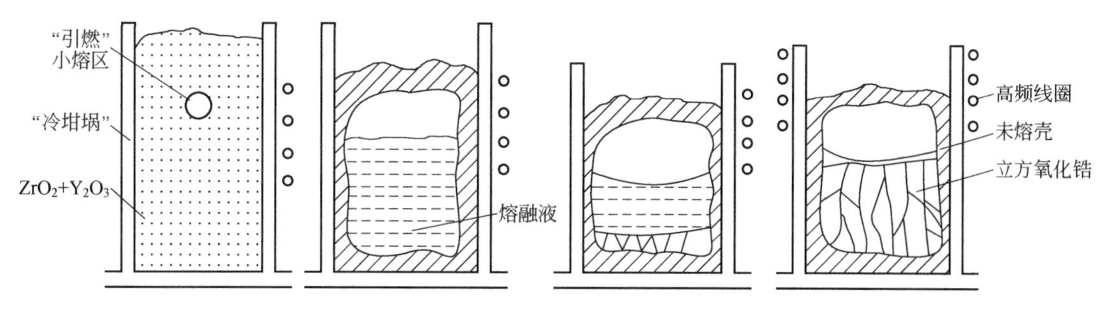

图 7-3　壳熔法晶体生长过程示意

① 首先将生长立方氧化锆晶体所使用的粉料 ZrO_2 与稳定剂 Y_2O_3 按物质的量比 9∶1 的比例混合均匀，装入紫铜管围成的杯状“冷坩埚”中，在中心投入 0.08%～0.15%左右（或 4～6g）金属锆片或锆粉用于“引燃”。

② 接通电源，进行高频加热，起燃 1～2min 后，原料开始熔化。先产生小熔池，然后由小熔池逐渐扩大熔区。在此过程中，锆金属与氧反应生成氧化锆。同时，紫铜管中通入冷水冷却，带走热量，使外层不熔，形成“冷坩埚熔壳”。

③ 待冷坩埚内原料达到完全熔融要求后，改变反馈关系，使熔体稳定 30～60min。

④ 坩埚以 5～15mm/h 的速度逐渐下降，温度降低，造成熔融液过冷却。这时，在熔体底部开始结晶出立方氧化锆晶体。开始时形成的晶核较多，以后互相竞争，根据几何淘汰率，多数小晶体停止生长，只有中间少数几个晶体得以发育成较大的晶块。

⑤ 生长完毕，慢慢降温退火一段时间，然后停止加热。冷却到室温后，取出熔块，用小锤轻轻拍打，一颗颗立方氧化锆单晶体便分离出来。

整个操作从粉料熔化到完全熔融（除熔壳外），时间很短，而晶体生长的时间却较长，生长一炉立方氧化锆晶体的总时间大约为 20h。

生长出的立方氧化锆晶块呈不规则柱状，无色透明，周围是自然形成的贝状面，一般肉眼见不到包裹体。若加工成圆钻形刻面，酷似钻石。目前，每一炉最多可生长 120kg 晶体，未形成晶体的原料及壳体可回收再次用于晶体生长，所以，几乎不会造成材料的浪费。

四、合成立方氧化锆晶体的工艺要点

（一）对原材料的要求

壳熔法通常要求 ZrO_2 粉料及 Y_2O_3 稳定剂的纯度为 99%～99.9%。

合成无色立方氧化锆晶体时，要求其他杂质（包括金属氧化物 NiO、TiO_2、Fe_2O_3 等）的含量应小于 0.005%～0.01%。否则，生长出的晶体会略带淡黄色。

对于彩色合成立方氧化锆晶体的生长，只需要在 $ZrO_2+Y_2O_3$ 的混合料中加入着色剂即可，其他操作相同。常用的着色剂见表 7-1，生长出的不同颜色合成立方氧化锆晶体见彩色图版。

表 7-1　合成立方氧化锆晶体中着色剂与相对应的晶体颜色

着色剂	着色剂含量/%	晶体颜色
Ce_2O_3	0.15	红色
Pr_2O_3	0.1	黄色
Nd_2O_3	2.0	紫色
Ho_2O_3	0.13	淡黄色
Er_2O_3	0.1	粉红色
V_2O_5	0.1	黄绿色
Cr_2O_3	0.3	橄榄绿色
Co_2O_3	0.3	深紫色
CuO	0.15	淡绿色
$Nd_2O_3+Ce_2O_3$	0.09+0.15	玫瑰红色
Nd_2O_3+CuO	1.1+1.1	淡蓝色
Co_2O_3+CuO	0.15+1.0	紫蓝色
$Co_2O_3+V_2O_5$	0.08+0.08	棕色

（二）小熔池的产生

根据电磁加热原理可知，用高频电磁场熔化 $ZrO_2+Y_2O_3$ 混合材料时要分两步：第一步是让材料“起熔”或“引燃”，就是加入金属材料使之在高频电磁场下被加热熔化，形成温度高于 1200℃的熔池；第二步是维持熔体稳定，并不断扩大熔区，即按一定加热功率程序使熔体呈稳定态。

由于 ZrO_2 在室温下是绝缘体，到 1200℃以上才变成导电体，高频电磁波才能将粉料加热，所以，必须使用“引燃”技术，而且加入的引燃物一定要为导电体，才能在高频电磁场中被加热而熔融。为了达到这一目的，最简单的办法是，在粉料中加入少量的金属块或金属粉末。为了防止引燃物污染生长的晶体，应加入与所生长晶体阳离子相同的金属元素。为了同时满足以上两个条件，在生长立方氧化锆晶体时，一般加入金属锆。

加入金属锆的多少与许多条件有关，但总的要求是要达到金属受高频电磁场加热后的发热量大于它向周围散热的失热量。只有这样，熔区才能不断扩大。金属锆的熔点为 1900℃，可以满足这一要求。一般情况下，金属锆的加入量为原料量的 0.08%～0.15%。

（三）冷坩埚熔体系统的平衡

粉料在“引燃”后继续熔化的过程中，绝不能把熔壳也熔掉，即不能将冷坩埚烧漏。这种情况在冷却水的冷却量远小于熔体发热量时就可能发生。所以必须通过加热频率和匹配参数的调节，维持好冷坩埚——熔体系统的平衡。保证不把熔壳熔掉。

（四）合成超白色立方氧化锆晶体

超白色合成立方氧化锆晶体的生长是采用补色法原理消除原料和工艺过程中引入的杂质产生的颜色，使带很淡杂色的立方氧化锆晶体脱色成超白色立方氧化锆晶体。例如，若为了使立方氧化锆稳定，加入三氧化二钇过多，使产品出现黄色调，此时要加入产生蓝色的试剂。只要加入量与黄色调产生量相等，则根据颜色互补原理，可以消除黄色调，使产品为无色。

（五）合成蓝紫色立方氧化锆晶体

为了得到鲜艳的蓝紫色合成立方氧化锆晶体，可以采用对合成彩色立方氧化锆进行热处理的方法获得。其原理是通过热处理使着色剂价态变化，影响晶体的透射光谱，使晶体在蓝紫色波段的透过率提高。

（六）合成黑色立方氧化锆晶体

将无色合成立方氧化锆晶体放在真空条件下加热到2000℃进行还原处理，就能得到深黑色的黑色立方氧化锆。其原理是 ZrO_2 中的氧丢失，造成大量晶体缺陷，对可见光全部吸收而呈黑色。

（七）合成彩色乳锆（不透明的彩色合成立方氧化锆晶体）

合成彩色乳锆可模仿天然玉石，并能设计制造出各种工艺品。要使生长出的彩色合成立方氧化锆晶体不透明，可用适当降低 Y_2O_3 的配入量来实现。

五、合成立方氧化锆的晶体特征

由于壳熔法合成立方氧化锆晶体时不使用高温金属坩埚，而是用晶体原料本身作坩埚，因此不像其他熔体法生长的晶体那样在晶体中含有金属固体包裹体或者矿物包裹体，也不像焰熔法那样具弧形生长纹。一般来说，立方氧化锆的大多数晶体是很洁净的。多数沿［110］方向生长，也有沿［100］方向生长的。只有少数产品可能会因冷却速度过快而产生气态包裹体或裂纹。还有些靠近熔壳的合成立方氧化锆晶体内可能有未完全熔化的面包屑状的氧化锆粉末。偶见旋涡状内部特征。

（一）硬度

用维氏显微硬度计测量平均值为1384kg/mm，莫氏硬度为8左右，且各向异性不明显，不同炉次的晶体有一定的差异，一般在莫氏硬度7.5～8.5。

（二）折射率与色散

在可见光区的折射率 $n_{6913}=2.15889$，$n_{4047}=2.23551$，色散 $n_{4358}-n_{6563}=0.055$，其折射率（2.18）略低于钻石（2.417），色散略高于钻石（0.044），金刚光泽。

（三）密度

用排液法测其密度为 $5.89g/cm^3$，实际测量不同颜色的合成立方氧化锆晶体发现，其密度范围可以达到 $5.80\sim6.10g/cm^3$。

（四）晶体结构

用X射线粉末衍射分析，确定为立方结构，晶格常数为 $5.147\times10^{-10}m$。

（五）化学性质

一般单斜氧化锆易被无机酸溶解，但立方氧化锆有非常高的化学稳定性，耐酸、耐碱、抗化学腐蚀性良好。

（六）光谱性质

彩色合成立方氧化锆晶体对紫外光均有强烈的吸收作用，无色透明晶体在可见光区有良好的透光率，彩色晶体在可见光区均有特征吸收峰，如图 7-4。

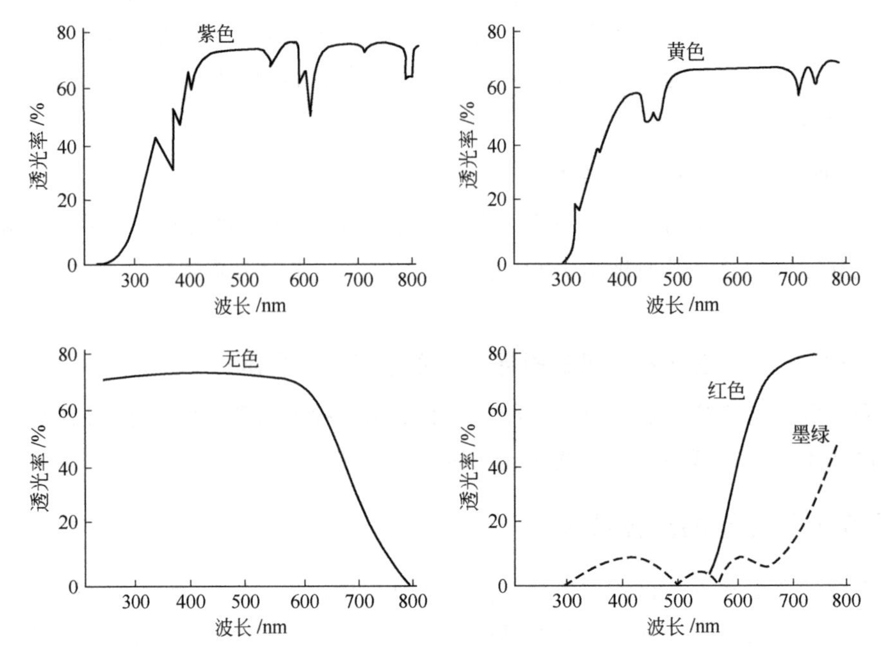

图 7-4　合成立方氧化锆晶体透光率曲线（厚度 2.0cm）

（七）荧光特征

多数合成立方氧化锆晶体在长波紫外线照射下发出黄橙色荧光，在短波下发出黄色荧光。而有些晶体只在短波下有荧光反应，另一些甚至不产生荧光。

六、合成立方氧化锆与钻石的简易鉴别法

（一）热导仪测试

合成立方氧化锆的热导率远远低于钻石，用热导仪测试时没有钻石反应。

（二）凭手感区分

合成立方氧化锆的密度比钻石大得多，同样大小的晶体放在手心中，合成立方氧化锆有压手的感觉。

（三）油笔测试

钻石亲油疏水，用油笔在刻面上画线，线条连贯；而立方氧化锆晶体亲水疏油，用油笔在刻面上画出的线条断断续续，不连贯。

（四）成品刻面检验

在白纸上画红线，将刻面宝石的台面向下放置，从亭部观察，看不到红线者为钻石，能看到弯曲线者为立方氧化锆。

（五）10×放大镜观察

一般钻石有细小包裹体，刻面交棱较锐利，有时腰围上可见天然晶面；而立方氧化锆则过于洁净，刻面交棱可有磨痕。

七、壳熔法生长无色蓝宝石晶体

用壳熔法生长无色蓝宝石晶体是一次创新，因为利用常规生产合成立方氧化锆的技术是无法生长蓝宝石晶体的，必须改变工艺条件。

用壳熔法生长无色蓝宝石时，在晶体生长过程中，会出现“去耦合现象”，即熔体与高频电磁场的耦合效应自发地逐渐减弱，从而使冷坩埚中的熔体自发地凝固，中断晶体生长。通常这样获得的蓝宝石晶体只有几毫米大，达不到要求。

为了获得大颗粒无色蓝宝石单晶，西南技术物理研究所的研究人员不断改进工艺，反复实验，并获得了成功。

（一）实验原理

1972 年，V. I. 亚历山德罗夫（V. I. Aleksandrov）、V. V. 奥西科（V. V. Osiko）和 V. M. 塔塔林采夫（V. M. Tatarintsev）测量了熔点（2050℃）附近氧化铝熔体电阻率，约为固相 33Ω・cm 和熔体相 0.1Ω・cm（见图 7-5），由此推算，氧化铝熔体可以用 500kHz～10MHz 的射频电磁场直接耦合感应加热而保持其熔体状态，相应趋肤深度约为 0.5～2.2cm。

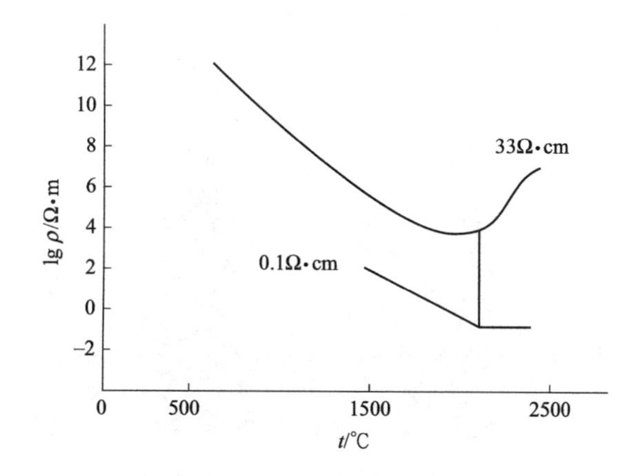

图 7-5　固相和熔体相氧化铝的电阻率随温度的变化

耦合（Couple）是壳熔法直接感应加热熔体过程中很重要的概念，壳熔法是通过电磁场与熔体的直接耦合来感应加热熔体并保持其状态的，所以电磁场与相应熔体的耦合程度好坏会直接影响熔体的温度或状态的稳定性。

耦合在电学上是指电磁场与熔体之间存在相互作用，并通过相互作用从一侧电磁场向另一侧熔体传输能量的现象。电磁场与某种物质能否产生直接耦合而感应加热，以及耦合程度，与电磁场的频率和物质的导电性能（电阻率）有关。去耦（De-couple）则是指因为某种原因（如材料电阻率变化等）降低或消除了电磁场与熔体之间的耦合的情况，它阻止从电磁场向熔体传输能量，将会造成熔体温度的大幅波动，甚至使射频电源停振而中止材料熔化或晶体生长过程。

事实上，由于技术上的原因，通常能用于壳熔法生长晶体的大功率（如 100kW 及以上功率）射频电源的频率是很少能超过 5MHz 的，也就是说，通常所采用的射频电源只对电阻率低于 1Ω・cm 的材料有显著的耦合加热作用，对电阻率高于或远高于 10Ω・cm 的材料是没有耦合加热作用的。固态氧化铝在熔点附近时的电阻率仍高达 33Ω・cm，是不导电的介电体，它不能与射频电磁场直接耦合而被加热。所以，为将固态氧化铝变成熔体，必须采取辅助加热方式先将部分固态氧化铝熔化成一个氧化铝熔池，以作为与射频电磁场直接耦合吸收能量的媒介，再通过这个熔池进一步吸收电磁场能量来熔化更多的固态氧化铝，直至其全部变成熔体。

改进实验的关键是，采用高纯铝片作为点火剂，先使高纯铝片与射频电磁场直接耦合而被加热，在空气中被加热的高温铝片因氧化而燃烧，纯铝的燃烧热值很高，1mol（约 27g）纯铝完全燃烧生成氧化铝的放热量高达 838kJ，而氧化铝的熔化热为 1.1379kJ/g，所以少量（例如 1mol）铝片的燃烧可以熔化很大数量（约 0.5～0.7kg）的氧化铝粉末，而形成氧化铝熔池。这个熔池电阻率约 0.1Ω·cm，此时就可以与射频电磁场直接耦合使之进一步过热，再熔化邻近的氧化铝粉末产生新的熔体，直至熔化全部原料。

（二）实验装置

实验装置如图 7-6 所示，射频电源频率 0.8～1.8MHz，最大输出功率 100kW，冷坩埚内径 200mm，放置在一个升降机座上可以以一定速度升降。冷坩埚外围是一个四匝的感应圈，其内径略大于冷坩埚外径，射频电源就加在感应圈上并通过它加到熔体上去。

图 7-6　壳熔法生长蓝宝石晶体的实验装置

（三）改进后的工艺过程

为实现蓝宝石大单晶的生长，所采取的改进措施和具体的工艺过程如下。

① 在高纯氧化铝粉末中加高纯铝片作“点火剂”。

② 接通电源，在高频电磁场作用下高纯铝片被加热，并与空气中的氧产生氧化燃烧反应，其产生的热量（2270℃）可熔化高纯铝片周围的氧化铝粉，形成一个环状的氧化铝熔池。

③ 逐渐增加高频电源输出功率，使氧化铝熔池稳步扩大。

④ 为了防止去耦合现象的出现，在冷坩埚中再加入高纯氧化铝粉，增加功率，如此往复。最终，使冷坩埚内的氧化铝粉除一层作为“冷坩埚”用的粉外，完全熔化。

⑤ 待熔体液面达到预定的高度，保温 2h 后，以 3～10mm/h 速度下降冷坩埚，晶体从底部开始向上生长。

⑥ 到熔体基本移出感应圈时，停电自冷至室温。

⑦ 倾倒坩埚取出晶体。这样获得的无色蓝宝石晶体可达到直径 20mm 左右（见彩色

图版）。

用壳熔法生长的无色蓝宝石晶体内部洁净，晶体完整性好，可以运用到 LED 材料领域和珠宝首饰行业中。

第二节　浮区法生长宝石晶体

浮区法归属于区域熔炼法的范畴，区域熔炼这项技术是 1952 年 6 月首次由蒲凡（Pfann）公之于众的。20 世纪 50 年代初期，此项技术主要用于为半导体工业提供高纯度的锗和硅。之后，数百种有机、无机结晶材料用此法进行了提纯或转化成了单晶。如今，不少宝石的人工合成也采用了此项技术中的浮区法进行宝石晶体的生长，如生长合成红宝石、合成蓝宝石、合成变石和人造钇铝榴石（YAG）等，使人工宝石技术又有了新的发展。

一、区域熔炼法（浮区法）的基本原理

众所周知，微量杂质的存在对晶体的物理、化学和力学性能会产生很大的影响。蒲凡等科学家经过长期的研究，结合具体实验，对区域熔炼技术中的熔炼分凝系数、边界层厚度以及温度梯度等数据进行了计算和推导，得出了如下结论。

晶体在进行区域熔炼生长过程中，物质的输运驱动力来自于同一种物质固相和液相之间的密度差。若液相密度大于固相密度，即熔化时体积收缩，则物质向熔区移动的方向输运；相反，若熔化时体积发生膨胀，则物质向熔区移动的相反方向输运。因此，区域熔炼技术可以控制或重新分配存在于原料中的可溶性杂质或相。利用一个或数个熔区在同一方向上重复通过原料烧结可以除去有害杂质；也可利用区域致均过程（熔区在正、反两个方向上反复通过）有效地消除分凝效应，将所期望的杂质均匀地掺入到晶体中去，并且也可在一定程度上控制和消除位错、包裹体之类的结构缺陷。

通常，区域熔炼法分两种：一种是有容器的区域熔炼，另一种是无容器的区域熔炼。考虑到容器的区域污染问题，宝石晶体的生长采用的是无坩埚区域熔炼法，也称浮区法（FZM），本节便重点介绍浮区法在生长宝石晶体方面的应用。

二、浮区法的工艺条件

浮区法的工艺过程为：把晶体材料先烧结或压制成棒状，然后用两个卡盘固定好。将烧结棒垂直地投入保温管内，旋转并下降（或移动加热器），使棒料熔化。熔融区处于漂浮状态，仅靠表面张力支撑而不使液体下坠。由此可获得纯化或重结晶的单晶。

（一）浮区法加热方式

应用于浮区法中最普遍的加热方法是电子束加热和射频加热（或称感应加热）。

电子束加热方式具有熔化体积小、热梯度界限分明、热效率高、提纯效果好等优点，但由于该方法仅能在真空中进行，所以受到很大的限制。

目前感应加热在浮区法合成宝石晶体中应用最多，它既可在真空中应用，也可在任何惰性氧化或还原气氛中进行。在浮区法装置中，一圈高频线圈绕在垂直安装的材料棒上，该线圈或者封在工作室里，或者放在外面，见图 7-7。感应加热在熔区中可提供自动的电磁搅

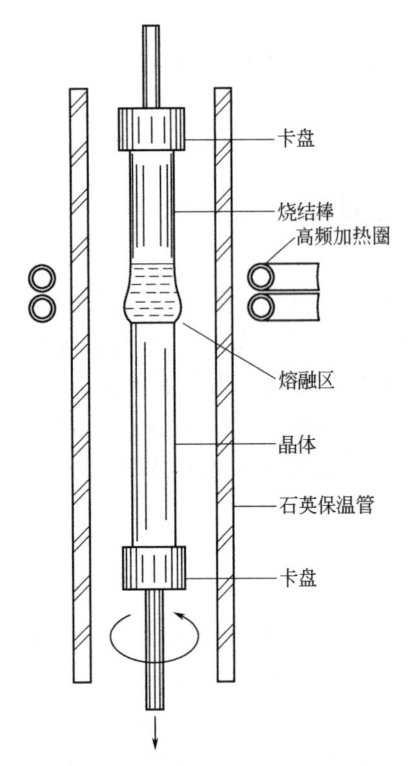

图 7-7　浮区法生长晶体装置图解

拌，搅拌的程度取决于所用的频率、线圈的实际配置和熔区的长度；还可通过检测热损耗值或材料导电率的变化来实现熔区直径的自动控制。

（二）移动机构

使熔区移动可采取两种方法：一是原料烧结棒不动，加热器移动；二是加热器不动，原料烧结棒移动。

若要实现熔区通过原料烧结棒 n 次，可有三种方法供选择：①单个加热器通过 n 次；②n 个加热器通过一次；③少量等距离加热器短行程往复若干次。

移动装置可由诸如导向螺杆、弦和线盘、凸轮等各种类型的传动机构及步进电机或可变低频振荡器等驱动机构组成。

（三）对熔区的要求

① 熔区长度恒定。

② 固液界面稳定。

③ 熔化体积小。

④ 热梯度界限分明。

要达到以上要求，熔区内的温度应大于原料熔化温度，熔区以外温度则应小于原料熔化温度。温度的实际分布往往取决于功率和热源的特性，以及安装在设备中的散热装置、烧结棒的热导率和液相中溶质的含量等。

熔区的最大长度 L_m，可由下式求得：

$$L_m \approx 2.8\sqrt{\frac{\gamma}{\rho g}}$$

式中　γ——熔体的表面张力；

ρ——熔体的密度；

g——重力加速度。

三、浮区法生长宝石晶体实例

（一）浮区法生长 YAG 晶体

1. 原料的制备

先分别称取 55.35%的 Y_2O_3 和 44.65%的 Al_2O_3 化学纯试剂，将它们置于 500℃温度下加热 24h 除去水分。待冷却至室温后称重，此时 Al_2O_3 失重 0.84%，Y_2O_3 失重 1.26%。

2. 烧结棒的制备

将 Al_2O_3 和 Y_2O_3 粉末混合均匀，用静压法压成细棒，在 1350℃下烧结 12h。然后将其磨碎，再压制烧结，如此循环三次。最后制得达到要求的烧结棒。此时经 X 射线衍射分析，可能为 $Y_3Al_5O_{12}$、$YAlO_3$ 和 $Y_4Al_2O_9$ 三种组成结构。

3. 熔融结晶

将烧结棒用卡盘固定后置于保温管内，开始加热。使熔融从棒的一端开始，然后通过移动加热器或烧结棒，使熔区向另一端推进，晶体从熔区中结晶出来，此时晶体的组成结构为 $Y_3Al_5O_{12}$，即 YAG。

需要说明的是，YAG 的理论配比应为：Y_2O_3 57.05%，Al_2O_3 42.95%。

若按以上配比制棒，晶体在生长过程中，会从透明转化为不透明状态，这是由于生成了 $YAlO_3$ 所致。因此，制棒时需要 Al_2O_3 过量。

（二）浮区法生长红宝石晶体

1. 烧结棒的制备

将化学纯试剂 Al_2O_3 和 Cr_2O_3 按一定的配比充分混合，然后压制烧结成棒。

2. 熔融结晶

用卡盘固定烧结棒，并垂直置于保温管中，运用红外辐射聚热器或感应加热器自上而下加热。棒的顶端熔融后，旋转烧结棒，热源向棒下方移动，直至烧结棒变成一条又细又长的红宝石单晶。该过程可重复多次，使晶体进一步得到精炼和提纯。

（三）浮区法生长铁橄榄石晶体

塔凯（Takei）和霍索亚（Hosoya）等科学家分别于 1978 年和 1982 年采用浮区法成功合成铁橄榄石单晶。继而，1996 年蔡（Tsai）采用改进的浮区法，即双通浮区法（Double-pass Floating Zone Method）成功合成出了不同铁含量的橄榄石单晶。

1. 浮区法工艺（1982 年）

霍索亚所使用的合成橄榄石单晶炉由长轴和短轴长分别为 152mm 和 138mm 的两个椭圆腔组成，晶体在炉中心位置（椭圆共焦位置）生长，熔融区、料棒和生长的晶体被石英管包围（如图 7-8 所示），炉中的气体是 CO_2、H_2、Ar 的混合气体组成的气流，料棒是由塔凯分别在 1974 年和 1978 年人工合成的镁橄榄石和铁橄榄石极细粉末压实烧结而制成。在实验中，炉内的温度控制最为关键，橄榄石晶体的生长条件见表 7-2。

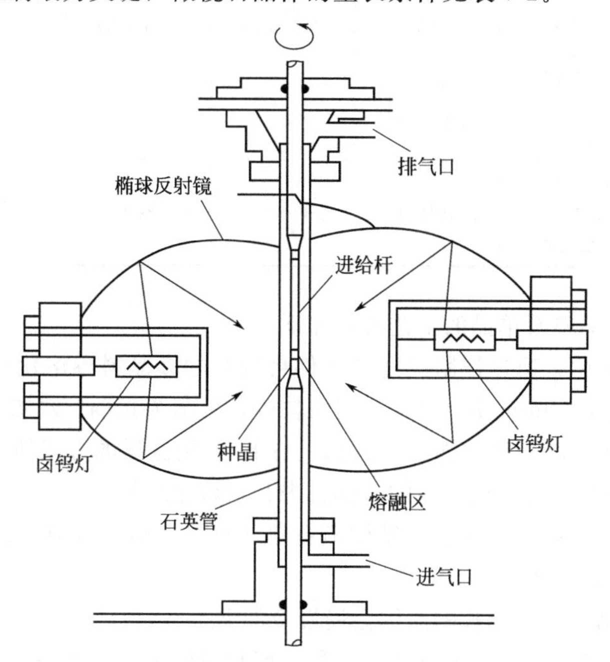

图 7-8　浮区法橄榄石晶体生长装置示意

表 7-2 浮区法合成铁橄榄石晶体的工艺条件

铁/镁原子比 (X)	气体 /(mol/min)	灯功率 /kW	转速 /(r/min)	移动速度 /(mm/h)	料棒 /mm	晶体 /mm
0.0～1.0	CO_2 100～200 H_2 40～100 Ar 200	2.1 0.5	约 30	1	直径 10 长度 80	直径 6～8 长度 40～70

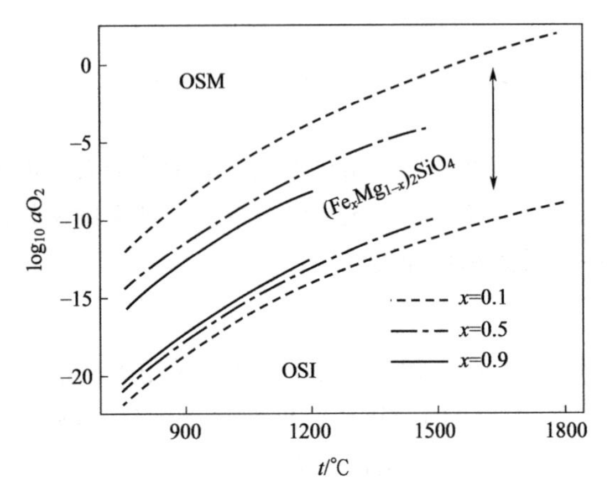

图 7-9 不同铁含量橄榄石 $(Fe_xMg_{1-x})_2SiO_4$ 在高温环境的热力学稳定范围

晶体的颜色与其中的含铁量 X 有关，当 X 为 0.01 时晶体近于无色，当 X 为 0.1 时晶体颜色为淡黄绿色，$X=0.1$～0.2 时橄榄石晶体为黄绿色，$X=0.3$～0.5 时橄榄石晶体为深褐色，纯铁橄榄石晶体为黑色。晶体尺寸由灯的功率、料棒尺寸以及温度等因素决定。合成的橄榄石晶体以相对慢的速率 50～100℃/h 降到室温。

2. 双通浮区法工艺

双通浮区法是改进的浮区法，根据不同铁含量橄榄石单晶的温度和氧逸度稳定条件（图 7-9），制定的合成橄榄石单晶生长工艺条件，见表 7-3。

表 7-3 双通浮区法合成铁橄榄石晶体的工艺条件

铁/镁原子比 (X)	气体 /(cm^3/min)	灯功率 /kW	转速 /(r/min)	移动速度 /(mm/h)	生长方向	是否使用后加热器
$X<0.5$	CO_2：2 CO：4 Ar：294	氙灯：5.4 卤素灯：3.5	30～40	约 1	[100] [001]	是
$0.5\leqslant X<1.0$	CO_2：170 CO：30 Ar：200	卤素灯：1.5	30～40	约 1	[100] [001]	否

双通浮区法合成橄榄石单晶的工艺流程如下。

① 首先在聚焦炉中，通过控制温度等条件将烧结的多晶料棒熔化后凝固在一个短的多晶棒上，拉晶速度约为 10mm/h，得到预熔的料棒，见图 7-10(a) 左图。

② 将预熔的料棒倒转悬挂［如图 7-10(a) 右上］，用这样的方式使得第一次通过时最后的凝固面（铁浓度高）在第二次通过的时候首先开始熔化结晶。

③ 在预熔料棒下方放置定向后的铁橄榄石单晶籽晶，熔融部分与籽晶接触会沿着籽晶的轴向生长为大的单晶，见图 7-10(b)。

④ 至单晶生长结束时，成长的晶体会慢慢冷却下来。

需要说明的是，铁含量很高的橄榄石中稳定域相对较窄，这些晶体生长结束时经常以相对较快的冷却速度冷却，约 200～300℃/h，因为低的冷却速度会导致晶体表面氧化，光泽

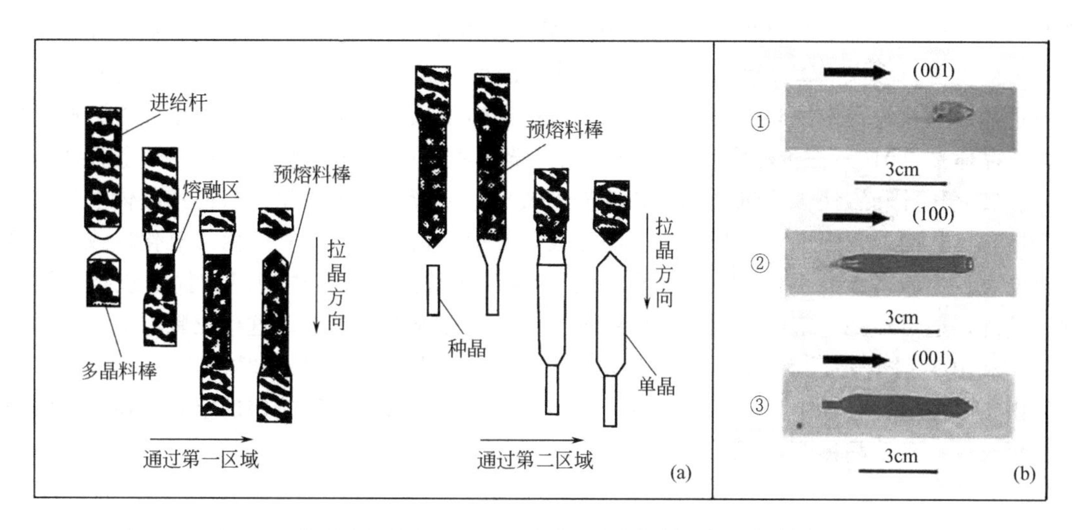

图 7-10 (a) 双通浮区法示意；(b) 双通浮区法生长得到的不同铁含量橄榄石单晶
①X=0.1，(100)；②X=0.5，(100)；③X=0.9，(001)

暗淡；而生长富镁橄榄石晶体则需要较慢的冷却速度，约 100℃/h，这样可以减少晶体的开裂、位错、气泡等缺陷，所以需使用后加热器（通常为红外辐合式加热器）辅其缓慢降温。

为释放残余应力，可将生长出的橄榄石晶体在 1100～1300℃进行退火，具体退火温度和时间取决于其稳定区域内的成分，通常需两天左右。

双通浮区法生长的橄榄石晶体，不同成分的橄榄石单晶沿着不同的晶体方向生长［见图 7-10(b)］，通常晶体长度在 20～60mm 不等。生长晶体最大可获得的直径取决于晶体的成分，晶体中铁含量越高，长成的晶体直径越大，例如 X=0.9 的橄榄石晶体可以长到直径 8mm 大，X=0.1 时最多可以获得直径 6mm 的无裂纹橄榄石晶体。试图生长更大直径的晶体时，会产生裂纹。

大多数沿（100）方向生长的橄榄石晶体都有一对小的{010}面，有时还可以观察到另外两对小面体。对于沿着（001）方向生长的晶体，在 $X \leqslant 0.5$ 的橄榄石晶体中常可发现一对小的{010}面；$X \approx 0.7$ 和 0.9 时，晶体沿着（001）方向生长，晶体形状与沿着（001）方向生长的铁橄榄石类似，这些晶体也有两对平面，与{100}面对称，与{010}面偏离几度，但是，这些面不如铁橄榄石的那些面那么明显。

四、浮区法生长宝石晶体的鉴别

由于浮区法合成宝石工艺中未使用坩埚，所以不存在坩埚杂质的污染。另外，该技术能精炼和提纯晶体，所以晶体中很少出现包裹体和生长纹，晶体的质量较高。

对于 YAG 晶体，由于无天然对应宝石，其鉴别特征见附录二。

对于高质量的合成变石和合成刚玉类宝石，其纯度较高，内部非常洁净，鉴定特征为：荧光强于相对应的天然宝石的荧光；分光镜下吸收谱线少于相对应的天然宝石的谱线；宝石表面加工精细程度不够好，有“火痕”（即抛光过程中产生的波纹状或裂隙状痕迹）等。真正如此高质量的合成宝石并不多见，只是因为其制作成本很昂贵，因此，对于此类合成宝石的研究和报道也较少见。

对于合成橄榄石晶体，其铁含量 $X<0.3$ 时，在可见光波长区段是透明的；当橄榄石富

铁时，只有当它们小于几百微米的时候在可见光波长区段是透明的；富镁橄榄石有玻璃光泽，表面光滑；当 $X=0.7$ 和 0.9 时，在晶体表面可以观察到小部分的凹凸点，这些凹凸点是由于晶体生长过程中蚀刻形成的，这在氧化物晶体生长过程中是常见的现象。浮区法合成橄榄石晶体在（010）面上经常产生裂纹，在光学显微镜中会看到很多杂质（如金属铁的沉淀物、二氧化硅和磁铁矿等包裹体）和气泡等缺陷。尽管使用预熔化进料棒使晶体在稳定区域内生长，从而最大限度地减少包裹体的形成，然而，仍有一些孤立的由二氧化硅或氧化铁构成的直径为微米级的小包裹体，偶尔可在一些富铁橄榄石晶体中通过扫描电镜技术被发现。此外，还可在一些富铁橄榄石晶体中观察到小角度亚颗粒晶界，这些亚颗粒沿生长轴呈柱状，利用 X 射线劳厄背散射技术可测得这些小角度晶界的夹角约为 3°～4°。

由于晶体生长过程中工艺条件的突变，浮区法也会合成出质量较差的宝石晶体，其特征是：生长纹混乱、晶体颜色不均匀等。

第八章　高温高压法合成宝石

高温高压法合成宝石是指利用高温高压设备，使粉末样品在高温高压条件下产生相变和熔融，进而结晶生长出宝石晶体或宝石多晶体材料的方法。主要适用于在高温高压条件下形成的宝石矿物的合成，如钻石、翡翠等。

高温高压的概念目前还没有统一的说法，但在这里是指温度在500℃以上，压力在1.0×10^{9}Pa以上。

高温高压条件的获得，最常用的是静压法（采用油压机），也有用炸药爆炸或利用地下核爆炸的方法（也称动力法）获得。但后者只适用于工业级钻石的合成，故在本章不作介绍。

第一节　钻石的人工合成

钻石以其稀有、美丽和坚硬的特点被视为最珍贵的宝石，钻石又以其优良的物理及化学特性用于高新技术产业中。钻石不仅是自然界中硬度最高的物质，还是室温下热导率最高的材料，并具有从紫外到远红外极好的光学透过性。另外，钻石还可被制成宽禁带高温半导体。

钻石在自然界属稀有矿种，品质优良的宝石级钻石更为罕见。人工合成钻石技术反映一个国家的科学技术水平，高质量的大颗粒合成钻石不但能弥补天然宝石级钻石供应的不足，同时还可以用作耐磨、抗蚀材料以及电学、热学、激光材料。

一、钻石的合成方法分类

经过多年来的探索和实验，迄今为止，人们总结和发明了数十种人工制造钻石的方法，成功的方法中主要有以下三大类。

（一）静压法

① 静压触媒法

② 静压直接转变法

③ 晶种触媒法

（二）动力法

① 爆炸法

② 液中放电法

③ 直接转变六方钻石法

(三) 亚稳定区域内生长钻石的方法

① 气相法

② 液相外延生长法

③ 气液固相外延生长法

④ 常压高温合成法

在这些合成钻石的方法中，绝大多数应用于科学实验和工业生产，目前工业上主要采用的是静压触媒法和爆炸法。高温高压法合成宝石级钻石的方法目前仅限于静压法中的晶种（即前几章中的籽晶）触媒法。

另外，由气相法又引申出了气相沉淀法，用于制造合成钻石薄膜和单晶钻石（该部分内容将在第九章化学沉淀法中进行介绍）。还有低压高温合成法、低温低压法和激光法等合成钻石的方法，由于条件过于严格，故而不常用。

只有钻石的单晶体才可以作为宝石应用，因此本节着重介绍晶种触媒法合成钻石单晶体的技术。

二、高温高压法合成钻石单晶的技术和发展历史

(一) 钻石单晶合成技术的发展

1953 年，瑞典通用电气公司（ASEA）首次用铝热剂加热碳和铁的混合粉末，在结构复杂的高压球里合成出了钻石。但当时该公司没有公布相关的生产工艺，公司声称其原因是产品质量和粒度有待进一步提高。直到 1955 年，ASEA 公司新发明一种圆桶式活塞容器来合成钻石，并且成为该公司此后合成钻石的主要设备。同年，美国通用电气公司用高温高压技术合成出钻石，并申请了专利。四年后，南非戴比尔斯（De Beers）公司也用自己公司的高压设备合成出了粗粒的钻石，但颗粒大小没有达到宝石级的要求（宝石级要求单边长 5mm）。自此之后，人们一方面大规模地生产工业级钻石，另一方面则力图生长出优质的钻石大单晶。

1970 年，美国通用电气公司采用晶种法经过七天时间生长出 5～6mm 的宝石级钻石，晶体重量达 1ct 左右。后来，他们致力于提高晶体生长速率的研究，只需用几十小时就可以生长出上述同样大小的钻石。一年后，苏联的研究人员也声称他们合成出了宝石级的钻石，但因合成成本太高，故没有经济效益。

1979 年，日本无机材料研究所合成出了 3mm 大小的钻石单晶，后又合成出了 10mm 大小的钻石晶体，但质量较差。日本住友电气公司曾出示过重 1.2ct、直径约 6mm 的钻石晶体。1986 年，日本的 Sumitomo 电子工业公司合成出了宝石级黄色透明克拉钻，不仅用于宝石材料，而且用于工业机械材料。

1988 年，美国通用电气公司的研究与发展中心钻石研制小组生长出了首批克拉级大小的超级钻石，与最好的天然钻石（Ⅱa 型）相比，热导率提高 50%。1992 年随着研制技术的进一步提高，该超级钻石的热导率达天然钻石的 2 倍，颗粒重量也达到 3ct。

1988 年，戴比尔斯公司也合成出了超大的钻石，重 11.14ct。1990 年该公司又宣布合成出了 14.02ct 的钻石，并声称合成这种大克拉钻石的目的是用于高科技工业设备以及进一步

了解合成钻石工艺，而不是作为宝石进行销售。

1990 年，苏联科学院西伯利亚分院宣布合成出了 7.5mm、重 1.5ct 的不同颜色的宝石级钻石。后来俄罗斯的研究人员在一种被称为裂隙球的装置中合成出了钻石。这种钻石合成设备被美国的 Gemesis 公司购买并经过改造后被称为“BARS”。该公司现有 23 套“BARS”设备，主要生产宝石级的黄色钻石（见彩图），质量在 2.5～3.5ct，而且产量稳定。产品主要销售给特定的珠宝生产商和批发商，不对个人供货。自 2000 年以来，公司大约有 4000ct 的合成钻石晶体产出。依据目前的技术，生长晶体的速度可达每月 550ct。该公司还计划投产合成蓝色和无色宝石级钻石。

国外在Ⅱa 型宝石级金刚石的合成技术方面也有了突破性进展，2000 年日本住友公司合成出 8ct（10mm）优质Ⅱa 型金刚石单晶，并实现了Ⅱa 型金刚石单晶的商业化生产。

俄罗斯新钻石科技（New Diamond Technology）公司 2015 年 5 月公布，用中国六面顶压机生产处理了 32ct 无色超大钻石晶体，切磨后为 10.02ct，颜色达到 E 色，净度 VS1（见彩图）。2018 年该公司报道生长出了单颗重量超过 100ct 的黄色钻石晶体毛坯。

（二）我国人工合成钻石技术的发展与现状

我国人工合成钻石的研究始于 20 世纪 60 年代。1961 年，我国开始自行设计和制造合成钻石用的高压设备，1963 年合成钻石投产。此后，有关钻石的研究、开发与生产均获得长足的进展。1974 年，上海硅酸盐研究所曾用金属薄膜法生长出了优质钻石大单晶。1977 年，该所生长出了直径达 4mm、重量为 0.29ct 的含硼半导体钻石大单晶，并于 1989 年经国家技术监督局批准为电子探针碳标样国家实物标准。1985 年，该所采用晶种法在我国首次获得了直径 3.2mm、重量 0.2ct 的优质合成钻石大单晶。1999 年，吉林大学超硬材料国家重点实验室在国产六面顶压机上开始系统地开展宝石级钻石单晶合成研究，并于 2002 年合成出 4.5mm Ⅰb 型钻石，2005 年合成出 4mmⅡa 型钻石。2006 年以来，该实验室又有了新的技术突破，合成出尺寸达 7mm 的Ⅰb 型、4.3mm 无色透明的优质Ⅱa 型、4mm 的蓝色Ⅱb 型以及高氮绿色钻石大单晶。

我国现有高温高压合成钻石厂 5000 余家，其中生产单颗粒晶体工业级钻石厂家约 450 家，估计年生产能力可达 15 亿～20 亿 ct。目前，我国年产量达 2000 万 ct 合成工业级钻石厂家有 10 家左右，最大的厂家可年产 1 亿～2 亿 ct。国内已有多家可以进行 HPHT 法合成钻石单晶的公司，如山东济南中乌新材料有限公司、河南黄河旋风公司、中南金刚石公司、郑州华晶公司等，其中山东济南中乌新材料有限公司生长出的黄色钻石单晶可以达到 10ct，生长的蓝色和无色钻石分别达 5ct，产业化生产，年产量 8 万 ct，生长出的各种无色、黄色和蓝色钻石单晶体以及切磨好的刻面产品见彩图。

据统计显示，2019 年中国拥有高温高压六面顶压机 10000 台，而俄罗斯拥有 100 台，欧洲其他国家 25 台。当今世界合成钻石产量约 15 亿 ct，中国产量在 10 亿 ct 以上，约占世界总产量的 2/3，但国产钻石工业总产值只占世界总产值的 1/3，而利润不足总利润的 1/5，原因是国产钻石 95％以上根据质量分级为中低档产品，在世界市场上竞争力不强。

三、晶种触媒法合成钻石单晶

所谓晶种触媒法，是指以石墨、钻石粉或石墨与钻石粉的混合物为碳源，将其熔化于金属触媒中，在温度梯度的作用下，使熔化在触媒金属中的碳输送到高压反应腔中温度较低的钻石晶种上，以晶层的形式沉积于晶种上而长大成钻石的合成方法。

(一) 晶种触媒法合成钻石的原理及设备

1. 合成钻石的原理

自从人们发现石墨和钻石的组成成分都是碳以后，便对石墨如何发生相变成为钻石进行了大量的研究和探索。20 世纪 50 年代，人们在高温高压条件下，利用金属触媒成功地实现了由六方结构的石墨向立方结构的钻石的转变。石墨在触媒作用下转变成钻石的结构简图见图 8-1。

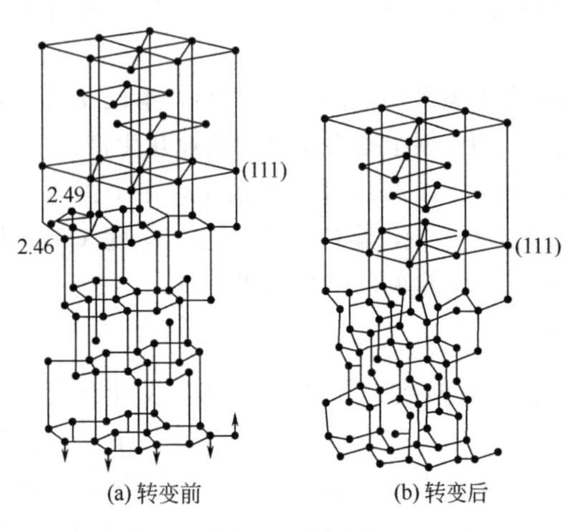

图 8-1　石墨在触媒作用下转变成钻石的结构简图

比较转变前后的结构变化，可以看出石墨层间距缩小了大约 1.3×10^{-10} m。石墨层中的相邻原子分别相对于层平面垂直方向向上和向下位移了大约 2.5×10^{-10} m，而变成相距为 5.0×10^{-11} m 的双层。双层中原子间以共价键连接形成了扭曲的六边形格子，原子间距伸长为 1.54×10^{-10} m。这样，上双层的下次层与下双层中的上次层的原子彼此完全对应，且亦相距 1.54×10^{-10} m。只要原来的自由 2Pz 电子成对地集中到这些相对应的原子对间，形成键长为 1.54×10^{-10} m 的垂直共价键，最后就变成了钻石的结构。这种转变方式显然要比把石墨中的碳原子拆散，再重新组成钻石的转变要容易得多。

在无触媒的条件下，完成这种转变的条件是 1.254×10^{10} Pa 和 2700℃。但这样高的温度和压力，给生产设备的制造带来了相当大的难度；并且在此条件下，石墨向钻石转变的接触面小，转化率较低。为了解决这一问题，人们在原料中加入一些物质，使石墨转变为钻石的温度和压力得到降低，可降低到 $4.0\times10^{9}\sim1.0\times10^{10}$ Pa 和 1200℃左右，这类物质称为“触媒”。并且熔融态的触媒与石墨的接触面很大，可产生大面积的转变。化学元素周期表第八族元素中的许多元素均可以用作触媒，如镍（Ni），它是立方面心结构，其（111）面上的原子排列如图 8-1 中上方所示，相邻三个原子中心连成的正三角的边长为 2.49×10^{-10} m，经计算与石墨六方格子的内接正三角形的边长 2.46×10^{-10} m 十分相近。因此，它的原子与石墨层中相对应的单号原子对得较准，且可以相互作用成键，因为 Ni 原子还缺 3d 电子，能吸引石墨层中相对应的单号原子的 2Pz 电子，使其集中到垂直方向而成键，故能促使石墨层扭曲，变成钻石结构。

从化学动力学的角度上考虑，在高温高压条件下，石墨向钻石的转化过程可以划分为以下三个阶段。

① 熔融金属和石墨互相渗透、扩散和熔解，形成了类似石墨结构的富碳扩散层。

② 石墨逐渐向熔融金属内扩散，由于过渡金属的 d 电子与碳原子的 π 电子之间的相互作用，使碳电子及其原子团从 sp^2 型杂化状态转变为 sp^3 型杂化状态，进而形成钻石结晶基元。当有晶体存在时，金属熔液又起了媒介作用，把钻石结晶基元输送至生长晶面附近。

③ 聚集在生长晶面附近的钻石结晶基元在晶面上叠合，进入晶格位，使钻石晶体不断长大。

2. 触媒

有人认为“触媒”是碳的一种溶剂。当温度恒定时，通过分析石墨与钻石两种形态在熔融金属中溶解度与压力的关系曲线，得知石墨的溶解度要大于钻石，二者的差随压力升高而增大。因此，当石墨在熔融金属中达到饱和时，对钻石而言已经过饱和了，这便是钻石在高压条件下得以从溶液中结晶出来的原因。另外当温度降低时，溶解于金属熔剂——触媒中的石墨及钻石粉的碳，由于过饱和，以钻石结构的形式结晶出来，沉积于晶种上，不断长大而形成钻石大单晶。

也有不少专家指出，触媒这一类过渡金属，在合成钻石过程中同时起着溶剂和催化剂的作用。它既能溶解碳，起溶剂的作用，又能激发石墨向钻石转变，起到了催化作用。

最常见的触媒元素多为化学元素周期表中第八族的过渡元素，即 Fe、Co、Ni、Ru、Rh、Pd、Os、Ir、Pt 以及 Mn、Cr、Ta 等元素。其中，Ni、Co、Fe 或三者的合金是最常用的触媒材料，它们的熔融液中可以溶解 10%的碳原子。此外，据一些学者研究，Ti、Zr、Hf、V、Nb、Mo、W 等可与碳形成化合物的元素的合金，具有同第八族触媒元素相同的电子构型，也可以充当触媒的角色。另外，Cu、Ag、Au、P、Zn、Ge、Sn、Sb 等虽然不与碳元素形成碳化合物，但同样可以充当触媒，只是生长钻石的速度远远小于使用第八族元素作触媒时的生长速度。还有的研究者认为：一些碳酸盐（如 $CaCO_3$）、氢氧化物［如 $Ca(OH)_2$］、硫酸盐（如 $MgSO_4$）以及部分热稳定性较差的含氧盐，在超高温条件下释放出 O_2，对钻石的生长会产生一定的催化作用。氢化物如 LiH、CaH_2 等也可以当做触媒材料应用到微米级钻石的生长中。

3. 合成钻石的设备

凡是静态高温高压法合成宝石设备均由油压机、高压容器（又称模具）、加热系统和测试控制系统组成，合成钻石工艺对上述各系统，从材料到加工精度等方面，都有较严格的要求。

目前，国内外用于合成钻石的高压设备种类繁多，其结构形式也多种多样，主要类型有：两面砧压机（有对顶式、年轮式与活塞缸式）、四面砧压机（有单压源紧装式、多压源铰链式、多压源拉杆式和滑块式）及六面砧压机（有单压源聚凑式、单压源铰链式、单压源立体式、单压源皮囊式、多压源铰链式、多压源拉杆式、静水压切球式和滑块式）。每一种高压装置的结构形式都是静态高压设备的核心部分，其作用是将液压机的驱动力变成对高压腔中被压物质的静态高压。虽然高压设备及装置种类很多，但实际应用于合成钻石生产的主要是年轮式两面砧高压装置和铰链式六面砧高压装置。千吨级钻石专用压机外形轮廓见图 8-2，各种类型高压装置的结构示意图见图 8-3（两面砧）、图 8-4（四面砧）及图 8-5（六面砧）。油压机在升压、卸压过程中要有高度的同步性、稳定性，并能长时间保压，压力能达到 1.0×10^{10} Pa 以上。

设备中的高压容器，也叫合成腔，是宝石合成的场所，其材质要求能承受 4.9×10^{9} Pa 以上的压强和具有良好的密封、保压、隔热、绝缘的性能，并能提供较大的合成腔体及均压区域。晶种触媒法生长宝石级钻石的合成腔结构如图 8-6。

另外，加热和测试系统要求有良好的稳定性，以达到精确的测试来控压控温，提高合成效果。

国内外都很重视高压设备的改进以及新的结构形式设计，力求具有合成设备结构简单、试块制造容易、生产率高、压砧使用寿命长等特点。

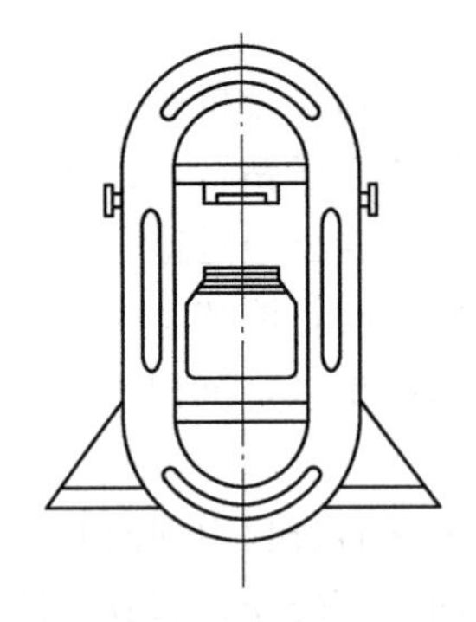

图 8-2　千吨级钻石专用压机外形轮廓

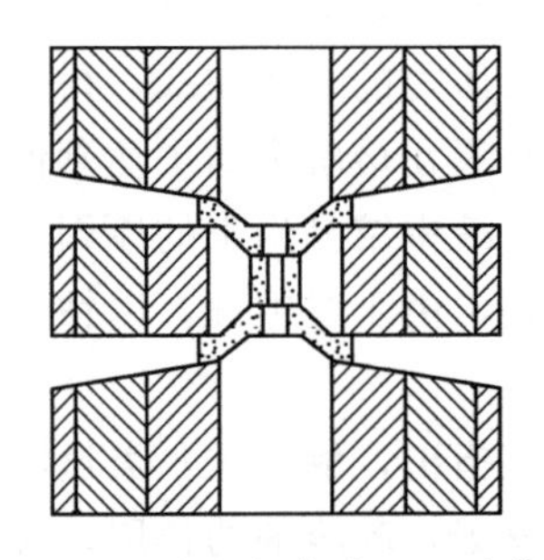

图 8-3　国内的年轮式两面砧装置

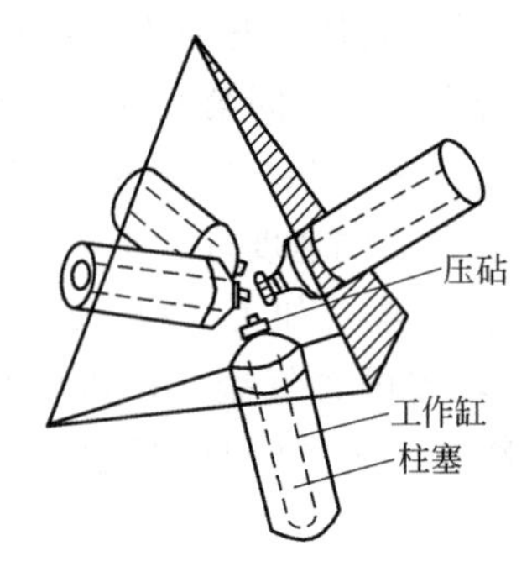

图 8-4　四面砧高压装置的结构

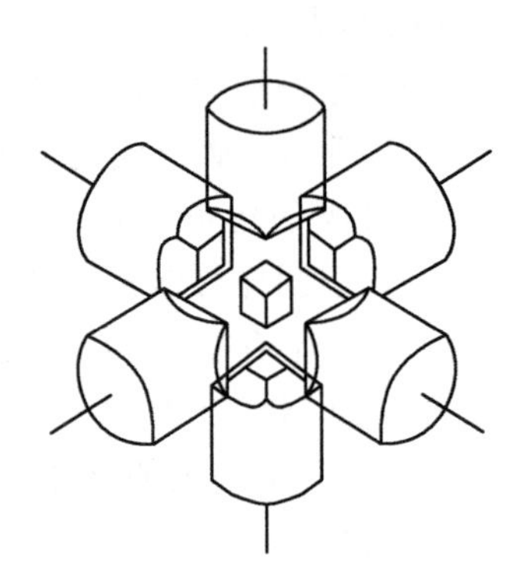

图 8-5　DS-029B 型高压装置六面砧排列示意

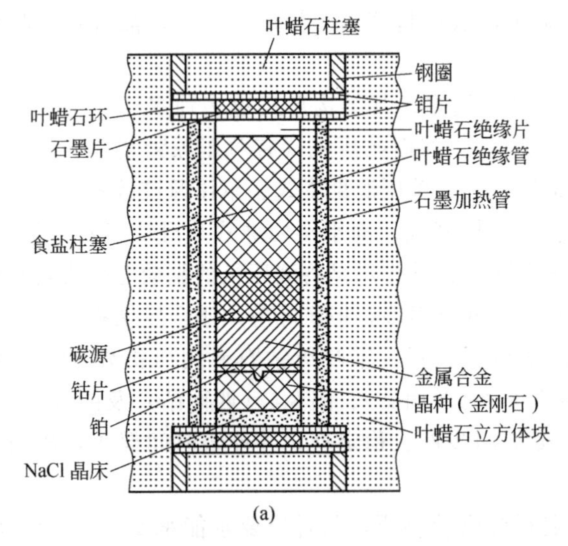

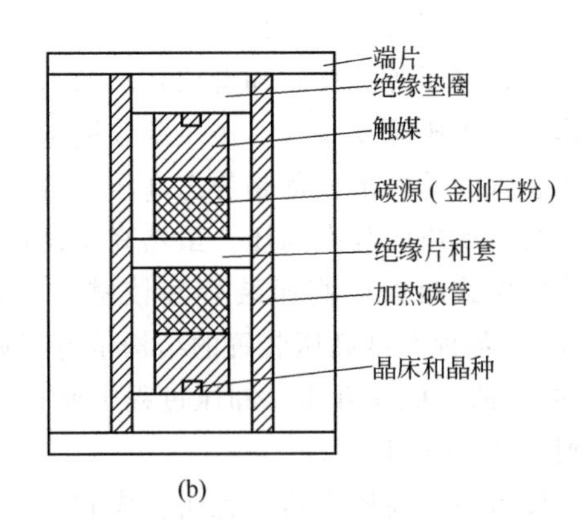

图 8-6　合成宝石级钻石的合成腔结构

由于两面砧压机的压缩行程长，在高压条件下容易进行温度和压力的精确控制，合成腔内压力温度梯度小，且腔体体积容易扩大，使得这种高压设备在生产高质量钻石和大批量生产方面较其他设备具有更大优势。相比之下，六面砧压机由于压头多，不能无限压缩行程，在高压下压力不易传递，且六个顶锤相互挤压消耗很大的能量，使得压力精度不易控制。在我国，六面砧压机与两面砧压机合成钻石的技术几乎同时起步，但前者得到了迅猛的发展，到2002年已发展至5000多台。而后者发展较缓慢。虽然从国外引进了大型的两面砧压机设备，但由于技术问题或配套工艺问题，引进设备大多无法进行正常运作。有学者认为现在有必要进行两面砧压机的自行研制，并投入生产高品质的钻石晶体，来满足国内的需求。

4. 传压介质

合成钻石使用的传压介质是叶蜡石，它决定着合成钻石体系的高压状态，其主要作用是传导压力，即将施压模具顶面压力传递到反应物体系，并有效地压缩反应物。当合成压力一定时，由叶蜡石传导给碳源以及触媒的压力要求处处相同并且稳定不变，这就要求叶蜡石的密度均匀，各向性能一致。

除了传导压力之外，叶蜡石还具有密封施压模具的作用，这使得高压条件的获得成为可能。此外，叶蜡石还具有保温作用，其保温性能越好，合成钻石所需的加热电流越小，模具的使用温度越低，导热系统的稳定性能就越好。这不仅能减少模具损耗，而且对尽快建立稳定的高温和均匀的温度梯度有很大的好处。

（二）晶种触媒法合成宝石级钻石的工艺过程

1. 合成宝石级钻石的关键因素

① 从外部提供钻石晶种作为晶体随后生长的基础。

② 精确控制合成腔中的温度梯度，保证石墨尽可能向晶种传递，而不会形成其他晶体。

③ 保证反应物不被污染。

2. 合成宝石级钻石的工艺过程

如图8-6(a) 所示，腔体中部（热区）放置的是纯度达到光谱纯的石墨碳源（也可用钻石粉或石墨与钻石粉的混合物），用镍铁（1∶1）合金为触媒，钻石晶种安放在下端冷区，使{100}面对着金属触媒，这便是接种面。在高压高温条件下（最高有效压力达5.5×10^9 Pa左右，温度变化范围在1300～1400℃），原料区的石墨迅速溶解于熔融触媒中，有的则转变为钻石。在温度梯度（碳源与晶种之间的温度差，通常在30～50℃左右）的推动下，热区中的碳向晶种方向扩散，部分碳便沉积在晶种上，从而使晶体长大。在给定的金属触媒系统中，碳的流量主要取决于温度梯度，这可从已知周期内转移到冷端的碳总量估算出来。在上部熔融液中，热对流有助于扩散，在温度梯度为100℃/cm左右时，碳流量3.3×10^{-4} $g/(s\cdot cm^2)$，大大超过生长晶体所能容纳的数量形成过饱和态，而且很易保持。钻石晶床的剖面上因有很多的有效生长点，且面积大，能接受所有供给它的碳，使之长成钻石。如果钻石晶核不能吸收所有供给的碳源，就会在钻石稳定区内生成鳞片状石墨。靠近钻石晶核处的晶体生长良好，看不到石墨。钻石生长晶层的厚度、密度和生长速度是随着过饱和度的增加而增加的。生长晶层所需的过饱和度要比晶层铺展所需的高。

图8-6(b) 所示为美国通用电气公司生长宝石级钻石所采用的腔体。它分上下两部分，作为碳源的钻石粉放在压腔中心区，两端放置晶种，触媒金属（铁或镍）放在碳源与晶种之间，利用碳管的电阻加热（用碳管的不同厚度或用其他热材料放在不同部位也可改变温度梯度），在腔内保持一定的温度梯度，中心碳源区温度最高，端部结晶生长区的温度最低。当加热到1700℃时，触媒金属熔融，中心碳源区的钻石粉就不断溶解到触媒金属中变成游离碳原子。起初，碳的密度比金属小，因此晶种有从底部晶床向腔体中心区（晶种被溶解）或从中心区向上端晶床上浮的倾向，约1h后达到平衡。顶部晶床含有许多细小的钻石晶体，而在底部晶床上剩下少量的钻石晶核，由于碳在金属中已达到饱和，所以钻石晶核不再继续溶解，金属熔融体中的碳开始了缓慢的扩散过程。由于腔体内温度中心区高，两端低，所以

中心区溶解的碳原子多于端部，并向端部进行扩散，从而沉积在钻石晶核上。这个过程不断进行，直到中心区的细钻石粉用完为止。若能使腔体中部与端部的温度梯度保持在30℃/cm时，晶体就能稳定地生长成宝石级大小的钻石。又由于底部晶床晶核少，故能获得大的宝石级钻石。实验证明，只要保持温度为1370℃，压力为6.0×10^9Pa，生长一周即可获得5mm大小（约1ct）的宝石级钻石。若在腔体中加入适当的杂质，可改善钻石的性能，使钻石着色，如加入氮，可使钻石晶体显黄色或绿色；加入硼，呈蓝色，并具有半导体性质。

我国上海硅酸盐研究所于1985年采用晶种触媒法生长的合成优质钻石大单晶可达0.2ct，直边长3.2mm。所用合成反应腔结构同图8-6(a)。采用石墨为碳源，晶种固定在NaCl晶床内，面对金属熔剂的{100}面可称为接种面，接种面的线性尺寸约为0.3mm。在晶种和碳源之间放置厚3mm、直径6mm的触媒熔剂金属柱，触媒金属熔剂为Ni-Fe合金。将合成腔放入单向加载四对斜滑面式立方体高温高压装置中，然后置于1000t压机内。该设备可以获得长时间的稳定压力，通过控制输入功率来控制腔内温度，反应腔高温区温度约1450℃，温度差30～50℃，实际温度还随加热功率和散热条件而变，实验用的压力控制在6.0×10^9Pa左右，生长时间为22～52h。

吉林大学超硬材料国家重点实验室通过控制晶型已分别合成出4mm板状和3mm塔状Ⅰb型钻石；用NiMnCo为触媒，通过选择合适的除氮剂Ti(Cu)，并选取适当的添加量(掺入量为1.8%)，通过调整组装，调节生长速度，合成出尺寸达4.3mm无色透明的Ⅱa型钻石；在此基础上添加硼合成出最大尺寸4mm的蓝色Ⅱb型钻石；通过优选触媒和添加剂，生长出了能和天然钻石含氮量相当的高氮绿色合成钻石。

目前，我国合成钻石的公司合成的大颗粒钻石使用的是六面顶金刚石压机（全名叫“单向加载四对斜滑面式立方体超高压高温装置”）。这种压机的最高温度1900℃，压力最高可达5000t（5×10^{11}Pa），常用压力为3600t（3.6×10^{11}Pa）。压力是通过千斤顶实现的，温度是对石墨通电加热实现的。各种压机使用的叶蜡石块不一样，用的最大叶蜡石块是74mm×74mm。

（三）“BARS”法合成钻石的设备及工艺

1.“BARS”法合成钻石的设备

美国Gemesis公司的技术人员在俄罗斯技术的基础上重新设计并建造了一个“分离体”的装置（“BARS”）。该装置合成腔体（大约有2.5cm厚）中的压力是从一个连续的碳化钢压砧复合施压而获得的。内腔设置6个压砧，这些压砧位于立方体的边部，围绕着合成腔体；外腔设置8个压砧，它们位于八面体的边部，围绕着内腔。整个排列好的多压砧部件被放在两个钢铸的半球中（这两个铰接的半球，就称为“分离体”，可以作为压砧和合成腔体的通道），有两个大钢铗把这些部件连接在一起，见图8-7。这种“BARS”装置采用石墨管来加热合成腔体。

目前的“BARS”法装置与早期的俄罗斯设备相比，尽管其合成钻石的原理是相同的，但是根据美国工程标准的要求，Gemesis公司的研究人员对生长设备进行了一些重要的改进，各项功能也有了很大的提高。这些经过改进的设备拥有更长的使用寿命，生产率更高，操作也更加简单，更容易维护。重要的是，它的操作十分安全，在操作过程中由于高压容器泄漏而导致危险的概率也很小。除了纯度、浓度和晶体的初始生长外，商业化宝石级合成钻石生长的关键是要小心谨慎地通过电脑控制整个晶体生长过程的温度和压力，以保证持续稳定的生长环境。另一个技术创新就是铸造半球可以开合，便于进行样品的装卸。

图 8-7 改进的“BARS”法合成钻石设备

使用这种改进的设备，生长 3.5ct 的合成钻石晶体大约需要 80h。合成钻石黄色的浓度以及晶体的外形、对称性和透明度，均可以控制在一定的范围内。该装置曾用实验的方法在一个腔体内生长出多个晶体，晶体生长的周期为 36h。但是，由于容积所限，这些晶体生长得很小。倘若腔体内生长 4 个晶体，则每个晶体只有 0.6ct 大小；如果腔体内生长 8 个晶体，则每个晶体只有 0.35ct。

Gemesis 公司也生长出了一些蓝色和无色的合成钻石，并一直在计划将这些合成钻石投入商业生产的运作中。该公司目前正在考虑设计具有更大合成腔体的生长设备，以便使生成的晶体达到 15ct 以上。

2.“BARS” 法合成钻石的工艺条件

“BARS” 法合成钻石典型的生长工艺条件是：

① 压力：5.0～6.5GPa（相当于 50～65kPa）；

② 温度：1350～1800℃；

③ 触媒：各种过渡金属（如 Fe、Ni 和 Co 等）；

④ 晶种：天然钻石或合成钻石；

⑤ 碳源：石墨粉或钻石粉。

晶种的定位决定了生长晶体的晶形。在合成腔体的顶端（亦称“热端”，放置碳源）和底端（亦称“冷端”，放置晶种）存在着很小但却很重要的温差。该温差为钻石晶体的生长提供了动力，因此，这项技术也被称为温度梯度法。在高温高压的条件下，原料区的石墨粉迅速在热端熔融于金属熔剂中。在温度梯度的推动下，热区碳原子通过熔剂，向腔体冷端扩散，最终沉积在晶种上，结晶成为单晶体。

四、合成钻石的后处理

由于合成钻石是通过触媒的作用，在高温高压条件下由石墨转变而来的，所以，反应后的产物除钻石外，还有石墨和金属（或合金）以及它们的复杂化合物，同时还混有叶蜡石。它们紧紧地交混在一起，并把钻石严实地包裹起来。因此，要获得纯净的钻石，还须将包裹体及杂质清除掉并进行后期分离处理。

钻石化学稳定性高，不与酸、碱、强氧化剂等反应，也不会被电解；石墨的化学稳定性较钻石弱得多，易被强氧化剂所氧化；金属或合金易与酸起反应，也容易被电解；叶蜡石能与碱起反应。根据这些特点或原理，就可以提纯钻石。

（一）清除金属（或合金）

1. 硝酸浸泡法

将合成出来的混合体砸碎，浸泡在30%左右的稀硝酸溶液中，几天以后，金属或合金就自然地逐步被腐蚀掉了。例如触媒中的金属镍与硝酸反应，生成硝酸盐而进入溶液：

$$Ni+2HNO_3 = Ni(NO_3)_2+H_2\uparrow$$

2. 王水处理法

王水是按盐酸∶硝酸=3∶1的体积比配成的。将合成后的混合体与王水一起装在烧杯或其他耐酸容器中进行加热，在较短的时间内，可以把包裹钻石的金属或合金全部溶解掉，成为一种盐类沉淀，其反应如下：

$$3Ni+2HNO_3+6HCl = 3NiCl_2+2NO+4H_2O$$

$$Fe+HNO_3+3HCl = FeCl_3+NO+2H_2O$$

3. 电解法

电解条件为：电解溶液中含 $NiSO_4$ 200g/L、$MgSO_4$ 150g/L、$FeSO_4$ 150g/L、NaCl 2～3g/L、H_3BO_3 5g/L；阳极及阴极的间距为30～40mm；pH=5～6；电解电压为6～8V；电流密度开始为3A/cm^2，终结为1.3A/cm^2；电解温度为50～60℃。反应原理为：

$$Ni-2e \longrightarrow Ni^{2+}\text{（阳极反应）}$$

$$Ni^{2+}+2e \longrightarrow Ni\text{（阴极反应）}$$

最终使阳极处的Ni经电解溶液跑到阴极上去，使金属或合金不断地从合成物的混合体中徐徐解离出来。

（二）清除石墨

清除石墨的方法很多，包括各种物理的和化学的方法。常用化学法有：硝酸-硫酸法、高氯酸氧化石墨法、硫酸-碘酸钾法、硫酸-铬酐法、氧化铅除石墨法等。常用物理法有：磁选除石墨法、重液分离法、摇床分离法等。现举例如下。

1. 硝酸-硫酸法

本方法是将合成出的混合物置于一定配比的硝酸和硫酸溶液中进行加热，利用石墨中的碳在280℃温度下能与硫酸、硝酸反应，生成二氧化碳气体和易溶于水的性质，达到分离非钻石碳而提纯钻石的目的。其反应式为：

$$C+2H_2SO_4 = 2SO_2+2H_2O+CO_2\uparrow$$

$$2SO_2+O_2 = 2SO_3$$

$$3C+4HNO_3 = 4NO+2H_2O+3CO_2\uparrow$$

$$2NO+O_2 = 2NO_2$$

2. 磁选法

清除金属（或合金）后的物料，除钻石外，剩下的主要是石墨和少量的叶蜡石。将其经烘干、研碎后进行筛分，然后置于一般选矿用的磁选机上，将钻石和石墨等分离开来，选净率可达95%以上。

（三）清除叶蜡石

金属和石墨被清除后，剩下的便是钻石和杂质叶蜡石了，目前最常用的清除叶蜡石的方法是碱除叶蜡石法。

叶蜡石是一种组成为 $Al_2(Si_4O_{10})(OH)_2$ 的层状硅酸盐。氢氧化钠与叶蜡石一起加热，可以发生反应生成硅酸钠和偏铝酸钠等溶于水的物质。其反应式为：

$$Al_2(Si_4O_{10})(OH)_2+10NaOH=2NaAlO_2+4Na_2SiO_3+6H_2O$$

当碱溶液被加热到（650±20）℃，并保持一定的时间后，溶液中的碱便不断地与叶蜡石起反应，使之逐渐被清除掉。

五、晶种触媒法合成钻石的优缺点

（一）晶种触媒法合成钻石的优点

晶种触媒法与其他钻石合成法相比，可以控制晶体生长中心的数目，还可避免由于石墨转变成钻石而在生长中心附近产生的压力降，因而可以获得晶体生长的长时间稳定条件，使生长优质大单晶成为可能。

（二）晶种触媒法合成钻石的缺点

晶种触媒法合成钻石虽然有其优点，但它对生长条件的要求却十分苛刻，不仅生长时间长而且成本太高，因此一直无法投入工业生产。采用该方法生长晶体的驱动力实际上来自反应腔内的温度梯度，这个梯度一般设计得较小，所以生长速度慢，周期长，为此要求反应腔内的温度和压力能保持长时间的稳定，在生长区之间建立的温度差也必须适当。此外，还需控制好晶种的初始生长。这些工艺条件的控制比较难。

六、晶种触媒法合成钻石晶体的特征

合成钻石晶体的诸多特征如结构缺陷、内部构造、晶体生长习性等均受其化学成分、生长时的物理化学条件以及生长速率等的影响。

（一）合成钻石的晶形

新生晶体一般牢固地与晶种连生在一起，酷似提拉法生长的晶体情况。晶种在完成接种后逐渐铺展，形成大尺寸的新生晶体，晶形一般为立方体与八面体的聚形。当压力不变时，{100} 面与 {111} 面的相对大小，在相同压力下，随反应腔内温度梯度的变化而改变：当腔内温度梯度大时，作为接种面且垂直于反应腔纵轴的 {100} 面生长加快，因而越来越小，有时甚至消失，晶体成为仅由 {111} 面包围的八面体，经常出现 {110}、{113} 以及其他高指数晶面。一般说来，生长速度越慢，晶面越丰富。若温度不变，压力增加时，钻石的晶形会从八面体转变为立方体；压力不变而温度增加时，钻石晶形从立方体转变为八面体。

“BARS” 法合成钻石晶体表现出八面体的晶形，或是在晶形上有轻微的歪曲（如不均衡的发育、缺失某个晶面或是晶面不平整等），这是温度梯度法合成钻石的标志，是由于生长过程中生长条件微小变化所导致的结果。

（二）合成钻石晶体的表面特征

温度会影响晶体的表面特征：温度过低时，晶面的边缘常突出而中心凹陷，有的整个成为凹面；有时由于某种原因可能温度过高，这时新生晶面将遭到溶解，由于边缘首先溶解，使整个晶体变圆；在适当的温度条件下，晶面平整，晶棱平直。另外，在钻石 {111} 面上生长有三角形突起。此外，立方体或八面体晶面上可有螺旋线，呈一圈圈的封闭回线，它是在较高温度下生成的，晶面向石墨一边有螺旋线，延伸到 {110} 方向。这是因为在靠近石墨边处，晶体生长速度高于靠近金属边处的生长速度，因此靠金属边生长的晶体无螺旋线生长和｛100｝面，但菱形十二面体｛110｝和四角八面体｛113｝的晶面却常常出现。

（三）合成钻石晶体的颜色

合成钻石晶体一般呈浅黄色（低温生长者色较深，高温生长者色浅），晶面平整，晶棱平直，晶体晶莹剔透。在普通立体显微镜（100×）下观察时，一般看不见包裹体。晶体的颜色明显依赖于所采用的触媒合金，如采用 Fe-Al 合金时，新生晶体为无色。此外，如果晶种为黄色，会出现在黄色晶种上长出无色钻石晶体的有趣现象，晶体表面的生长纹理与熔解图样十分有趣，很值得进一步研究。

“BARS”法合成的黄色系列钻石晶体，具有很高的饱和度以及柔和的色调。

（四）合成钻石晶体的内部特征和杂质分布

合成钻石晶体中的杂质分布与晶体生长的速度有关。在生长速度较快条件下，形成的晶体杂质含量高，被包裹的金属与金属碳化物较多，晶体的透明度较差；相反，在生长速度慢的条件下，则可生成较为透明的晶体。

所有的“BARS”法合成的黄色系列钻石晶体中均未发现晶种，只可从基底看到有晶种压制留下来的凹痕。因为，当晶体从合成腔体中取出来的时候，晶种就已经脱离了晶体。其刻面样品有较高的透明度和相对干净的内部特征，净度大约在 VS～SI 的范围内。某些刻面样品中可发现由分散排列的尘点组成的云翳状包裹体。还有一些样品保留了切磨中遗留下来的原始晶面。

高温高压法合成钻石中可以存在一定量的杂质，这与合成目的以及合成方法本身有关。如合成黄色钻石，需要加入 N（氮）元素；合成蓝色钻石，需要加入 B（硼）元素；合成用于 N 型半导体材料的钻石，需要加入 P（磷）元素；合成钻石若使用触媒转化法，则会有一定量的触媒元素进入钻石晶格。

1. N 杂质

合成钻石中 N 的含量为 $(0\sim800)\times10^{-6}$，最多不会超过 1000×10^{-6}（天然黄色钻石中常见的含量）。合成钻石中 N 的含量受使用触媒种类和生长温度的影响：使用 Fe、Co、Ni 作触媒，N 含量可达 $(50\sim300)\times10^{-6}$，N 含量随温度升高而降低，但降低的幅度不大；而使用与 N 反应的 Ti、Zr 作触媒，N 的含量几乎为 0，但是随着温度的升高，N 含量也升高，这说明 N 随温度升高与触媒发生反应的程度减小。

2. B 杂质

B 元素以原子、BN 或硼化物形式存在于钻石晶体内，浓度达到一定数量级可使钻石呈现不同程度的蓝色，其含量为 $(0\sim270)\times10^{-6}$。当钻石同时含有 B 和 N 时，只有 B 含量高于 N 时，钻石才有可能产生蓝色。

3. Ni 杂质

Ni 元素以 Ni^- 形式替代晶格中原子或以 Ni^+ 形式存在于晶格间隙。Ni 元素可以使钻石呈现褐黄色，经热处理后可变为深褐色。

另外，高温高压合成钻石中原子杂质的分布具有区域性，即不同元素在不同表面或不同晶体形态的晶面上分布不均一，见图 8-8。如 N 元素在不同晶体形态的晶面上的浓度关系为：｛111｝＞｛100｝＞｛113｝＝｛110｝。N 的聚合度在不同区域存在差异，如｛111｝＞｛100｝，而且 Ni 和 Co 元素的存在会增加 N 的聚合度；B 元素含量分布为：｛111｝＞｛113｝＞｛110｝＞

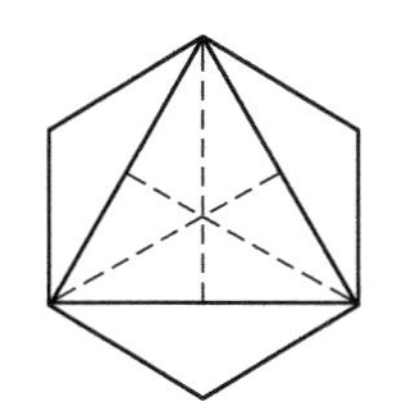
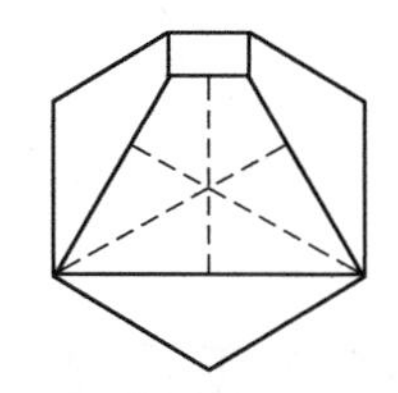
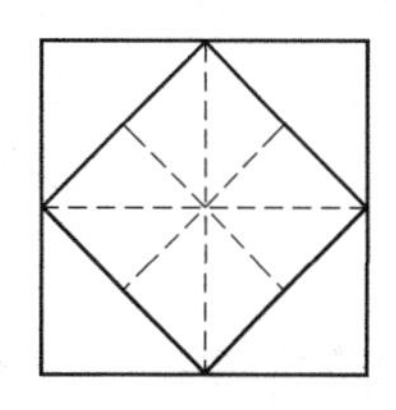
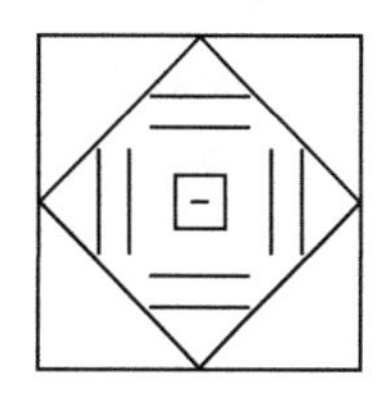

图 8-8　合成钻石中的杂质分布图（虚线为杂质分布处）

{100}。当 B 含量微弱时，{111}晶面上呈现黄色，{113}和{110}面呈现蓝色；Ni、Co 元素只存在于{111}上。

七、晶种触媒法合成钻石的鉴别

尽管 20 世纪 70 年代初，美国通用电气公司就宣布首次成功地合成了宝石级钻石，但由于当时合成钻石仅停留在实验基础上而未形成商业产品，所以在珠宝界并未受到关注。1985 年，当日本住友电子工业公司宣布已合成出了黄色宝石级钻石的商业产品时，宝石学家们考虑到合成钻石对珠宝工业的潜在影响，便致力研究了合成钻石的宝石学特征和性质，并指出了它们与天然钻石的区别。

必须认识到，与地球中形成钻石的条件相比，实验室中钻石生长的条件与天然钻石的生成条件是不同的，包括温度、压力和生长环境，最大的区别是生长速度快（生长 1ct 钻石晶体仅需要几天的时间）。因此，合成钻石具有独特的性质表现，合成钻石与天然钻石的鉴别特征可见表 8-1，并且合成钻石有特殊的异常双折射现象（见彩色图版）。

表 8-1　合成钻石与天然钻石的鉴别特征

项目	天然钻石	合成钻石
颜色	多呈无色、浅黄、浅褐、褐色，也有绿色、金黄色、蓝色、粉红色	多呈浅黄、浅褐黄色，也有无色、绿色和蓝色，且颜色不均匀，可见沿八面体晶棱平行排列的色带
类型	多为Ⅰa 型，也有Ⅰb 型、Ⅱa 型、Ⅱb 型及其混合型	多为Ⅰb 型，也有Ⅱa 型、Ⅰa+Ⅰb 型和Ⅱa+Ⅱb(混合型)
晶形	多呈八面体、菱形十二面体及其聚形，晶面上会有阶梯状“△”生长丘	多呈立方体、八面体、菱形十二面体及立方八面体，晶面上可有不寻常的树枝状树枝纹，波状附生像及残留的晶薄片(见彩色图版)
包裹体	可见钻石、橄榄石、石榴石、尖晶石、辉石等矿物包裹体，Ⅰb 型钻石常含暗色针状或片状包裹体	常见金属触媒包裹体，在反射光下呈亮片状，在透射光下呈黑色不透明，长约 1mm，一般为浑圆或拉长状，孤立或成群出现，常平行于晶体表面或沿内部生长区间边界分布(见彩色图版)；另有一些包裹体呈尖点状或似针状
发光性	无规则的分区分带发光现象	在紫外灯、X 射线和阴极射线下均呈规则的分区分带发光现象(见彩色图版)
吸收光谱	Ⅰa 型“Cape”色者有 1 条或数条清晰吸收线，如 415nm、453nm、478nm 等	Ⅰb 型者一般无明显吸收，有时因合成钻石的冷却作用会造成 658nm 处的吸收；Ⅰb+Ⅰa 型者在 600～700nm 处可见数条清晰吸收谱线
磁性	无磁性	因有含铁包裹体而具磁性

“BARS” 法合成的黄色系列钻石晶体在显微镜下最常见的特征是无色色带。多数黄色合成钻石刻面样品都可透过亭部观察到：狭窄的无色色带把黄色体色分隔开来（见彩色图

版)，有时甚至从台面也可以观察到这种色带。因此，在加工过程中，可以通过选择适当的琢型以降低从台面观察到无色色带的清晰度，或者是改进生长条件，尽可能地减少色带。需要说明的是，这种色带并不是在所有的刻面样品中都能清晰可见。

第二节 翡翠的人工合成

翡翠的矿物名称为硬玉（Jadeite)，它是由无数细小纤维状晶体纵横交织而成的致密矿物集合体，常见“毯状结构”，韧性较强，故而非常牢固，是玉石中最珍贵的品种之一。上等的翡翠最为迷人，也最为珍贵。具有“浓、阳、正、匀”的祖母绿色且透明度好而鲜艳的翡翠就属于上等翡翠，被推举为“玉石之冠”，以前多为帝王将相占有，是权力和财富的象征。但这样的翡翠在自然界极少，所以人们便依据合成宝石品质常优于天然宝石的一般规律，试图合成出高档次的翡翠来。现今，人工合成翡翠主要使用的就是高温高压合成宝石的方法。

一、人工合成翡翠的依据

翡翠的主要成分是钠铝硅酸盐，属单斜晶系，化学式为 $NaAlSi_2O_6$。

对于自然界翡翠的形成，有三种不同的观点：①翡翠是岩浆在高压条件下侵入到超基性岩中的残余花岗岩浆的脱硅产物；②翡翠是在区域变质作用时原生钠长石分解为硬玉和二氧化硅而形成的，其反应式为 $NaAlSi_3O_8 \longrightarrow NaAlSi_2O_6 + SiO_2$；③翡翠是花岗岩类岩脉和淡色辉长岩类岩脉，在 $1.2\times10^9 \sim 1.4\times10^9$ Pa 压力下，在钠的化学势高的热水溶液作用下发生交代作用而形成的。仔细分析一下这三种观点，可以发现它们有个共同点——翡翠是在高温高压条件下形成的。

从天然翡翠的地质产状了解到，最优质的翡翠矿床位于缅甸北部密支那附近的乌龙河流域，这个区域位于阿尔卑斯褶皱区外带与前寒武纪岩石巨大隆起的交界处，为早第三纪变质带，包括一组始新世侵入的超基性岩体。除了蛇纹岩化纯橄榄岩、角闪石橄榄岩和蛇纹岩外，还广泛分布有蓝闪石片岩、阳起石片岩和绿泥石片岩，这些矿物都是高温高压变质相的代表矿物。翡翠矿床主要产于度冒岩体的蛇纹岩中，靠近岩体与蓝闪石片岩和钠钾镁石片岩系的接触带。由此可见，天然翡翠产于碱性变质岩中，属变质成因，是经多次地质上的演化而形成的，其形成过程大致是在地壳构造运动的强烈地带、在高温高压条件下、含钠的长石及铬的围岩经去硅作用形成硬玉，翡翠即是硬玉从熔融状态进行缓慢变化过程中重结晶形成的。

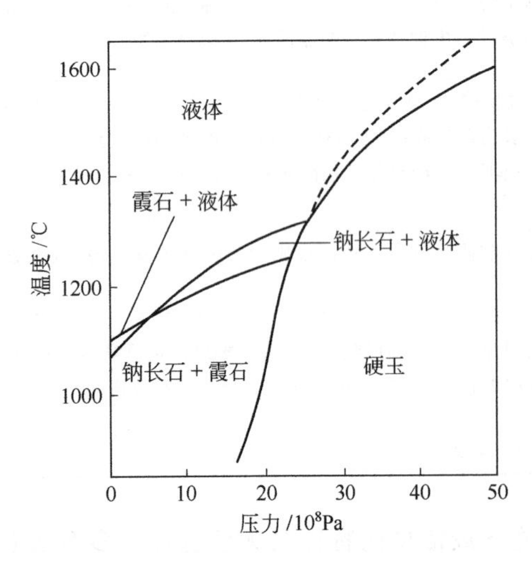

图 8-9 硬玉的温度-压力关系曲线

美国的贝尔（Ball）和罗赛布姆（Roseboom）于 1969 年曾用实验方法研究出了硬玉的温度-压力关系曲线，见图 8-9。从图中可看出，形成硬玉的下限约 400℃，压力约 1.8×10^9 Pa，温度越高，要求压力越大才能形成硬玉；并且压力越大，则在较大的温度区间内均能形成硬玉。人工合成翡翠便是模拟这种条件开展研究工作的。

二、人工合成翡翠的工艺过程

通过分析相图，考虑到熔融体在冷却过程中易形成霞石。因此，人工合成翡翠的工艺分两大步骤：第一步是将化学试剂按配方称量混合后，在 1100℃ 高温下熔融，使各成分充分混合成非晶态的翡翠玻璃料；第二步是将翡翠玻璃料粉末放在六面砧压机上进行高温高压处理，使其转化成翡翠结构，也称为“脱玻化处理”。

（一）翡翠成分的非晶质体制备

1. 原理与设备

翡翠的矿物分子式为 $NaAlSi_2O_6$，其中 Na_2O 含量为 15.34%，Al_2O_3 为 25.21%，SiO_2 为 59.45%。要满足翡翠矿物分子式的配方，经过筛选，认为用硅酸钠和硅酸铝作合成翡翠的原料最好，其反应式如下：

$$Na_2SiO_3 + Al_2(SiO_3)_3 = 2NaAlSi_2O_6$$

选用硅酸钠和硅酸铝为原料合成翡翠的优点如下。

① 1mol 硅酸钠和 1mol 硅酸铝反应，正好生成 2mol 的翡翠，没有多余的其他物质生成，所以是一个很理想的配方。

② 熔融这一配方的混合试剂只要在 1100℃ 下恒温 2h 以上即可实现，由于温度低，对设备要求比较简单，既能节约能源，又节省时间。

翡翠的颜色是丰富多彩的，通常翡翠中的翡色是由镍或锰离子所致，而产生翠色的致色离子是铬。因此，单纯使用上述理想配方，所制得的翡翠玻璃料是透明而无色的。要使产品着色，还须添加含有致色离子的着色剂。一般情况下，合成翡翠颜色与致色离子的关系见表 8-2。

表 8-2　不同浓度的不同致色离子对翡翠颜色的影响

加入试剂	含量由 0.01%～10%从小到大变化时翡翠玻璃料的颜色变化
氧化铬	柠檬黄色→黄绿色→绿黄色→绿色→深绿色→橄榄绿色
氧化钴	浅蓝色→青莲色→深钴蓝色
氧化镍	浅藕色→藕色→紫色→蓝紫色→深蓝色
氧化铜	浅蓝色→天蓝色→海蓝色→深墨水蓝色
氧化锰	浅紫丁香色→紫丁香色→深紫丁香色→紫色
氧化铁	白色→浅黄绿色→浅黄褐色
氧化钛	灰色→浅灰色→白色
氧化钕	日光灯下紫红色→太阳光下青紫色(变色效应)
氧化镨	有鲜绿色色调
五氧化二钒	白色中带有蓝色色调→白色中带有红色色调
氧化铈	白色→白色中带有微红色色调
二氧化锡	白色中带有黄绿色色调→白色中带有微红色色调
四氧化三铁	白色中稍有黄色色调
亚硒酸盐	白色中有粉红色色调

在合成翡翠的过程中，通常以铬为主要致色元素获得绿色，再加入不同含量的其他一种或几种致色元素，可得到丰富多彩的颜色。产品的透明度也与致色离子的浓度有关。例如翡翠玻璃料在含铬量小于0.7%时是透明的，大于0.7%后则呈深绿或橄榄绿色，且不透明。由此可知，天然翡翠丰富多彩的颜色是由于自然界是含有多元素的复杂体系，并且元素种类及含量均有变化，这就使天然翡翠颜色与质地（透明度、“水头”）变化无穷。这一多姿多彩的特点，使翡翠具有无尽的魅力，成为人们追求的珍品。

由合成翡翠玻璃料制备的原理可知，其制造设备主要有加热炉（通常用马弗炉）、坩埚及配套的控温系统等。马弗炉的发热体可为高温电阻丝、硅碳棒或硅钼棒，坩埚的材料可以多样，只要能耐热到1200℃即可。

2. 操作工艺

① 称取适量的硅酸钠（Na_2SiO_3）和硅酸铝［$Al_2(SiO_3)_3$］，加入氧化铬（Cr_2O_3）或铜、锰、镍等致色离子的氧化物，在研钵中磨细并搅拌均匀。

② 将混合物装入坩埚，加盖。

③ 将坩埚置于马弗炉中加热到1100℃，恒温4h左右。

④ 断电降温，也可立即取出坩埚急冷，使熔融体“爆裂”。

⑤ 冷却后，开盖，取出翡翠的非晶态玻璃料。

（二）晶质翡翠的转化

晶质翡翠的转化是在六面砧合成钻石的压机上进行的，其设备结构基本上与第一节有关内容相同。在转化之前，非晶态玻璃料要预压成型，预压成型要在嵌样机上进行，整个工艺过程及设备介绍如下。

① 将带色的翡翠成分玻璃料（剔除沾有坩埚皮的料）在破碎机上粉碎到150目以上，通常为200目左右。

② 将料置于5.9×10^7Pa嵌样机上加热加压预成型。嵌样机是用千斤顶作压力源的，配备有一个500W的加热电炉。将一定量的玻璃料粉末倒入内径ϕ14mm、外径ϕ32mm，并可以分合的两个半圆形组成的成型筒腔内，加压到3.4×10^7Pa，在120℃下保持10min，冷却后取出，压成厚15mm和厚6mm两种规格的料块。

③ 将预压成型的翡翠玻璃料块装入特制的高纯石墨坩埚中，石墨坩埚由高纯石墨棒加工而成，其外径ϕ18mm，内径ϕ14mm，长度有6mm和15mm两种。它们与厚2mm、直径ϕ18mm的高纯石墨片配套组成石墨坩埚。

④ 将组装在石墨坩埚中的预成型翡翠玻璃料装在叶蜡石孔中，空隙部分用不同大小和厚度的石墨片填满，然后在140℃烘箱中烘24h以上。

⑤ 将叶蜡石块放入六面砧压机的压腔中，加压到2.5×10^9～7.0×10^9Pa，加温至900～1500℃，并保持15min左右。

⑥ 断电、卸压，打开压机，取出叶蜡石块，冷却后将叶蜡石块打碎，取出翡翠块。

⑦ 翡翠块表面由于石墨中碳的扩散而呈黑色，须用钻石锉或磨盘打磨，然后再细磨及抛光即成成品。

三、人工合成翡翠的特征

目前人工合成翡翠的方法仅限于高温高压方法，要求条件比较苛刻，在合成工作上难度较大，尤其是晶质翡翠的转化条件必须是高温高压。温度和压力太低时，翡翠块松散，结构转化不好；压力增大，可在较低的温度下使非晶质翡翠转化成晶质。温度愈高，晶质化所需的压力也愈高，并且压力越大，所得产品的硬度也越大。但是，温度过高，且压力过大时，叶蜡石块中的翡翠料又将呈现透明的压块，经 X 射线结构分析，证明又转化成非晶态了。

实验产品用滤色镜观察，有的呈红色，有的呈绿色，说明有的产品中铬离子已经进入了晶格，而有些还没有进入。

目前，市场上尚未见合成翡翠的产品。这是因为合成品虽然在成分、结构、硬度、密度等各方面与天然翡翠取得了一致，但其色不正，透明度差，达不到宝石级要求。这与晶质化过程的结晶状态有关。

合成翡翠达到宝石级要求的关键是使其达到半透明并且使 Cr^{3+} 进入晶格。由此可知，人工合成翡翠的技术还不成熟，还需要广大科研工作者不断研究探索和完善，希望优质的合成翡翠早日问世。

四、人工合成翡翠的鉴别

由于人工合成翡翠的研究目前还处于初始阶段，在研究的深度和广度方面都很欠缺，合成技术还不成熟，因此合成出的产品没有商业价值。

目前，合成翡翠的主要鉴别特征之一是透明度差，发干，不水灵。透明度主要受结晶状况的影响。

合成翡翠的鉴别特征之二是颜色不正，比较呆板。这与致色离子的加入量及结晶状态有关。

合成翡翠的鉴别特征之三是没有天然翡翠那样细密的毯状结构，几乎见不到苍蝇翅的特征。这是由于合成翡翠是在短时间内在高温高压条件下进行结构转变的，没有足够的反应时间和晶体生长时间，故而结构不够细密。

另外，有相当一部分合成翡翠在滤色镜下显红色，这是铬离子未进入晶格的表现，这一点也可与天然翡翠的 A 货进行区别。

第九章　化学沉淀法合成宝石

化学沉淀法主要包括化学气相沉淀法和化学液相沉淀法。本章主要介绍用化学液相沉淀法合成欧泊、绿松石、青金石和孔雀石等多晶型宝石材料以及用化学气相沉淀法合成钻石单晶和碳硅石单晶材料的工艺过程及其鉴别。

第一节　人工合成欧泊

许多世纪以来，欧泊一直是最受人们青睐的宝石之一，莎士比亚曾把它誉为“神奇的宝石之后”。欧泊最大的特点是变彩，变彩的颜色有单彩（基本一种颜色）、多彩（2～3 种颜色）、五彩（基本具有红～紫的全部颜色）之分，一般来说，彩色种类越多越好。优质的欧泊不仅色彩丰富，而且在转动时，色彩会不断地变化和移动。

一、人工合成欧泊的原理

以前，人们对欧泊的这种特殊光学效应产生的原因一直缺乏认识。直到 1964 年，研究者用电子显微镜将欧泊放大到一万倍后才发现，欧泊是由无数个直径为 150～400nm 的相同尺寸的二氧化硅（SiO_2）小圆球组成的。这些圆球呈紧密而规则的排列，为近程堆积，在最紧凑排列的情形下，尺寸相同的球从总体对称上呈现立方或六方结构（这两种结构只是在堆积方式上有极小的差别），球粒间的孔洞为负四面体或八面体，规则地按一定间隔排列于晶格轴上，见图 9-1。这种有序排列的孔洞，很像三维光学衍射光栅，对光线起衍射作用。

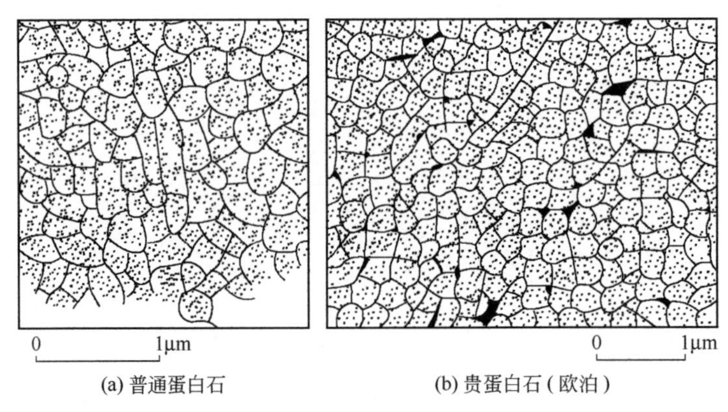

图 9-1　澳大利亚蛋白石的内部结构

从化学成分上看，欧泊的组分为含水3%～10%的二氧化硅，其结构中的圆球由无定形二氧化硅或方石英及水组成，在球与球的间隙内二氧化硅与水的比例稍有变化，通常含有更多的二氧化硅，这为衍射提供了足够的折射系数差。基于以上原因，欧泊具有其特殊的变彩效应。

变彩的颜色与二氧化硅圆球的大小有关：当圆球直径小于138nm时，只有紫外光被衍射，观察不到变彩现象；当圆球直径为138nm时，以紫色变彩为主；直径为241nm时，出现一级红～一级紫的各种颜色，这也是质量最好、变彩最丰富的欧泊；当直径大于333nm时，衍射仅限于红外光，欧泊也不会呈现变彩效应。欧泊通常由不同颗粒集合体组成，每一颗粒由均匀的同一直径小球呈层状有规则排列，并构成三维光栅。因此在一个欧泊抛光面上，可以看到一些由小片颜色区组成的彩图，各色区的大小在1～10mm，这由颗粒的大小来决定。

欧泊内部结构奥秘的揭示，为欧泊的合成与仿制提供了理论依据。尽管原理很简单，但直到1972年，合成欧泊才由P. 吉尔森首次合成成功。实用的合成欧泊到1974年才开始投放市场。

二、人工合成欧泊的工艺过程

虽然欧泊的合成方法是严格保守的工艺秘密，但一般认为合成欧泊的生产过程可分为三步。

（一）二氧化硅球体的形成

一般是用某些高纯度的有机硅化合物（可用蒸馏法制取），如四乙基正硅酸酯[$(C_2H_5O)_4Si$]，通过有控制的水解作用生成单色二氧化硅球体。通常使$(C_2H_5O)_4Si$以小滴形式分散在乙醇的水溶液中，加入氨或其他弱碱并搅拌，使其转化为含水的二氧化硅球体，反应式为：

$$(C_2H_5O)_4Si + nH_2O \longrightarrow SiO_2 \cdot nH_2O + 4C_2H_5OH$$

反应过程中必须小心控制搅拌速度和反应物浓度，以便使制备的二氧化硅球体具有相同的尺寸。按所要求得到的欧泊的种类不同，得到的球体直径为200nm、300nm不等。

（二）二氧化硅球体的沉淀

使分散的二氧化硅球体在控制酸碱度的溶液中沉淀。这一步骤耗时可能要超过一年。一旦沉淀，这些球体便会自动呈现最紧密排列的形式。

（三）球体压实、合成欧泊的生成

这一步骤是使产品达到宝石级要求的关键，也最为困难。第二步的产物类似钡冰长石，具有很大的脆性，而且会迅速干燥失去其颜色，所以必须对球体进行压实。压实球体的方法是对其施加静水压力。加压时将其放入钢制活塞内，加入传压液体，当加入的液体量增多时，静水压力沿各个方向施加在沉淀的球体上，而不至于使其畸变。加压过程中可加入二氧化硅溶胶以填充球体间隙。也可以将沉淀的球体堆积物加热到不太高的温度，将其烧结。

目前，合成欧泊已有好几个品种，包括白欧泊、黑欧泊和火欧泊。主要产地为法国和日本。

三、合成欧泊的鉴别

（一）外观特征

合成欧泊具有与天然欧泊相似的颜色及外观，且有相近的折射率。

（二）结构特征

在放大镜下，可观察到合成欧泊具有独特的游彩斑点，常为嵌花状图案。此斑点具特征的蜥蜴皮状或鳞片状结构。在透射光或反射光下观察，蜥蜴皮状构造可能会呈现波纹状结构，见彩色图版。天然欧泊则具有光滑平直的彩色斑状边缘，且色块内部常有细直平行条纹，见彩色图版。

（三）荧光特征

合成白欧泊在长波紫外线下具有中等强度蓝到黄色荧光，无磷光；在短波紫外线下具有中到强的蓝到黄色荧光，弱磷光。合成黑欧泊在长波紫外线下具有无到弱，甚至到中等强度的黄色荧光，无磷光；在短波紫外线下具无到弱黄色荧光。

（四）红外光谱特征

合成欧泊在 $3686cm^{-1}$ 处出现明显的水分子吸收谱带，在 $2980cm^{-1}$ 和 $2854cm^{-1}$ 有两个 O—H 谱带，在 $2000cm^{-1}$ 以下全被吸收，见图 9-2(a)。天然欧泊在 $5250cm^{-1}$ 处有一强吸收，为水分子的联合振动所致，在 $5500cm^{-1}$ 和 $4500cm^{-1}$ 处有两个较弱的 O—H 吸收，且在 $4000cm^{-1}$ 以下全部被吸收，见图 9-2(b)。

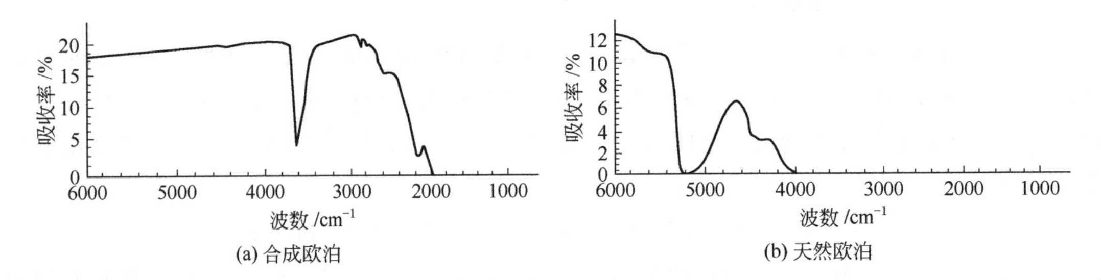

图 9-2　天然欧泊与合成欧泊的红外光谱图

第二节　人工合成绿松石、青金石和孔雀石

一、绿松石、青金石、孔雀石的人工合成工艺

（一）绿松石的人工合成

绿松石的化学成分为 $CuAl_6(PO_4)_4(OH)_8 \cdot 4H_2O$，属铜、铝的含水磷酸盐类，常呈现出微晶质集合体的不规则状、叶状和犬牙状，也可以呈一种薄的条纹（不大于几厘米）状，通常与岩石混生。绿松石的颜色从蓝到绿，其结构中 Cu^{2+} 离子配位八面体的存在决定了绿松石的基本颜色为天蓝色，若有 Fe^{3+} 离子杂质渗入，还可使矿物由蓝变绿或变黄。绿松石的理论成分为：

P_2O_5——34.12%　　　Al_2O_3——36.84%

CuO——9.57%　　　H_2O——19.47%

绿松石具有独特的蔚蓝色调，是人们非常喜爱的玉石之一，也是中国传统的珠宝玉石之一。从出土情况可见，我国从新石器时代开始，绿松石就被人们用作饰品的原料，历代不断。另外，绿松石也是佛家七宝之一。然而优质的绿松石产量并不多，且供不应求，从而引发了人们对绿松石的人工合成及仿制。市场上很早就有了绿松石的合成品与仿制品。早在1974年，市场上就已有四种不同的绿松石制品。

① 一种由含水的酸酐类型的混合物组成并加入黏结剂而制成的产品，为粒状结构，其中可见白色斑点。

② 由P. 吉尔森生产的合成品，它具有与天然绿松石一致的化学成分和结构，是用Al_2O_3和$Cu_3(PO)_4$沉淀合成的。

③ 利用陶瓷工艺将合成的粉料烧结成的产品，具有与天然绿松石相近的成分和结构。

④ 再造绿松石，是一种将劣质天然绿松石的碎粒、粉末加$CuSO_4$染色后加胶加压而成的产品。

以上四种类型中只有P. 吉尔森的产品才称得上是真正的合成品，它有两个基本品种：一种基体中含有“铁线”，另一种无铁线基体特征。其色泽接近于档次最高的天然品，而且颜色很稳定。

2004年初又有一种新的绿松石仿制品出现，是用菱镁矿（$MgCO_3$）作基体，在500～600大气压下将有机染料和胶一起压入菱镁矿而制得的。该技术目前还在不断改进，正在研制用无机着色剂代替有机染料与胶一起压入菱镁矿的工艺。

（二）青金石的人工合成

青金石是由多种矿物组成的集合体，其中包括青金石（蓝方石和方钠石的非晶质集合体）、蓝方石［$(Na,Ca)_{4\sim8}(S_3SO_2)_{1\sim2}(Al_6Si_6O_{24})$］、方钠石［$Na_8Cl_2(Al_6Si_6O_{24})$］和黝方石［$Na_8(SO_2)(Al_6Si_6O_{24})$］。除此以外，还有许多造岩矿物如似长石、方解石（常成浅白色斑点状）、黄铁矿（星点状）以及少量透辉石、普通辉石、云母和角闪石等。矿物种类和含量的不同会极大地影响青金石的物理性质。

青金石常呈暗蓝到黑蓝色，带紫色或绿色色调，但很少呈纯绿色、紫红色等，偶然可见蓝、绿及红或紫色集于一体。有时还可见到浅蓝或几乎无色的青金石，常易被误认为绿松石。青金石中常有带状、斑点状的不同蓝色的阴影，或有一些闪闪发光的浸染状黄铁矿。

青金石的仿制历史也很长，1954年时德国已开始出现仿造青金石，据说是焰熔法合成的，为含Co尖晶石及黄铁矿的聚晶。合成青金石的发展历史与绿松石很相近，到1974年时也已有了四种类型的仿制品。

① 一种由不含水的酸酐类型的混合物组成并加入黏结剂制成，具有粒状结构，有白色斑点，工艺上与第一种绿松石产品相同，只是颜色不同。

② P. 吉尔森用化学沉淀法生产的合成品，具有与天然青金石一致的化学成分和结构，是真正的合成品。它有两个基本品种，一种含黄铁矿，另一种则不含。

③ 利用陶瓷工艺将合成出的粉料烧结而成，具有与天然品相近的化学成分和结构，但在X光及电镜分析下，其白色斑点为石英、方解石，蓝色者为方钠石、蓝方石，而不是真正的青金石。

④ 再造青金石，是用天然青金石的碎粒和粉末加钴烧结而成的。

（三）孔雀石的人工合成

地质工作者在研究中发现，铜矿往往伴生着孔雀石和蓝铜矿，它们的生成与二氧化碳的含量有关，随着 P_{CO_2} 压力的不同，可出现赤铜矿→孔雀石→蓝铜矿的变化，其化学式为 $CuO \rightarrow Cu(OH)_2CuCO_3 \rightarrow 2Cu(OH)_2CaCO_3$。可见，控制 P_{CO_2} 分压可以用化学沉淀法合成出孔雀石。其具体合成方法如下。

第一步：先配铜氨络离子 $[Cu(NH_3)_4]^{2+}$，即在 $CuCl_2$ 或 $Cu(NO_3)_2$ 中加入 NH_3 或 NH_4OH。在一定温度及一定氨的浓度下可形成铜氨络离子。

第二步：要形成碳酸铜 $CuCO_3$，可用 $CuCl_2$、$CuSO_4$ 或 $Cu(NO_3)_2$ 加入 $(NH_4)_2CO_3$ 或 NH_4HCO_3 而制得。

第三步：混合二者溶液，缓慢加热。随着温度升高，铜离子溶解度降低形成过饱和而沉淀。另外，加热使 $[Cu(NH_3)_4]^{2+}$ 分解，放出 NH_3 气体；同时使 $(NH_4)_2CO_3$ 或 NH_4HCO_3 分解，放出 CO_2 气体，形成 P_{CO_2} 分压，通过有效地控制 P_{CO_2} 就能获得孔雀石结晶。此外，控制铜的浓度可以使孔雀石出现蓝色深浅变化而形成环带状构造。

二、合成绿松石、合成青金石、合成孔雀石的鉴别

（一）合成绿松石的鉴别

① 合成绿松石常见的颜色为蓝色、淡绿蓝色，以及与优质波斯绿松石相似的颜色；而天然绿松石常见颜色为蓝色、绿蓝色、蓝绿色、黄绿色、绿色。

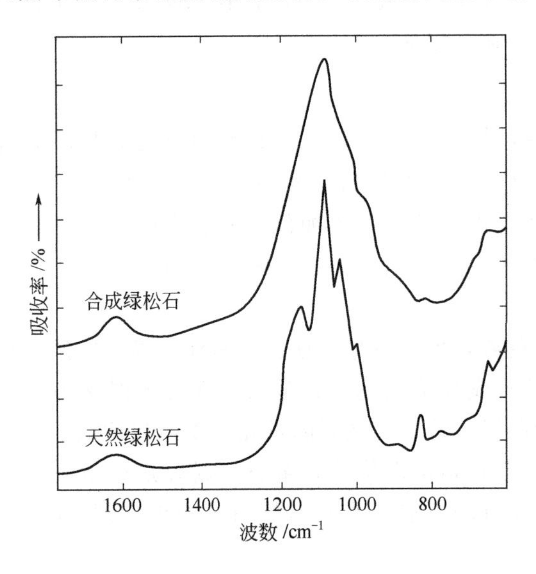

图 9-3 天然绿松石与合成绿松石的红外光谱

② 在反射光或透射光下用放大镜观察，可见无数微小的小蓝球（麦乳效应），这是合成绿松石的证据；还可有黑色到深褐色的“蜘蛛网状脉石”（不形成凹雕），或嵌入黄铁矿，形成嵌金绿松石。天然绿松石常见黑色、褐色或白色的脉，亦可能有金属质包裹体，脉石多形成凹雕。

③ 合成绿松石具有与天然绿松石不同的红外光谱。合成绿松石含有不规则分布的细粒物质，这种物质产生宽且圆滑吸收光谱模型，见图 9-3。以此可鉴别合成绿松石。

（二）合成青金石的鉴别

① 合成青金石完全不透明，常见的颜色为蓝色和紫蓝色；而天然青金石一般为亚半透明至不透明，薄处（0.5mm 厚）透明，常见颜色也是蓝色和紫蓝色。

② 放大检查，合成青金石一般仅有非常少量的黄铁矿及方解石，并且颗粒小、大小均匀；黄铁矿常具有非常简单的棱角状的平直外形并且规则分布，周围无深蓝色环，在反射光下显示为特征的深紫色斑点。而天然青金石则常有白色方解石和黄色黄铁矿存在，比合成品中的颗粒大而且更明显，黄铁矿易有被磨圆的外形并且分布不规则，黄铁矿周围常可见深蓝色环。

③ 合成青金石无荧光。天然青金石在长波紫外线下，其中的方解石包裹体可发出中等强度粉红色荧光；在短波紫外线下可发出中等强度绿色到黄绿色荧光。

④ 合成青金石密度为2.33～2.53g/cm³，几乎总是低于天然青金石。天然青金石的密度为2.50～3.00g/cm³（由于黄铁矿的存在多少而有显著变化），一般在2.75g/cm³左右。

（三）合成孔雀石的鉴别

由于合成孔雀石在市场上很少出现，有关合成孔雀石的样品和资料也非常少。这里仅介绍利用差热曲线进行鉴别的方法，即合成孔雀石的差热曲线有两个吸收峰，而天然孔雀石的差热曲线则只有一个吸收峰。

第三节　化学气相沉淀法合成钻石

一、化学气相沉淀法合成钻石的历史及应用

化学气相沉淀（Chemical Vapor Deposition，简称CVD）法合成钻石技术起源最早可追溯到20世纪50～60年代，当时为了研究单晶钻石的人工合成方法，美国和苏联的科学家们曾先后在低压条件下实现了钻石多晶薄膜的化学气相沉淀开发研究，虽然当时的沉淀速率非常低，但无疑是奠基性的创举。进入20世纪80年代以来，科学家们又成功地研发了多种CVD钻石多晶薄膜的制备方法：如热丝CVD方法、微波等离子体CVD方法、直流等离子体CVD方法、激光等离子体CVD方法、等离子增强PECVD方法等。随着合成技术的日趋成熟，钻石薄膜的生长速率、沉积面积和结构性质已经逐步达到了可应用的程度。各种合成方法之间既有共同之处又各具不同的特点。

20世纪90年代，日、美等国在钻石薄膜的研究工作上取得了很大的进展，尤其是美国，经过8年的努力，在某些研究领域已经赶上甚至超过了日本。但日本目前在钻石薄膜的研究方面尤其是制备技术方面仍然处于世界领先地位。我国经过多年的努力，在钻石薄膜的制备方法、制备技术、物理性质和应用研究方面也取得了可喜的进展，在1995年底已有黑色钻石多晶薄膜产品进入了珠宝市场。目前，国内CVD合成钻石薄膜技术多种方法并存，包括：微波法、热丝法、等离子体喷射法。其中，热丝CVD技术和直流电弧等离子喷射CVD技术在一些研究单位和企业获得了很大的成功，CVD合成钻石膜材料的生产已开始走向产业化。

由于CVD合成钻石膜材料独特的力学、光学、电学和声学特性，除了广泛应用于目前以至将来的通信、电子、微波等领域，而且还在宝石业方面得到了初步的应用。例如在各种仿制钻石刻面上镀合成钻石薄膜，以使其具有天然钻石的部分性质；在天然钻石表面镀彩色钻石薄膜用来改变刻面钻石的外观颜色，模仿彩色钻石；还用来在硬度低的宝石表面上镀钻石薄膜以增强其耐磨性；等等。例如，在德国已有人对鱼眼石或蓝晶石进行钻石薄膜处理并获得专利；另有报道合成钻石薄膜技术还可用于欧泊石“封锁”水，防止其失水和产生龟裂现象。可见，此技术在宝石业是有很大发展潜力的。

20世纪90年代，CVD合成单晶体钻石的研发取得了显著进展。戴比尔斯的DTC和Element Six公司生产出了大量用于研究目的的单晶体钻石，除掺氮的褐色钻石和纯净的无色钻石外，还有掺硼的蓝色钻石和合成后再经高压高温处理的钻石。

美国阿波罗钻石公司（Apollo Diamond Inc.）多年从事CVD合成单晶钻石的研发。2003年秋开始了宝石级CVD合成单晶钻石的商业化生产，主要是Ⅱa型褐色到近无色的钻

石单晶体，重量达 1ct 以上。同时，开始实验性生产Ⅱa 型无色钻石和Ⅱb 型蓝色钻石。

2012 年初由新加坡的 IIa 公司将 CVD 法生长出的无色高品质（从小钻到克拉级，最大 5ct）的宝石级钻石商品化，其售价为同级天然钻石价格的 1/2 或 1/3～2/3，在天然钻石市场引起了震撼。2014 年夏天，小颗粒的无色合成钻石毛坯成功上市，合成钻石毛坯 2018 年销量 300 万 ct。2019 年全球各地区拥有 CVD 反应炉的数量是 1700 台，其中印度 600 台、新加坡 250 台、美国 500 台、日本 100 台、中国 150 台、俄罗斯 25 台、欧洲其他国家 50 台、以色列 25 台。

近年来，以美国卡内基研究所地球物理实验室、亚拉巴马州大学物理系及戴比尔斯 Element Six 公司为代表的研究结果显示，新技术的研发，已能实现高速度（100～200μm/h）生长出 5～10ct 的单晶体。这一速度相当于高压高温法和其他 CVD 方法合成钻石生长速度的 5 倍以上，并预言能够实现英寸级（约 300ct）无色单晶体钻石的生长。

CVD 单晶钻石在高精度、高光洁度刀具和热学、光学以及未来的半导体材料（耐高温、高载流子迁移速率、宽带隙）等工业方面有着广泛的应用，而在珠宝领域中的应用则更是显而易见。因此，大颗粒 CVD 合成单晶钻石的前景十分可观，对钻石业的影响不可低估。

二、CVD 法合成钻石工艺

CVD 法合成钻石是以低分子碳氢化合物（CH_4、C_2H_2、C_6H_6 等）为原料所产生的气体与氢气混合（有的还加入氧气），在一定的温压条件下使碳氢化合物离解，在等离子态时，生成碳离子，然后在电场的引导下，碳离子在非钻石（Si、SiO_2、Al_2O_3、SiC、Cu 等）或钻石衬底上生长出多晶钻石薄膜层或单晶钻石的方法。以钻石为衬底生长钻石薄膜的 CVD 方法也叫做外延生长法。

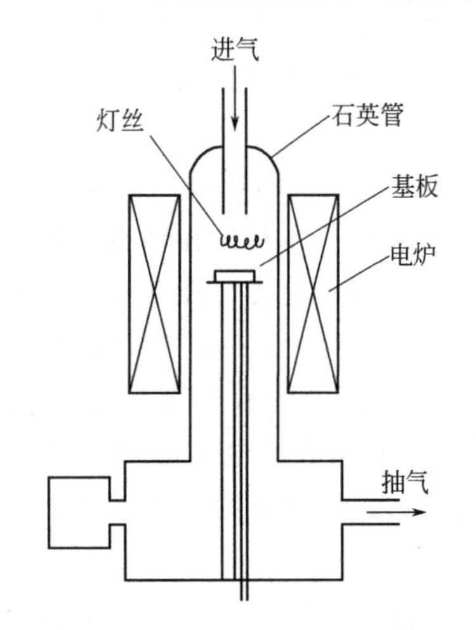

图 9-4　热丝 CVD 法合成钻石装置示意

热丝 CVD 法和等离子增强 PECVD 法是目前合成钻石薄膜最常用的两种方法，而微波等离子体 CVD 法是实现钻石单晶生长的主要方法。

（一）CVD 法合成钻石薄膜

1. 热丝 CVD 法

热丝 CVD 法合成钻石的反应器结构见图 9-4。反应室由石英玻璃管组成，室中的热丝作为气体离解的热源，基片支撑物由耐高温的金属制成，并可施加直流偏压。

热丝 CVD 方法合成钻石薄膜的生成条件如表 9-1。当基片经过一定的预处理，碳源浓度和其他工艺条件都合适时，热丝 CVD 方法能够得到结构和性能与天然钻石十分一致的多晶钻石薄膜。

表 9-1　典型的实验条件

反应气体	$H_2+C_2H_5OH$(或 CH_3COCH_3)
碳源浓度/%(物质的量)	0.5～5
流量/SCCM	20～400
气体压力/Pa	3999.6～26664.4

续表

反应气体	$H_2+C_2H_5OH$(或 CH_3COCH_3)
热钨丝温度/℃	1600～2400
基片温度/℃	500～800
基片	Si
生长速率/(μm/h)	1～3

热丝 CVD 法的工艺要点如下。

① 碳源浓度的控制，是热丝 CVD 方法生长钻石薄膜的关键工艺之一。以（$CH_3COCH_3+H_2$）系统为例，当丙酮浓度为 0.8%左右时，晶粒自形性好，闪闪发光，(111) 面十分清晰；当浓度逐渐提高并偏离合适值时，晶粒的自形性逐渐变差，并呈粗糙的球状多晶体；当碳源浓度较低时（约 0.8%），活性 H 原子浓度较高，而 CH_3—等含碳活性粒子浓度较低，容易使 CH_3—等离子脱氢，碳以 sp^3 键合成钻石结构，并使石墨气化，因而能得到较理想的钻石结构；当碳源浓度较高时，沉积产物中的 sp^3 结构以及由于 C—H 键存在而导致的结构缺陷将明显地增加。

大量氢气的存在是热丝 CVD 方法生长钻石薄膜的必要条件。只有碳源浓度在 1%以下时才能得到较理想的钻石薄膜。反应气体中含有适当的氧，能消除沉积产物中的 C－H 结构。

② 作为激活源的热钨丝，其温度对沉积产物的结构同样有着很大的影响。当钨丝温度过低时，不仅沉积速率慢，而且钻石成分大幅度地减少。只有在相对较高的温度下（约 2200℃）才能得到较理想的钻石。热丝保持较高温度是产生过饱和的 H、CH_3—、OH 等活性粒子的必要条件。但是，当钨丝温度过高时，钨丝表面形成的碳钨合金将挥发并且会沾污基片，过高的热辐射还将使基片中心区的钻石部分气化，所以，钨丝温度也不宜过高。

③ 改变基片温度，与改变碳源有相似的结果。当基片温度过低时（<500℃），相当于碳源浓度过高的情况，晶粒含较多的类钻石结构，这是产物中石墨成分气化不彻底和脱氢不完全的结果。当基片温度过高时，部分钻石被气化而不能连成膜。不同的反应气体系统均有其最适宜的基片温度。对于 $CH_3COCH_3+H_2$ 系统，适宜的基片温度为 650～700℃左右。而碳源为 C_2H_5OH 时，基片温度应更高些。

2. 等离子增强 PECVD 法

等离子增强 PECVD 方法典型的化学沉积钻石反应装置见图 9-5。

(1) 工艺条件　碳氢化合物气体通常采用甲烷和氢气，其体积比为（0.1～1）∶（0.9～9）；反应过程中需要的温度为 700～1000℃，压力为 $(0.7\sim2)\times10^4$ Pa。

(2) 工艺要点　等离子增强化学沉积法（PECVD）工艺需要使用能源装置，将输入的气体电离，产生出富含碳的等离子气体带电粒子。在上述工艺条件下，碳氢化合物气体粒子分解，

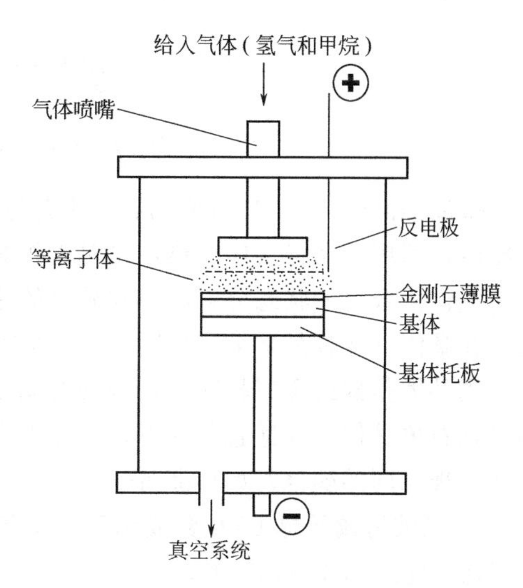

图 9-5　PECVD 法合成钻石薄膜示意

碳原子沉积在基体材料上，形成合成钻石薄膜。工艺要求氢原子应尽可能接近沉积区域，这样碳原子能以立方体结构沉积，从而最大程度地减少石墨的形成。如此形成的薄膜具有钻石的全部固有性能。

（二）CVD 法合成单晶钻石

早期科学家们曾利用微波等离子体 CVD 方法，以 CH_4 和 H_2 为原料在钻石衬底的（100）表面成功地生长了厚度为 20μm 的钻石外延层，该外延层具有平滑的外延生长表面和高的晶体质量，生长速度为 0.6μm/h，而在钻石（110）和（111）面的外延生长的晶体质量较差。这说明钻石的同质外延层质量直接与衬底钻石的晶面取向有关。

目前，大功率微波等离子体 CVD（MPACVD）合成钻石技术，是高质量 CVD 钻石产业化生长技术的代表。利用该技术制备的钻石，实现了钻石单晶高速外延生长，其沉积速度可达到 100～200 μm/h，重量 10ct，体积约 550mm³。

1. 微波等离子体 CVD 合成钻石的工艺过程

微波等离子体 CVD 合成钻石生长装置如图 9-6 所示。

微波等离子体 CVD 合成钻石技术是高温低压的一种合成方法。所谓“等离子体”就是气体在电场作用下电离成正离子及负离子，通常成对出现，保持电中性。这种状态被称为除气、液、固态外物质的第四态，如 CH 化合物电离成 C 和 H 等离子体。

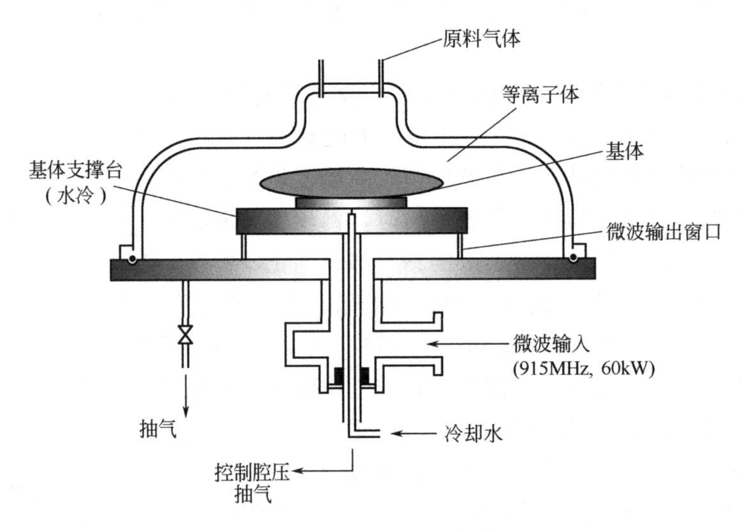

图 9-6　60kW MPACVD 生长装置原理

微波等离子体 CVD 合成钻石的工艺过程是，用泵将甲烷（CH_4）和氢气输送至真空反应舱内，利用微波将气体加热，同时也将舱内的基体（或种晶）加热。微波产生等离子体，碳从气体化合物的状态分解成单独游离的原子状态，经过扩散和对流，最后以钻石结构形式沉淀在基体（或种晶）上，见图 9-7，其中氢原子对抑制石墨的形成起着重要的作用。

当基体是硅或金属材料时，因钻石晶粒取向各异，所产生的钻石薄膜是多晶质的；若基体是钻石单晶体，在适宜条件下，就能以它为基础生长出单晶体钻石。此外，适量掺杂可使晶体呈现不同的颜色，如掺硼可使钻石呈蓝色，掺氮则呈褐色。

2. 微波等离子体 CVD 合成钻石的工艺条件

① 温度：800～1000℃。

② 压力：(0.9～1.1)×10⁴ Pa。

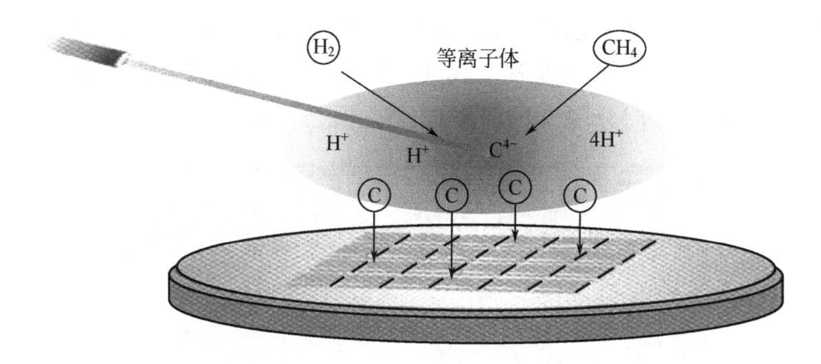

图 9-7　等离子体及碳结晶示意

③ 大功率微波：常用 915MHz、60kW。

④ 基体（或种晶）：天然钻石或高压高温合成钻石或 CVD 合成钻石。基体切成薄板状，其顶、底面大致平行于钻石的立方体面（{100}）方向。

⑤ 掺杂：合成过程中在原料气体中加入 B_2H_6，可使合成钻石晶体含少量的硼，其颜色可呈浅蓝～深蓝色。

三、CVD 法合成钻石的特征与鉴别

（一）CVD 法合成钻石薄膜

1. CVD 法合成钻石薄膜存在的缺陷

高质量的 CVD 钻石薄膜的硬度、导热性、密度、弹性（以杨氏模量表征）和透光性等物理性质已接近或达到天然钻石的性质。但许多研究工作者都指出：各种 CVD 方法获得的钻石薄膜仍存在大量的缺陷，包括（111）孪晶、（111）层错和位错。尽管在各种薄膜中均存在层错和孪晶，但晶粒形貌、缺陷密度和分布却因薄膜而异。当生长面主要是（100）晶面时，层错和孪晶主要分布在晶粒边界处；当生长面主要为（111）面时，层错和微孪晶则分布于整个晶粒内部。而在另外一些沉积条件下，缺陷却限制在一定宽度的带中。在上述的几种缺陷中，孪晶是占主导地位的缺陷，而且多以五次孪晶的形式出现。

2. CVD 法合成钻石薄膜的鉴别

对 CVD 方法合成钻石薄膜的鉴别还没有一套完善的方法。美国宝石学院曾对三颗表面涂有蓝色合成钻石薄层的钻石进行检测，发现其薄层具导电性，在显微镜下，可观察到除小面棱附近外，薄层均匀地分布在刻面钻石的全部表面；此外还可用先进仪器如红外光谱仪对表面薄层的存在进行检测。另外，从表面特征、浊度、颜色对偏振光的反应以及采用诺玛斯基（Nomarski）分异干涉对比显微镜技术和对其荧光性、热导率等特征的检测也可以用来鉴别。

（二）CVD 法合成单晶钻石的特征与鉴别

CVD 法合成出的单晶钻石在硬度、热导率、透光性、弹性等内在质量方面可以与高质量天然单晶钻石相媲美，但可根据其具备的以下特征进行鉴别。

1. 晶体形态和表面特征

因为 CVD 法合成单晶钻石时是将天然钻石、高压高温合成钻石或 CVD 合成钻石切成平行于 {100} 晶面（立方体面）或与 {100} 交角很小的薄片作为种晶，所以生长出的单晶体大都呈板状，有大致呈 {100} 方向的大的顶面，偶尔可在边部见到小的八面体面 {111}

和菱形十二面体面{110}（见彩色图版）。这与天然钻石和高温高压合成钻石不同。

用微分干涉显微镜或宝石显微镜放大观察：掺氮合成钻石的生长表面具“生长阶梯”现象，由“生长台阶”和将它们分隔开的倾斜的“立板”构成，见图9-8。

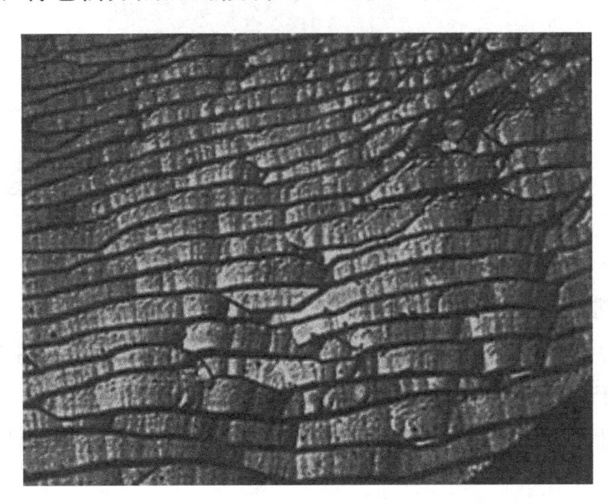

图9-8 CVD掺氮合成钻石在{100}面上看到的表面生长特征

2. 钻石类型和颜色特征

在CVD法合成钻石中，得到的原石是深色的，这是合成过程中产生的应力和氮形成的。氮是为了提高CVD合成钻石的速度刻意加入的，所以原石还要在六面顶金刚石压机上利用优化处理技术，去除应力，使其变白。

目前CVD法合成的单晶钻石共有以下类型和颜色特征（见彩色图版）。

Ⅰb型——掺氮多，绝大多数带褐色调（个别带灰色调），经高温高压处理后可减弱褐色调。

Ⅱa型——掺氮少，为近无色。

Ⅱb型——掺硼，为浅蓝～深蓝色。

Ⅱa型——除氢外无其他杂质的高纯度CVD合成钻石，近无色～无色。

部分CVD法合成的钻石在垂直晶体生长方向（即平行于{100}面的方向）进行放大观察时，可看到颜色呈层状分布。在掺氮的褐色钻石中可见褐色的条带（见彩色图版），而在掺硼的蓝色钻石中可见蓝色的条带。

3. 包裹体

CVD法合成的单晶钻石通常净度很好，较少含包裹体，偶尔可见一些针点状包裹体，还有一些小的黑色不规则状颗粒，或称非钻石碳（见彩色图版）。但天然钻石中也会有非钻石碳包裹体的存在，要慎重鉴别。

4. 异常双折射

在正交偏光显微镜下垂直立方体面观察，通常可见到由残余内应变而导致的格子状的异常双折射，显示低的异常干涉色，但围绕一些缺陷可见到高干涉色。整体上其异常双折射弱于天然钻石。

5. 发光现象

大多数CVD合成钻石在长短波紫外灯下的反应变化很大，可呈惰性到橙色，很难作为鉴定依据。

用钻石观测仪（DiamondView）观察CVD合成钻石在短波紫外光下的发光特点，发现CVD合成钻石的发光图像样式不同于天然钻石和高温高压合成钻石的发光样式。

DiamondView下观察不同类型的CVD合成钻石结果如下。

① 掺氮钻石呈现强橙色到橙红色的荧光，并且在垂直{100}的切面上可看到密集的斜的条纹，这是CVD合成掺氮钻石一个重要的鉴别特征。

② 经高压高温处理的掺氮CVD合成钻石主要呈绿色。

③ 高纯度的CVD合成钻石不显橙色荧光，但有些样品有微弱的蓝色荧光，这可能与晶格中的位错有关。

④ CVD合成掺硼钻石呈亮蓝色荧光，同样显示条纹或是凹坑或两者都有，这一特征未见于天然Ⅱb型蓝色钻石；部分CVD掺硼钻石在DiamondView下为绿蓝色，有磷光效应，可延续几秒到几十秒。

CVD合成钻石的阴极发光与DiamondView下观察到的特征相似。

6. 光谱特征

光致发光和阴极发光光谱显示：467nm和533nm只出现在CVD合成钻石中，但高压高温处理后将不复存在。

紫外-可见光-近红外光谱中的365nm、520nm、596nm和625nm吸收以及红外光谱中与氢有关的8753cm^{-1}、7354cm^{-1}、6856cm^{-1}、6425cm^{-1}、5564cm^{-1}、3323cm^{-1}和3123cm^{-1}是CVD合成掺氮钻石的特征吸收峰，但经高压高温处理后可消失，这些吸收峰在天然钻石和高压高温合成钻石中均不存在。天然钻石中出现的与氢相关的3107cm^{-1}吸收在CVD法合成钻石经高压高温处理后亦可出现。

7. X射线形貌分析

在CVD合成钻石平行于生长方向的切面上进行X射线形貌分析显示出明显的柱状结构，而在其垂直生长方向的切面上可观察到许多暗色斑点或呈模糊的格子状。这种柱状结构是钻石晶体生长过程中的一些位错从基片分界面或靠近分界面处出现并开始向上延伸的结果。

第四节　化学气相沉淀法合成碳硅石晶体

众所周知，不同历史时期人工合成的仿钻产品都存在着明显的缺陷，例如：合成尖晶石、无色蓝宝石和人造钇铝榴石（YAG）的火彩或亮度低于钻石；合成金红石和人造钛酸锶比钻石色散高得多，但硬度低；人造钆镓榴石（GGG）和合成立方氧化锆（CZ）相对密度过大，且合成立方氧化锆的脆性较大。相比之下，最新问世的合成碳硅石（Synthetic Moissanite）则被认为与钻石有着更为接近的宝石学性质。合成碳硅石——这种合成物质的主要成分是碳硅石（α-SiC），并含有一些微量杂质，如铝、铁、钙、镁等。合成碳硅石的折射率平均值为2.67（钻石为2.417）；色散为0.104（钻石为0.044）；密度3.22g/cm^3，与钻石的密度3.52g/cm^{3}接近；莫氏硬度为9.25，在宝石材料中仅次于钻石，且比钻石更坚韧。其原因是合成碳硅石虽可能有较弱的{0001}解理，但不存在钻石明显的八面体{111}解理，或虽有但很弱。因此，不少杂志报道，合成碳硅石这一新型仿钻石材料即将取代合成立方氧化锆而成为钻石更好的代用品，并且合成碳硅石目前已在国内珠宝市场出现，因此本节对其合成技术及产品的鉴别进行了重点介绍。

一、合成碳硅石的历史及应用

SiC最早被人们认识是由于它的硬度和作为磨料的潜力。1893年爱德华·阿杰森（Edward G. Acheson）在两个碳电极间接一个电弧灯，使碳和熔融的黏土（一种铝硅酸盐）混合物在高温下相互作用，以试图生长钻石，结果偶然制得了SiC。他将这种新物质命名为“碳化硅”，即金刚砂（Carborundum）。之所以如此命名，是因为他最初认为这是碳和刚玉（Al_2O_3）的化合物，或许还因为这种材料的硬度介于钻石和刚玉之间。后来，他使用碳和砂子的混合物生产这种产品获得了较高的产量。这种工艺被称为“阿杰森法（Acheson process)”，之后，略经改进，一直延续到今天，生产出了大量作为磨料的SiC产品。

此后不久，1904年诺贝尔奖获得者化学家亨利·莫桑（Henri Moissan）在坎亚黛布鲁陨石中发现了天然SiC。为表示对莫桑的敬意，1905年旷兹（Kunz）将此天然矿物命名为“莫桑石（moissanite)”。自那时起，不断有报道，天然SiC在其他一些小的陨石和地球环境中也有发现。

由此可知，早在一个世纪以前，SiC就被制造出来，并作为磨料在工业上得到了广泛的应用。SiC单晶的生长也已被研究多年，生长出的SiC单晶主要有两种用途：一是作为一种半导体材料，二是在珠宝方面作为一种钻石的代用品。事实上，合成碳硅石作为钻石仿制品在宝石学及相关文献上已多次被提及过。这些文献曾热情洋溢地描述过这种有色刻面材料（通常是蓝色到绿色）并声称无色材料也是可以获得的。一位学者注意到了SiC的潜在价值，并指出“如果能制得无色的SiC，它将是最佳的钻石仿制品”。然而，那时人们还未能找到控制SiC颜色和适于该种宝石晶体工业化生产的方法。

1955年，莱利采用升华法生长出了碳硅石晶体，奠定了合成碳硅石发展的基础。虽然用这种方法生长的晶体尺寸较小，且形状不规则，但生长的晶体质量很好，故莱利法一直是生长高质量碳硅石单晶体的方法。1980年初，苏联的戴依洛夫（Tairov）等人对莱利法进行了改进，采用籽晶升华技术（又称物理气相输送技术）生长出碳硅石大晶体，且有效地避免了自发成核的产生，宣告有控制地生长合成碳硅石技术获得了成功。这种材料在首饰成品上其刻面可呈现近似于无色，因而可应用于宝石领域。这种合成材料由克瑞研究公司（Cree Research Inc.）生产，并由C3公司销售。1987年，戴维斯（Davis）等人对莱利法进一步进行了改进并于1990年申请了专利。之后，不断有报道大的合成碳硅石单晶生长获得成功。如1994年，生长出的6H型SiC单晶直径达50mm，切磨成标准圆钻型高28mm，重约380ct。这一突破性进展掀起了碳硅石及其相关产品的研究热潮。美国制定了“国防与科技计划”，日本制定了“国家硬电子计划”，都把合成碳硅石作为研究的重点。美国的克瑞研究公司采用改进的莱利法不断提高合成碳硅石的质量和直径。1998年，卡特（Carter）等人通过补偿杂质技术获得了近无色的合成碳硅石晶体并申请了专利，使合成碳硅石单晶技术得到了进一步的提高。

1995年创立的美国诗思有限公司（Charles & Colvard Ltd.，前身即C3公司）采用高科技成果在高温常压下解决了合成碳硅石颜色、透明度问题，合成了大颗粒宝石级碳硅石晶体，并经过精密的切割后镶嵌成铂金和K金首饰，正式推向国际市场，并于1997年在美国纳斯达克股票上市。1997年12月，该公司生产和切磨出了超过1000个小面的刻面合成碳硅石成品，并声称这件成品是为了将近于无色的刻面材料打入珠宝市场而设计的，1998年初正式进行销售，价格相当于钻石平均零售价的5%～10%。1998年，该公司开始向美国有限的几个零售商和国外的一些独家代理商提供合成碳硅石刻面宝石。到2000年，生长出的合成碳硅石晶体直径已达到100mm。2010年，合成碳硅石的年产量已达7万多克拉。

近年来，我国在合成碳硅石技术方面的研究取得了重大进展。由于碳硅石单晶生长的技术难度比较大，故到目前为止，能生长碳硅石单晶的单位并不多，主要集中在中科院物理所、中科院力学所、中科院上海硅酸盐研究所、山东大学、西安理工大学、中国电子科技集团第四十六研究所等几家研究所和高校。他们采用升华法已经能生长出4in(101.6mm)高质量的碳硅石晶体，并申请了多项关键技术专利，产量和销量均远超海外相关厂家，在全球合成碳硅石领域占据了绝对的优势。

需要说明的是，自合成碳硅石进入中国市场以来，在各大金店、珠宝市场和新闻传媒上出现过的名称有碳硅石、莫桑石、莫依桑石、合成莫桑石、摩星石、美神钻、美神莱、莫桑钻等，而在珠宝鉴定证书上依据国家标准定名为合成碳硅石。

合成碳硅石晶体除了被用作优质的LED基体材料和仿钻石材料外，还被称为第三代半导体材料，又称为宽禁带半导体材料、高温半导体材料等，是目前国际上的研究热点。合成碳硅石具有高热导率、高临界击穿电场和低介电常数等特点，成为耐高温、大功率、耐高压、抗辐照的半导体器件的优选材料，其器件可用于核反应堆系统、宇航、电力系统等领域的极端环境中。

二、合成碳硅石技术

（一）SiC的结构

起初，人们对SiC的结构存在着许多不同的和模糊的认识，如认为SiC属立方相、六方相和三方相等，其实这种不同的认识源于SiC的多型结构。SiC可呈现出不同的原子层六方堆积形式，据统计它有150多个构型。图9-9所示的是堆积的六方双原子层，图中A实线圈代表第一个双原子层位置，B虚线圈代表第二个双原子层位置。第三个双原子层有两种堆积方法：①若第三个双原子层占据的位置在双原子层A的正上方，可描述为ABABAB……堆积方式，重复单元由两个双原子层组成，即为六方2H构型［见图9-10(a)］；②若第三个双原子层占据的是图9-9所示的C位置，重复堆积可描述为ABCABC……，重复单元由三个双原子层组成，其结构为立方的3C构型［见图9-10(b)］。图9-10(c)和图9-10(d)分别展示了另外两种堆积顺序，它们是ABC……和ABCACB……。两者均属于六方堆积，其中具4个双原子层重复单元者称为4H构型，具6个双原子层重复单元者称为6H构型。

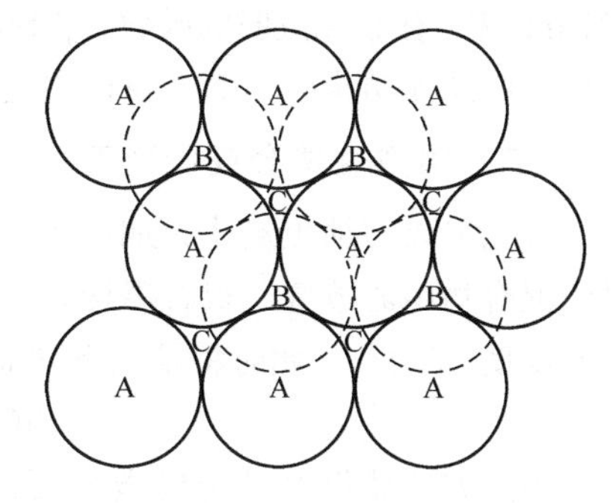

图9-9　六方堆积形式

当温度低于2000℃时，碳硅石的稳定多型为立方3C构型的β-SiC；而温度较高时，则可出现150种以上属于α-SiC的多型，它们或是六方的或是斜方的，可彼此呈混型，也可与立方相呈混型。若晶体生长时控制不当，就会出现不同多型的互层以及其他缺陷。

目前，只有α-SiC的4H和6H构型能长成大块晶体。这两种构型均为六方相，并且生长出的材料可近于无色。通常6H构型常近于无色；4H型中一部分可近于无色，另一部分

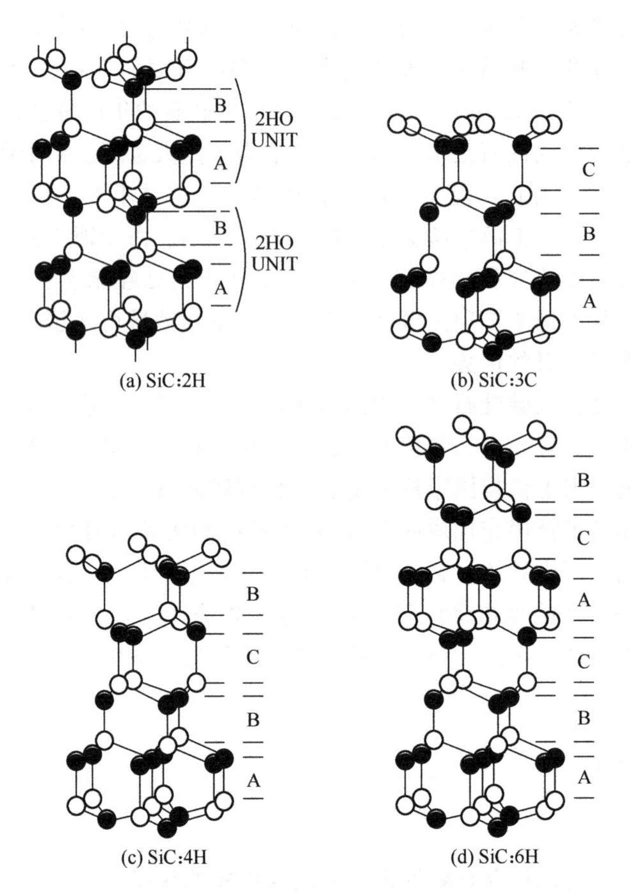

(a) SiC:2H (b) SiC:3C (c) SiC:4H (d) SiC:6H

图 9-10 α-SiC 的六方 2H、4H、6H 构型和 β-SiC 的立方 3C 构型

带色者常作为半导体应用。4H 型与 6H 型鉴别的关键是 4H 型在可见光吸收谱中位于 425nm 以下有非常微弱的吸收。β-SiC 属 3C 构型，是立方相，具有比 4H 或 6H 构型更接近于钻石的晶体结构。然而，目前它还不能生长出大的块体，并且具有顽固的黄色。

（二）阿杰森法合成碳硅石

首先将以石油焦炭或无烟煤形式存在的碳与沙子以及少量的锯末和盐相混合，然后在所得的混合物中心放置一根石墨棒，用混合物包裹好。将该石墨棒通电，使石墨棒内部受热至最高温度 2700℃，此时将发生下列简单的化学反应：

$$SiO_2 + 3C \longrightarrow SiC + 2CO$$

由此方法获得的是合成碳硅石的晶簇。晶簇的单晶尺寸偶尔可达到数毫米厚、10mm 宽，其颜色范围从黑色到绿色再到棕黄色，有时带晕彩状外壳。

（三）莱利法生长合成碳硅石单晶

单晶 SiC 的生长技术已被研究了数十年。但只有莱利的“晶种升华”方法能够有效地控制生长出大的合成碳硅石单晶。

早在 1955 年，莱利将一个由大块 SiC 材料组成的空腔圆柱体置于一个密封的石墨坩埚中加热至 2500℃，在此温度时，SiC 单晶可在空腔中生长。由于很难控制化学纯度和特殊的晶体构型，致使工艺多次进行了改进。特别是需要小心控制大气压和温度梯度，以及加一个薄的多孔的石墨管作为空腔的内衬（通过其扩散运动而控制好升华作用），这些均有利于管中晶体的生长。加热方式有许多种，如高频加热和电阻加热等。

成熟的莱利法改进技术实现于1990年的戴维斯专利，其设备结构简图如图9-11所示。该工艺中用于生长合成碳硅石单晶的原料粉末经过多孔的石墨管后加热升华成气态，不经过液态，直接在晶种上结晶，生长出梨晶状的SiC单晶体。整个过程既有物态的变化，也有物质结构化学构型的变化。

戴维斯专利所述的工艺条件为：

① 补给区温度为2300℃，晶体生长温度低于补给区温度100℃；

② 制备晶种时应仔细清洁干净，晶种与粉料应属于同一多型，并且晶种的取向应稍稍偏离轴向；

③ 粉料的粒径应加以控制，并在晶体生长的整个过程中保持不变，使用超声波振荡法填料；

④ 采用耐热的石墨套管加热；

⑤ 生长初期应抽真空，而后施以低压氩气；

⑥ 晶种的旋转和生长过程中生长晶体位置的调整要准确无误。

出于知识产权的考虑，实际生长过程的细节未曾披露。该专利能生长出达宝石级的有色6H型合成碳硅石晶体，直径12mm，厚度6mm，生长周期为6h。某些生长出的合成碳硅石晶体表面显示出与钻石表面相似的三角形凹坑。

目前国内进行合成碳硅石晶体生长的装置见图9-12。

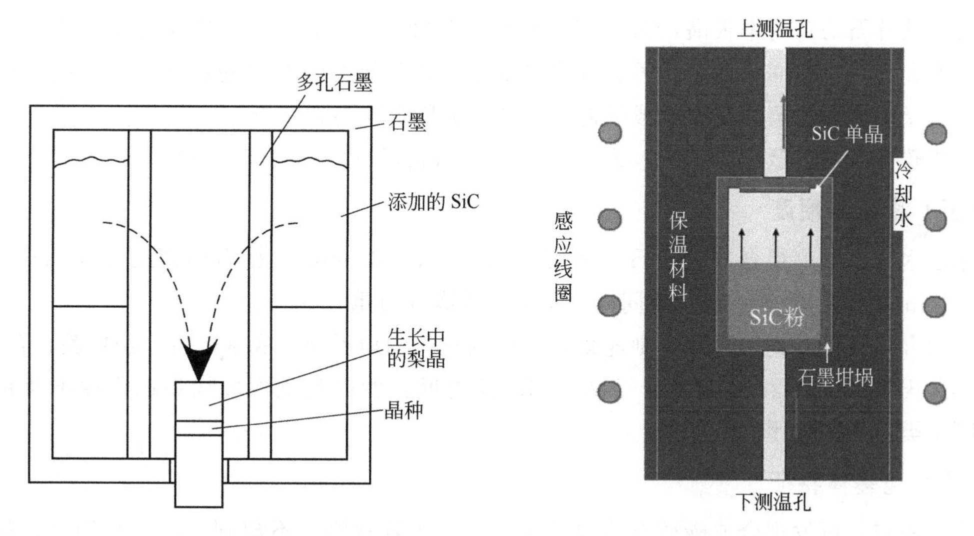

图9-11　戴维斯专利中的合成碳硅石生长设备结构简图

图9-12　国内生长合成碳硅石晶体生长装置示意

三、合成碳硅石的宝石学特征

人们通过对大量的合成碳硅石样品进行测试和研究后，总结归纳出合成碳硅石主要的宝石学特征如下。

（一）颜色

合成碳硅石晶体近于无色到浅黄、浅灰、浅绿、浅褐、绿色和灰色，与美国宝石学院

(GIA) 钻石颜色分级尺度的 I 到 V 级相当。由于许多色调在钻石比色石中不存在，因而往往难以精确确定其与钻石相当的色级。

合成碳硅石的颜色与钻石的颜色一样受掺入的极低含量的氮杂质的影响（随着氮杂质含量的升高，颜色从黄到绿到黑色），如黄色（含氮 0.01%）、绿色（含氮 0.1%）和蓝绿色（含氮 10%），也受受主铝杂质的影响（含量高时可产生蓝色）。为了获得无色晶体，就要使其尽可能地不含氮，也可以通过加入电荷补偿微量元素铝来减少氮的影响。

用普通光照射，特别是已镶嵌在首饰上的合成碳硅石的颜色比钻石色级指示的颜色要好。出现这种差别主要有两个原因：一是浅灰色宝石缺少钻石开普（Cape）系列应显示的黄色调；二是合成碳硅石具有较高的色散，其火彩产生了“较白”的印象。

（二）透明度和粒度

生长出的合成碳硅石晶体达到宝石级单晶的要求：晶体透明和粒度大小达到宝石所要求的加工工艺尺寸。

（三）晶系和光性

合成碳硅石晶体属于六方晶系，一轴正光性，α-SiC Ⅱ类（4H 或 6H 型）。偏光镜下，合成碳硅石呈现非均质体的性质：旋转 360°时，呈现四明四暗的特征。

灰蓝和灰绿色的合成碳硅石，其二色性不明显。

（四）折射率与色散度

合成碳硅石的折射率很高，为 2.65～2.69；具强双折射，其双折射率为 0.043，因而从其风筝面和上腰小面向下观察，可看到底尖部位明显的重影（见彩色图版）。但要注意，沿台面垂直光轴方向琢磨的刻面合成碳硅石，从台面则观察不到重影。

合成碳硅石的色散度非常大，为 0.104，大于钻石的色散度（0.044）。

（五）密度与硬度

用静水力学法测得合成碳硅石的密度为 3.20～3.22g/cm^3，钻石的密度为 3.52g/cm^3。若 ϕ6.5mm 的钻石重 1.00ct，则同样大小的合成碳硅石重 0.91ct。

若用合成碳硅石刻划刚玉，则能刻动；但刚玉却刻划不动合成碳硅石。经检验，合成碳硅石的莫氏硬度为 9.25 左右，介于钻石和刚玉之间，所以其刻面棱线尖锐程度不及钻石，但比刚玉类宝石的尖锐。

（六）包裹体特征

放大检查，可发现合成碳硅石的内部含有细长的管状物、不规则空洞、小的 SiC 晶体、负晶及深色具金属光泽的球状物，可三粒或多粒呈线状排列，也有一些呈云雾状的、分散的针点状包裹体，并发现有气泡。在 6H-SiC 型的合成碳硅石中，其管状包裹体少些，方向与 C 轴近于平行，与台面几乎垂直。此外，还可发现白色近平行的针状体和与台面近于垂直的细的反射纹（见彩色图版）。

（七）可见光吸收光谱

近于无色的合成碳硅石在 425nm 以下有一弱吸收，这与开普系列钻石在 415nm 有吸收不同，但容易与分光镜光谱蓝区通常的深色截止边 425nm 相混淆。其可见光吸收光谱图见图 9-13。

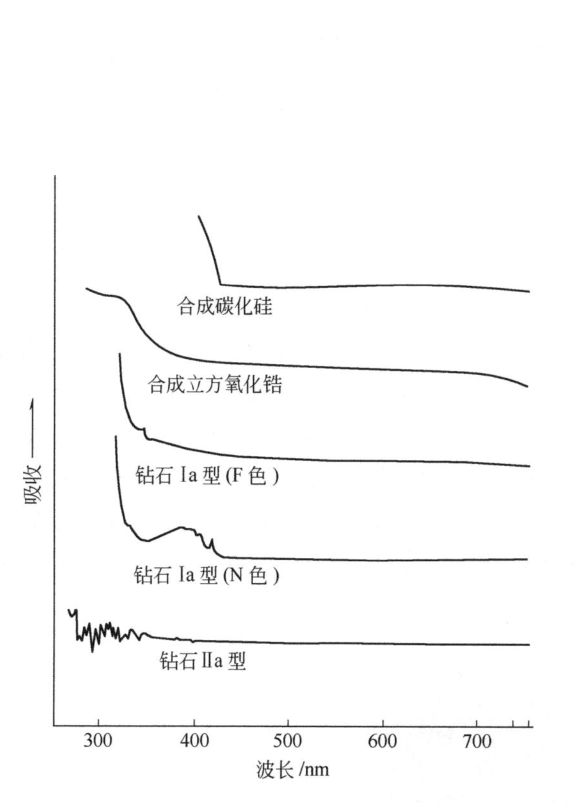

图 9-13　合成碳硅石、合成立方氧化锆及钻石的可见光吸收光谱

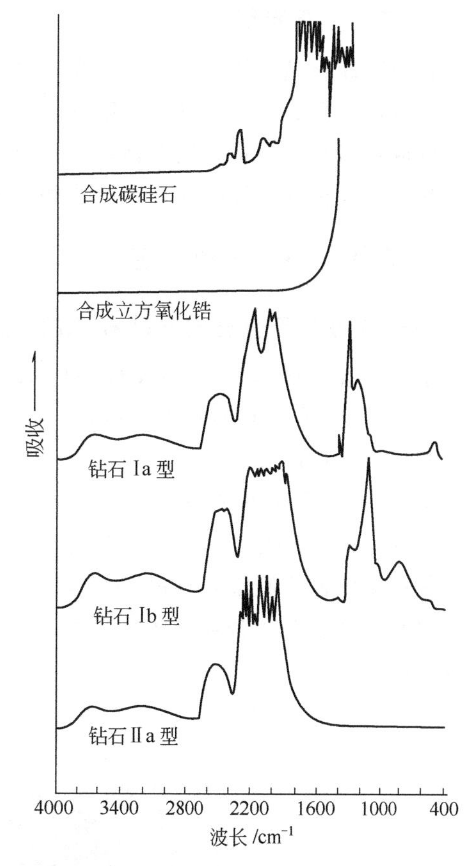

图 9-14　合成碳硅石、合成立方氧化锆及钻石的红外光谱

（八）发光性

多数合成碳硅石在长、短紫外光照射下，呈现惰性；但少数在长波下呈中～弱的橙色荧光，极少数在短波下呈弱橙色荧光，且均无磷光。极少数合成碳硅石在 X 射线下呈中～弱黄色荧光。

（九）导热性

合成碳硅石的热导率为 1.6～4.8cal/(cm·h·℃)[1cal/(cm·h·℃)=0.116279W/(m·K)]，钻石的热导率为 0.55～1.7cal/(cm·h·℃)，因此用热导仪检测时，合成碳硅石同钻石一样，具钻石反应。

（十）导电性

合成碳硅石是半导体材料，其杂质含量极低。合成碳硅石的导电性既受掺入的含量极低的氮杂质的影响，也受受主铝杂质的影响，因此，合成碳硅石既可制作成高导电材料，也可制作成绝缘材料。

用电导仪检测，某些合成碳硅石可具导电性。钻石除IIb 型外，其他各型通常均不导电。

（十一）红外光谱

合成碳硅石的特征红外吸收光谱为 1800cm^{-1}以下吸收，2000～2600cm^{-1}区域内有几条强的吸收峰，见图 9-14，可与钻石和立方氧化锆（CZ）的红外吸收光谱区分开来。

（十二）其他特征

合成碳硅石晶体的韧性极好；无双晶；无完全解理，但有弱的底面（0001）解理。以前曾有文献报道合成碳硅石具明显解理，可能是一种多型混合物导致的裂理。

合成碳硅石的稳定性优于钻石，在空气中1700℃和真空中2000℃稳定。因此，合成碳硅石晶体能够很好地经受住首饰制作和修复的所有工序。

四、合成碳硅石的快速鉴定

（一）590型无色合成碳硅石/钻石检测仪

鉴于合成碳硅石用热导仪检测时有钻石反应，C3公司设计并研制了一种新型测试仪——590型无色合成碳硅石/钻石检测仪（见图9-15），并已投放市场。当宝石样品用热导仪检测呈钻石反应后，则可进一步用该仪器进行检测，可在短时间（1s）内简单有效地测出样品是合成碳硅石还是钻石。该仪器的检测原理是依据钻石和合成碳硅石在近紫外区（300～380nm）的吸收不同。近无色的钻石能够透过近紫外光，而合成碳硅石则吸收近紫外光。使用该仪器检测宝石样品的重量范围为0.01～17ct。该仪器的外形与热导仪有相似之处，也有一个触头。若宝石样品接触到触头时，指示灯亮且有响声反应的是钻石，反之则是合成碳硅石。

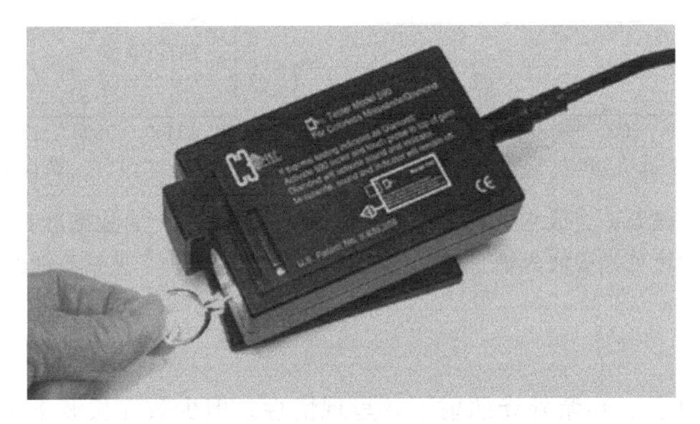

图9-15　590型无色合成碳硅石/钻石检测仪

需要说明的是，对于含有大量包裹体不透明的钻石，该仪器无法正确指示，因为几乎没有任何光能透过宝石。此外，当检测由薄的钻石黏合在合成碳硅石之上的二层石时，该仪器显示的是“合成碳硅石”反应。

（二）合成碳硅石与钻石和合成立方氧化锆的区别

合成碳硅石问世以前，合成立方氧化锆一直作为钻石最佳的仿制品而被广泛应用，但随着合成碳硅石技术的不断成熟和产量的不断提高，合成碳硅石与钻石更为相近的性质使得其越来越受到宝石业界的关注，不少学者预测它将取代合成立方氧化锆的地位，成为新一代钻石的最佳仿制品而风靡全球。表9-2列出了合成碳硅石与合成立方氧化锆、钻石的鉴别特征。

表9-2　合成碳硅石与合成立方氧化锆、钻石的区别

项目	合成碳硅石	合成立方氧化锆	钻石
成分	SiC(Al,Fe,Ca,Mg)	ZrO_2	C

续表

项目	合成碳硅石	合成立方氧化锆	钻石
颜色	浅黄、灰蓝、灰绿、无色	各种颜色	各种颜色
晶系和光性	六方，一轴(＋)	等轴(立方)	等轴(立方)
偏光性	非均质体	均质体	均质体
多色性	不明显	无	无
折射率	2.65～2.69	2.18	2.417
双折射率	0.043	无	无
色散	0.104	0.060	0.044
密度/(g/cm^3)	3.20～3.22	5.89	3.52
莫氏硬度	9.25	8.5	10
紫外荧光	无	黄～橘红色	无色、蓝色、黄色等
热导仪检测	钻石反应	非钻石反应	钻石反应
放大检查	可见金属球状、极小白点状包裹体呈线状分布，有重影	偶见气泡或未熔的 ZrO_2 粉末	天然矿物包裹体、裂隙等
其他	具导电性		Ⅱb 型具导电性

第十章　玻璃、陶瓷、塑料等宝石仿制品的制作与鉴别

早在5000多年前，古埃及人就已经开始用上釉陶瓷来模拟、仿制绿松石或其他不透明宝石，在我国古代西汉和战国的墓葬和遗址中，也出土了大量不同形状的高铅钡玻璃珠和不同纹饰的玻璃璧，从某种程度上说明了人类早在原始社会时期就已经开始了模仿宝石，但限于当时的社会生产力水平低下，只能是一些简单的模仿而已。随着社会生产力和科学技术的发展，人们已可以用更为先进的方法来制造各种宝石的仿制品。目前在市面上流行的宝石仿制品有很多是玻璃、陶瓷、塑料等材质的宝石仿制品，近期又出现了一种人造的发光宝石，被誉为“现代夜明珠”，用这种发光材料制作的各种首饰集装饰和发光于一体，美观新颖，别具一格。本章主要对玻璃、陶瓷、塑料等宝石仿制品和人造发光宝石的工艺技术和鉴别特征进行介绍。

第一节　玻璃仿宝石制品

一、玻璃的定义

玻璃是二氧化硅和其他物质（碱性和稀土元素氧化物等）的混合物，为非晶质、无定形体。作为仿宝石的玻璃，其折射率常介于1.48～1.69，铅玻璃和稀土玻璃（或称“加稀土元素改造的高折射率玻璃”）的折射率可超过1.70；硬度介于5～6，一般为5.5。

二、玻璃仿宝石制品的分类

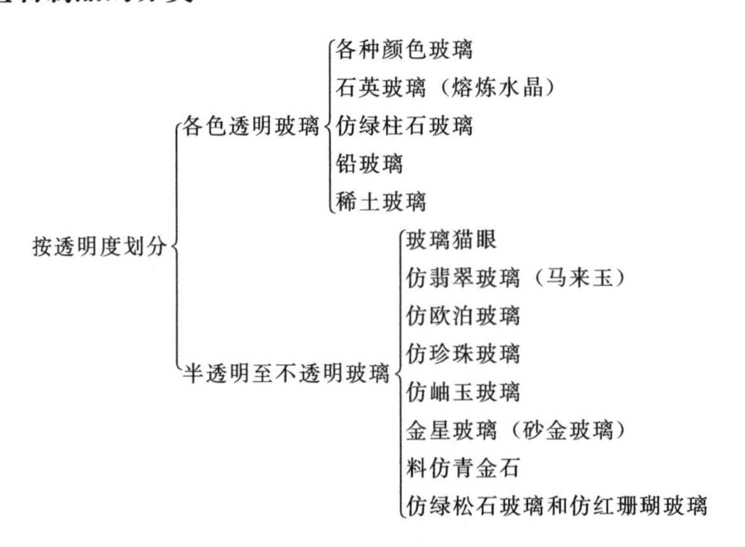

三、各色透明玻璃的制作

透明玻璃的制作工艺已经非常成熟。作为仿宝石用的透明玻璃，一般是将传统的玻璃成分或熔炼石英等，加入铅、稀土的氧化物或其他着色剂经熔融、冷却，再经切割、琢磨、抛光而制成的。它具有与被仿制宝石相似的颜色、透明度、折射率、密度和某些特殊的光学效应等。玻璃的熔化通常是在燃气炉窑的陶瓷坩埚中进行的。当加入适当材料的玻璃熔化后，可将其熔融液倒入模子，通过对模子施压以获得所需的形状。由于玻璃易产生圆角和稍向内凹的面，所以对产品还需引入抛光工序。除抛平底面、顶面外，其余各个面也都要抛光。玻璃仿制品时常选用氧化锡作抛光剂。透明玻璃仿制品可用于仿各种颜色的透明宝石。

(一) 各种颜色透明玻璃

此类产品是指常见的具有各种颜色且透明的普通玻璃，其制作技术只要在普通玻璃原料中加入着色剂，经熔融、冷却即可制得，如：加入二价钴的玻璃常呈深蓝色；加入金的玻璃呈红色，俗称“金红”玻璃；加入银的玻璃呈黄色，俗称“银黄”玻璃；加入硫化锑的玻璃呈红色，称“锑红”玻璃；加入 V_2O_5 可为变色玻璃；等等。

(二) 石英玻璃

该类产品也称熔炼水晶，是将水晶边角料或高纯度的石英砂经熔融、冷却、琢磨、抛光等过程而制成。该产品主要用于仿无色水晶，其用途主要是制作雕件、项链、水晶球以及其他工艺品。

(三) 仿绿柱石玻璃

这是一种铍铝硅酸盐玻璃，既可以用绿柱石组分的化学药品配成玻璃料，也可将含杂质、带很多绵绺的绿色或无色绿柱石碎块，进行提纯，经熔融、冷却、琢磨、抛光而成。此类产品主要用于仿祖母绿。

(四) 铅玻璃

此类玻璃是在玻璃料中加入 PbO 而制成。因含铅量高（通常含 24%的铅），该品种玻璃的折射率和密度会比普通玻璃的折射率和密度大，光泽和色散也会增强。无色者常用于仿钻石，但硬度低、脆性大是其致命的弱点。

施华洛世奇（SWAROVSKI）公司生产的铅玻璃含铅量达 30%，曾被称为“奥地利钻石”，20 世纪 90 年代走俏中国市场。由于比别的国家生产的铅玻璃具有更高的折射率和密度的优势，使其他产品无法与之相比，因而施华洛世奇的产品主要用于制作仿钻石和仿水晶的工艺品。

(五) 稀土玻璃

这是一种在玻璃中加入稀土元素钸、钕、镨、铒的氧化物与过渡金属钛、钒、铬、锰、铁、钴、镍、铜的氧化物，单独使用或组合使用作为着色剂而制成的折射率高、光泽强、颜色鲜艳的各色玻璃，可作为各种颜色透明宝石的仿制品，目前主要用于制作成锻压金首饰、稀金首饰和服饰。

我国稀土资源丰富，储量占世界总储存量的 80%左右。1985 年中国科学院上海光学精密机械研究所进行了高折射率稀土光学玻璃的研发并取得成功，1986 年又成功研制了高折射率稀土有色玻璃应用于宝石行业，并于 1988 年开始投放市场。目前该所生产的高折射率稀土玻璃有60多个品种，月产量已达2t，与全国多家珠宝公司建立了长期良好合作伙伴关系。

高折射率稀土玻璃与铅玻璃的性质对比见表10-1。

表10-1　高折射率稀土玻璃与铅玻璃性质对比

品种	牌号	颜色	折射率	色散	密度/(g/cm³)	维氏硬度/(10N/mm²)	莫氏硬度
高折射率稀土玻璃	B2	蓝	1.95	0.039	4.46	670～700	6
	R2	石榴红	1.95	0.039	4.46	670～700	6
	Y3	金黄	1.95	0.039	4.46	670～700	6
	G107	橄榄绿	1.93	0.038	4.45	670～700	6
	G4	祖母绿	1.75	0.020	4.14	630～680	5.3
	G2	橄榄绿	1.73	0.021	4.16	630～680	5.3
	P3	粉红	1.76	0.020	4.28	640～680	5.3
	V102	紫晶	1.76	0.020	4.28	640～680	5.3
	B103	海蓝	1.71	0.019	4.20	580～650	5.1
铅玻璃	中铅(约24%Pb)	多种	1.55	0.012	2.93	430	4～5
	高铅(约36%Pb)	多种	1.58	0.014	3.23	400	4～5

四、半透明至不透明仿宝石玻璃的制作

（一）玻璃猫眼

1. 制作原理

根据天然猫眼形成的机理，如木变石猫眼的组成是硅化石棉，具有平行丝状物结构。当垂直丝状物切磨成素面后，光线照射到平行的丝状物上被定向反射成一条丝绢状亮带而形成猫眼光学效应。玻璃猫眼用光导纤维玻璃丝为原料，颜色由光导纤维玻璃丝的颜色来决定。

2. 制作方法

① 在每根光导纤维玻璃丝外边套一根无色玻璃管。此玻璃套管的要求是：a. 熔点比光导纤维玻璃丝的稍低；b. 折射率与光导纤维玻璃丝的基本相同；c. 膨胀系数与光导纤维玻璃丝的相同。

② 几百根乃至上万根上述套无色玻璃管的光导纤维玻璃丝捆在一起，加热拉成丝。

③ 加热拉成丝的带色玻璃丝再套上无色玻璃管，几百根乃至上万根捆在一起，再加热拉成丝。如此反复三次。

④ 把三次拉成丝的带色玻璃丝捆成一捆，放入模具中加热加压（温度以能熔化套管玻璃为准），使其横截面成蜂窝状。

⑤ 垂直光轴方向切成小段并磨成弧面，进行抛光，即可得到带色（可生产20多种颜色）的玻璃猫眼。若磨成圆珠或其他形状的工艺品，在弧面上均可见猫眼效应（见彩图）。

（二）仿翡翠玻璃

目前市场上常见的仿翡翠玻璃是脱玻化玻璃，又称“马来玉”，即在玻璃熔体中加入绿色着色剂，使之在冷却过程中部分结晶（类似斑晶）而形成的。此种制品整体看来为绿色，

但透射光下可观察到绿色的小晶粒和类似于丝网状结构，放大检查有时可见气泡。

（三）仿欧泊玻璃

仿欧泊玻璃又称斯洛卡姆欧泊，是将彩虹色金属箔片无规则地夹于硅酸盐玻璃层之间，产生类似欧泊的“变彩”效应。但变彩发生在玻璃层内部，而天然欧泊则发生在表面。

（四）仿珍珠玻璃

仿珍珠玻璃通常由透明至不透明的白色玻璃制成的珠核和具特殊闪光的覆膜两部分组成。国际珠宝市场上以西班牙的马约里卡Ｓ·Ａ公司生产的仿珍珠玻璃最有名，与海水养珠极为相似。马约里卡珠的核为“乳白色玻璃（一种铅硅酸盐玻璃）”，外面涂有“珍珠精液”，呈奶油玫瑰葡萄酒色，多呈圆形，欧美人非常喜欢这种人造珍珠所做成的首饰。

（五）仿岫玉玻璃

这是一种由半透明、灰绿色普通玻璃琢磨成素面型宝石或手镯等来模仿岫玉的工艺品，常具旋涡纹构造。

（六）金星玻璃

该类产品也称砂金玻璃和仿金星石。金星玻璃的组成成分为二氧化硅、三氧化二硼、黄丹粉、氧化铜及其他辅料共十几种。其制作方法是按照玻璃的生产方式将十几种原料按比例混合，然后放入窑炉中熔融，其熔融温度可达到1350℃，最后停火降温，使熔融液冷却成固体。该工艺的关键是在降温过程中，窑炉内必须形成还原气氛，将氧化铜还原成铜原子，铜原子再逐渐聚集成一个个小金属铜核。这些小金属铜核具金属特有的光泽而发出星点状的闪光，形成砂金效应。

目前金星玻璃的基色有棕红、蓝、绿三种，颜色的不同主要取决于配料时所使用的致色氧化物的不同。

（七）料仿青金

料仿青金是在玻璃料中掺铜粉或云母粉以及着色剂熔炼而成的一种仿青金石玻璃。掺入的铜粉形成铜片仿青金石中的黄铁矿，云母粉仿青金石中的方解石。

（八）仿绿松石玻璃和仿红珊瑚玻璃

该类产品是在玻璃料中添加绿色或红色乳浊剂，使玻璃致色且不透明，琢磨后具瓷状光泽，结构细腻，主要用于仿绿松石和仿红珊瑚。

五、玻璃仿宝石制品的鉴别特征

虽然玻璃可仿制任何颜色的珠宝，但根据不同玻璃仿宝石制品的结构、物理性质和外观特征能够进行快速而准确的鉴别。鉴定的关键特征是玻璃存在气泡、贝壳状断口、旋涡纹、铸模痕迹等。玻璃仿宝石制品具体的鉴别特征如下。

（一）折射率

一般玻璃仿宝石制品的折射率在1.48～1.69（铅玻璃和稀土玻璃可在1.70以上），通常为1.54。实践证明，自然界不存在折射率介于1.48～1.69的单折射宝石，如仿欧泊玻璃的折射率为1.51，而天然欧泊的折射率为1.45。

（二）硬度

玻璃仿宝石制品的硬度介于5～6，通常为5.5。放大检查时可观察到刻面玻璃仿宝石制品的棱角圆滑，常有粗糙的断口。

(三) 密度

除铅玻璃外，玻璃仿宝石制品的密度通常小于 2.65g/cm^3。如仿翡翠玻璃的密度为 2.60g/cm^3，而天然翡翠的密度为 3.33g/cm^3。

(四) 放大检查

1. 气泡

玻璃仿宝石制品内部的气泡多呈球形，也有椭圆形和拉长形等，可单个出现（见彩色图版），也可成群排列成羽毛状。

2. 固体包裹体

玻璃仿宝石制品内部的固体包裹体多呈棱角状铜粒（金星玻璃特有，见彩色图版）。

3. 结构特征

① 玻璃仿宝石制品内部可有旋涡状条纹或称流纹状构造（见彩色图版）。

② 观察玻璃猫眼的侧面，可见玻璃猫眼内部紧密排列的六边形纤维，呈“蜂窝状”结构。

4. 断口

刻面玻璃仿宝石制品的棱线上常可观察到粗糙的断口（见彩色图版），是硬度低所致，有时肉眼也可观察到较大的断口。刻面玻璃仿宝石制品的断口常呈贝壳状，玻璃光泽。

(五) 光性特征

用宝石偏光镜测试透明至半透明的玻璃仿宝石制品，因玻璃是均质体，在正交偏光下可出现下列现象：

① 全消光，即全暗；

② 可具强的异常双折射，即不规则消光，可出现网格状消光或黑带等现象；

③ 刻面熔炼水晶可见黑十字干涉图；

④ 玻璃球可出现彩色的双弧形与黑十字交替的干涉图。

(六) 热敏感性

玻璃仿宝石制品为热的不良导体，手触有温感。而天然宝石手触有凉感。

(七) 外观特征

模具成型的玻璃仿宝石制品大多边缘圆滑，底面有冷凝收缩凹坑；玻璃猫眼的眼线过于平直、尖锐和刺眼，且常呈 1～3 条眼线。

(八) 荧光特征

由于玻璃仿宝石制品的品种多样，致色离子各有不同，所以在紫外光下可具多变的荧光。较常见的荧光为白垩色。

第二节　陶瓷仿宝石制品

一、陶瓷仿宝石制品及其制作

陶瓷仿宝石制品是利用陶瓷工艺技术，即将研细的无机材料粉末，经加热或焙烧成烧结物；也可在粉末中先加入低熔点的黏结剂将粉末粘在一起，并通过热压而获得的仿宝石所需形状的细晶固体材料，焙烧时使黏结剂挥发，形成陶瓷仿宝石制品。有时还在材料表面施釉，以增强其光泽。其工艺过程即陶瓷仿宝石制品的制作过程。

陶瓷仿宝石制品主要仿制不透明的宝石，如绿松石、青金石、孔雀石、珊瑚、欧泊等。这里简要介绍陶瓷仿欧泊、陶瓷仿青金石、陶瓷仿珊瑚、陶瓷仿绿松石。

（一）陶瓷仿欧泊

陶瓷仿欧泊是日本于20世纪80年代后期生产的一种化学黏结陶瓷，变彩逼真，稳定性好，韧性大，而且可长期保持其美丽的变彩。

（二）陶瓷仿青金石

陶瓷仿青金石又称“着色青金”，是采用多晶尖晶石材料烧制而成的一种含有星点状黄色微粒包裹体的含钴不透明产品，非常类似于优质的青金石。

（三）陶瓷仿珊瑚

陶瓷仿珊瑚是在碳酸钙（$CaCO_3$）粉末中加入一些天然珊瑚中所没有的添加剂烧制而成的。

（四）陶瓷仿绿松石

陶瓷仿绿松石采用三水铝石［γ-$Al(OH)_3$］材料加绿色着色剂烧结而成。

二、陶瓷仿宝石制品的鉴别

陶瓷仿宝石制品不透明；触摸有温感；放大观察时，可见均匀的粉末状颗粒分布；通常光泽很暗淡。

（一）陶瓷仿欧泊

① 具镶嵌状结构。

② 硬度、密度均较天然欧泊大。

（二）陶瓷仿青金石

① 陶瓷仿青金石的抛光很好，光泽强，为玻璃光泽；而天然青金石的抛光差，光泽弱，为蜡状或油脂光泽。

② 陶瓷仿青金石中的金星（黄色星点）很软，针可扎破；而天然青金石中的金星坚硬，针扎不动。

③ 陶瓷仿青金石的折射率为1.728，高于天然青金石的1.50～1.67。

④ 陶瓷仿青金石的密度为3.64g/cm^3，高于天然青金石的2.75g/cm^3。

（三）陶瓷仿珊瑚

陶瓷仿珊瑚结构细腻，颗粒均匀分布，无天然珊瑚的特征构造；天然珊瑚具似管道状构造，且具呈波纹状平行的纤维结构和珊瑚虫孔。

（四）陶瓷仿绿松石

陶瓷仿绿松石的颜色呆板，结构比天然绿松石致密，其密度和折射率通常也比天然绿松石的要大。

第三节　塑料仿宝石制品

塑料属有机物，其成分是C、H、O，具质地软、不耐热的特点。常用于仿琥珀、象牙、珊瑚、珍珠等有机宝石和部分无机宝石（如欧泊、绿松石等）。其中最具代表性的产品为仿琥珀（也称人造琥珀）和塑料欧泊。

一、塑料仿宝石制品的制作

塑料仿宝石制品多采用注塑成形（即将粉末及粒状原料用模具铸造成形）的方法制成。有时也采用贴膜、镜背和表面涂层技术。

（一）塑料仿琥珀的简易制作工艺

塑料仿琥珀工艺品简单易做，可制成各式各样的字画、人像、花鸟鱼虫和旅游纪念品，其制作方法如下。

1. 原料

① 废弃的有机玻璃碎片（甲基丙烯酸甲酯）。

② 氯仿（三氯甲烷）。

③ 花鸟鱼虫、字画、人像等。

④ 作模具用的硬纸板或木板等。

2. 操作工艺

① 首先将适量有机玻璃片砸成小粒或磨成粉末，装在带盖的玻璃瓶中，然后加入氯仿，盖紧瓶塞数天，使氯仿将有机玻璃溶化。稀稠度以蛋清样为宜，太稠可加入适量氯仿，太稀可加入适量有机玻璃碎屑，但必须使其彻底溶化，务必配成透明液体。

② 模具可用硬纸折成或糊成各种形状，也可在木板上用刻刀刻成各种形状的凹槽（凹模）。若要制作小甲虫为内容物的仿琥珀制品，首先将硬纸折成一个比甲虫稍大的小盒，然后往盒内先灌一些透明液体，再把小甲虫轻轻地放入，继续倒入透明液体，直至把虫体全部覆盖为止。倒液体时要慢慢进行，避免产生气泡。倒入的液体量可稍多一些，以免氯仿蒸发，使有机玻璃收缩造成凹陷而使制品表面不平。

③ 将小盒放在清洁、无尘、不易被人碰触的地方，待其干硬后，去掉模具纸盒，即可得到一块精致的仿琥珀制品。小甲虫像冬眠似地躺在透明体里，清晰可见（见彩色图版）。

若在有机溶液中加入颜料，还可使仿琥珀着色。

若其表面不光滑或形状不理想，可以进行打磨和抛光，从而获得满意的产品。

（二）塑料仿欧泊的制作

塑料仿欧泊是日本20世纪80年代用150～300nm的聚苯乙烯球粒在实验室缓慢沉积、紧密堆积成三维衍射光栅而制成的。塑料欧泊具二层结构，内部是聚苯乙烯，外面包裹一层丙烯酸树脂，见彩色图版。

二、塑料仿宝石制品的鉴别

（一）密度

塑料仿宝石制品的密度通常为1.05～1.55g/cm^3。多数塑料仿琥珀的密度要比天然琥珀的密度（1.08g/cm^3）大，通常可用饱和食盐水（密度 1.03～1.10g/cm^3）将其鉴别：在饱和食盐水中，琥珀上浮，塑料仿制品下沉。

（二）热敏感性

塑料仿宝石制品有较强的温感。

（三）静电性

塑料仿宝石制品经摩擦会带静电。但要注意琥珀摩擦也可带静电。

（四）热针反应

用热针测试，塑料仿宝石制品可发出樟脑味、石炭酸味、醋酸味、甲醛味、鱼腥味、酸奶味、香甜水果味等，以此可区别于天然琥珀的树脂香味。这是鉴定塑料仿宝石制品的关键。

（五）放大检查

塑料仿宝石制品中常具流线和气泡，且气泡常呈球状、卵状、细长状、管状等。有时可见凹痕面、划痕、表面小坑和不平坦状表面，这是因为塑料的硬度较低（莫氏硬度 1.5～3.0）所致；塑料仿宝石制品中断口具贝壳状，但无光泽。

（六）荧光特征

因塑料仿宝石制品品种多样，所以在紫外光下，其荧光多变。

第四节　人工合成发光宝石

一、发光宝石的研究历史与现状

“夜明珠”自古以来就被人们视为珍宝，一旦拥有，就相当于拥有了荣华富贵。但是古代的人们无法解释“夜明珠”为什么可以发光，所以把它看得非常神秘。只有到了近代，随着科学技术突飞猛进的发展，人们才渐渐揭开了“夜明珠”的神秘面纱。早在 20 世纪 60 年代初，人们就生产出主要基质为硫化锌的夜光粉及其塑料制品，但其磷光强度低，发光时间短。进入 20 世纪 80 年代后期，有人在宝石的侧面或底座上涂一层夜光粉，使宝石具有发光的功能。经过这种处理形成的夜光宝石发光亮度低，余辉时间短（即发光时间短），且发光不自然。20 世纪 90 年代初，人们用树脂粘接磷光粉嵌于宝石饰品上，可以使宝石长时间发出强的磷光余辉。但用这种方法得到的夜光宝石质地疏松，硬度低，不能抛光。

20 世纪 90 年代中期，随着生产实践的不断发展，传统的夜光粉已经不能够满足人们的需求，国际上开始了利用稀土元素激活法产生夜光材料的研究，并首先由德国人研制成功。众所周知，中国稀土元素的储量在世界上遥遥领先，而且中国研究人员对单个稀土元素的分离技术在世界上也首屈一指，因此中国珠宝企业在利用稀土元素激活法合成夜光宝石方面具有很大的资源优势和技术优势。北京华隆亚阳公司在应用稀土元素激活法合成夜光宝石的研究与开发方面走在了行业的前头。他们通过对磷光现象及其发光原理、矿物材料成分及其结构的研究，以碱土金属铝酸盐作为母体，加入稀土元素作为激活剂，生长出了初始磷光余辉强度高、发光稳定且发光时间长的夜光宝石。该公司于 1996 年 3 月 28 日在中国专利局申请了名为“长余辉高亮度发光材料及其制备方法”的发明专利，并于 2000 年 2 月 12 日获专利证书；1996年6月7日在中国专利局申请了“人工合成发光宝石及其制造方法”的发明专利，并于2003年5月14日授予发明专利证书。华隆亚阳公司生产的“庆隆夜光合成发光宝石”于2001年7月在北京通过专家鉴定，并投入批量生产。

二、夜光宝石的发光原理

在宝石界，许多宝石可以发磷光。磷光是指宝石被光照射并脱离光源后，在短时间内的延续发光现象，但像庆隆夜光宝石这样能够在长时间内发强磷光的宝石却少之又少。究其原因，这种夜光宝石的发光效果与其合成原料以及结构有着密切的联系。下面以该产品为例介绍夜光宝石的发光原理。

图 10-1　庆隆夜光宝石中主要物相 $SrAl_2O_4$ 的晶体结构

庆隆夜光宝石使用的原料是一种以含硼碱土金属铝酸盐为基质，稀土元素为激活剂和附加激活剂的发光材料，其化学式为 $M \cdot N \cdot Al_{2-x}B_xO_4$。其中M表示碱土金属（主要为锶Sr），N表示稀土元素（主要为铕Eu），含量为 $0.1 \leqslant x \leqslant 1$。经检测发现，这种发光材料结构中，至少存在着两种物相［$SrAl_2O_4$ 和 $Sr_4Al_4O_2(Al_{10}O_{23})$］。$SrAl_2O_4$ 物相中的铝氧形成四面体，且四面体以共角顶的方式连接形成六方环（见图10-1），在垂直六方环方向上形成宽阔的六方孔道，其内空间足以容纳大半径的碱土金属阳离子，如Sr（可以被Mg、Ga、Ba中至少一种元素部分替代），同时也允许稀土元素的进入，如Eu（可以被La、Ce、Pr、Nd、Sm、Gd、Tb、Dy、Ho、Er、Tm、Yb、Lu、Mn、Bi中至少一种元素部分替换）。进入孔道的阳离子排位并不像铝氧四面体那样连接紧密，而是存在一定的缺位。一般发磷光的宝石，晶体结构中部分电子吸收能量后由基态跃迁到激发态，再由激发态释放能量并回落至基态所用的时间很短。但庆隆夜光宝石所用的发光材料中由于存在缺位，核外电子吸收一定能量后激发跃迁到高层能级，同时存储了大量的能量。在外界能量停止激发后，电子回落到基态所需时间很长，同时缓慢释放其存储的能量，从而可以长时间发强磷光。

经分析，庆隆夜光宝石的发光机理主要源于以下四个方面。

（一）不同价态离子相互取代后形成“空穴陷阱”引起的发光

碱土硼铝酸盐基质为发光提供了适合的晶体结构，使得Eu、Dy、Nd三种稀土元素的加入对发光作出了各自不同的贡献。

在碱土硼铝酸盐中加入Eu后，由于 Eu^{2+} 离子和 Sr^{2+} 离子的半径接近，Eu^{2+} 离子很容易取代晶格结构中的部分 Sr^{2+} 离子，形成取代型的固溶体，从而形成了 Eu^{2+} 的 $4f^65d \rightarrow 4f^7$ 跃迁的晶场环境。

加入Dy元素后，Dy^{3+} 离子作为附加激活离子，替代部分 Sr^{2+} 离子在晶格中的占位，由于 Dy^{3+} 离子半径大于 Sr^{2+} 离子半径，使生成物的晶格发生畸变，并且由于 Dy^{3+} 离子与 Sr^{2+} 离子不等价，从而产生杂质能级（缺陷能级）。光激发时，Eu^{2+} 产生的自由电子（或自由空穴）落入陷阱中储存起来，激发停止后，靠常温下的热扰动（包括晶格发生畸变或扭曲在复原过程中释放能量）为自由电子提供能量，获得能量的自由电子会被激发而往高能量方向跃升。某些自由电子可能会从陷阱中跳出来回落到基态，另有一些电子跳不出陷阱，只在陷阱中跃迁和回落。如果自由电子回落时释放的能量在可见光范围内，我们就能看到有颜色的磷光。

Nd 元素的作用与 Dy 元素的作用相似。

（二）晶体缺陷形成“色心”并增强发光效果

微量元素硼的加入取代了晶体结构中的铝，少量的 B—O 三角形替代了 Al—O 四面体，使晶格产生扭曲缺陷，形成“色心”，使夜光宝石产生颜色，同时这种晶格扭曲缺陷由于自身的不稳定性，在光照或其他能量的激发下会产生微变并储存能量。在激发光源停止照射后，这种微变在回位的过程中，发生能量转换，晶格的场能使自由电子（自由空穴）发生反复跃迁的能量受到不断的补充。由于晶格的场能释放是缓慢而持久的，从而使材料获得超长的余辉时间。

（三）复相固溶体的生成增强发光余辉功效

庆隆夜光宝石至少有两个物相，它们形成的复相固溶体使晶格的场能发生变化，晶格的不稳定性增强，从而会加强发光余辉功效。

研究发现，虽然 $Sr_4Al_4O_2(Al_{10}O_{23})$ 物相的量少，但其结晶颗粒粗大，约是主要物相 $SrAl_2O_4$ 的 3～5 倍，并往往分布于主要物相颗粒的边缘。微区分析技术已证明了 $Sr_4Al_4O_2(Al_{10}O_{23})$ 物相具有很强的发光功能。

（四）稀土元素 f→d 组态的电子跃迁能级多且跃迁能量小使发光时间延长

稀土元素 f→d 组态的电子跃迁能级很多，并且跃迁能量很小，这样，晶格缺陷形成的陷阱中心电子跃迁或回跳释放出的能量，以及晶格畸变或扭曲恢复时放出的能量都能激发稀土元素 f→d 组态的电子跃迁，这些电子从激发态跳回基态时，就能发光。例如，在三价稀土离子的 4f 组态中，共有 1639 个能级，能级对之间的可能跃迁数目高达 199177 个，如此多的能级和跃迁数目一定会使发光时间很长，而庆隆夜光宝石中有 3 个稀土元素，这便使得庆隆夜光宝石会产生超长的发光余辉。

需要指出的是，这种夜光宝石的发光是由于原子核外电子跃迁、回落产生，而非像某些放射性元素从核内释放粒子发光（即产生能量较强的辐射粒子）。所以庆隆夜光宝石产品的放射性远远低于放射性安全剂量标准，可以认为不含放射性。

三、庆隆夜光宝石的合成方法

庆隆夜光宝石的生产工艺简单，对设备要求不高，主要装置是坩埚和压力电炉。庆隆夜光宝石的生产工艺包括原料的制备和夜光宝石的合成两个过程。

（一）原料的制备

发光宝石原料的制备所使用的原材料为 $SrCO_3$、Al_2O_3 和 H_3BO_3，原料中加入的激活剂和附加激活剂为 Eu_2O_3、Nd_2O_3 和 Dy_2O_3。

1. 原料的配备

分别称取 $SrCO_3$ 71.6g、Al_2O_3 50.5g、H_3BO_3 0.3g，称取激活剂和附加激活剂 Eu_2O_3 0.88g、Nd_2O_3 0.84g 和 Dy_2O_3 0.93g。

将这些原材料和激活剂粉碎，并充分混合，后放入坩埚中。

2. 原料的烧结

将盛有混合物的坩埚放入电炉中。在还原条件下，加热至800～1400℃恒温3h，之后降温至1300℃，继续恒温2h，然后自然冷却至200℃后从电炉中取出，即可得到作为人工合成夜光宝石原料的发光材料。

改变发光材料中的某些成分及其配比，可以生成不同颜色的发光材料，使用这些材料可以生产出各种不同颜色的发光宝石。

（二）夜光宝石的合成

① 将制备好的发光材料置于坩埚中。发光材料可以为粉末状（过300目或400目筛）或未经粉碎的烧结体。

② 将坩埚埋入压力电炉中的碳粉（作为还原气氛）中加热。炉温经5～8h缓慢升至1550～1700℃，同时加压至2个大气压（1大气压＝0.101MPa）以上，恒温恒压2～3h后自然冷却至200℃。

③ 将烧结体从压力电炉中取出，冷却至室温。

④ 将烧结体打磨（或雕刻）抛光制成发光宝石。

四、庆隆夜光宝石质量的影响因素

庆隆夜光宝石的质量受合成工艺中温度、压力以及原料粒度的影响。

（一）温度、压力的影响

庆隆夜光宝石合成过程中，要求温度、压力的变化缓慢，以保证夜光宝石的物理性质稳定。炉温的升高和降低以及气压的变化直接会影响到宝石内部气泡多少和其他物理特性。一般烧结温度和压力越高，宝石的硬度和密度越大。但当温度超过1700℃时，生长出的宝石会变脆，从而影响宝石的质量。

（二）原料粒度的影响

原料粒度越小，生成的宝石硬度和密度越大，耐久性越好。但如果原料粒度过小，会明显影响夜光宝石的发光性能。块状原料由于其本身具有一定的硬度和密度，所以利用这种原料可以使合成出的宝石品质得到很大的提高。

五、庆隆夜光宝石的特性

（一）庆隆夜光宝石的发光特征

利用稀土元素作为激活剂合成的“庆隆夜光宝石”发光性能比20世纪60年代初使用硫化锌作基质的发光体提高了近30倍。将此种发光材料避光24h，然后在距离27W的荧光灯60cm处照射30min，在关闭光源后，测试“庆隆夜光宝石”的初始亮度为20000～55000mcd/m^2左右，过5s的残光辉度为11570mcd/m^2，发光时间可达10h以上，可视余辉时间最长可达60～70h。

此外，由于“庆隆夜光宝石”发光是由于稀土元素的激发，其放射性远远低于放射性安全剂量标准，仅0.024～0.055Bq/(s·g)，大大低于我国环保部发布的放射性豁免限值[350Bq/(s·g)]，可以认为没有放射性，因此不会对人体造成任何危害。

（二）庆隆夜光宝石的性质

庆隆夜光宝石的基质属于单斜晶系，化学结构稳定，耐酸耐碱性强，莫氏硬度可达6.5，密度为3.54g/cm^3，折射率为1.65。

六、庆隆夜光宝石的用途

目前，华隆亚阳公司生产的夜光产品主要有两大类：夜光粉和夜光宝石。

（一）夜光粉

该公司的夜光粉发光性能独特，已被广泛用于生产生活中。其主要用途如下。

1. 装饰材料

将夜光粉加入涂料、油墨等材料中，可以制成发光涂料、发光油墨，用于装饰家居、纺织品、纸张印制以及字画作品中或直接用于舞台设计等领域，发挥其美化作用，并为这些物品增添神秘的色彩。

2. 标识材料

将夜光粉用于道路交通指示灯、日常用品以及应急器具，可以标识其位置，并防止危险发生。

（二）夜光宝石

庆隆夜光宝石自开发以来，已经被广泛用于生产宝石戒面、雕刻作品、夜明珠和健身球等产品。此种发光宝石质地坚硬，体色艳丽多样，可以加工成各种饰物，在夜晚或暗处可以长时间发光，且可根据成分不同发出不同的光（见彩色图版）。到目前为止，庆隆夜光宝石已经研发出体色各异的绿色、青色、白色、红色和紫色夜光玉。夜光玉最大单块原石重量从起初的不到1kg提升到7kg左右，可进行较大工艺品的雕刻。

另外，庆隆夜光宝石将能量以可见光的形式释放，称为冷光源，在医学上具有辅助治疗作用，是一种不可多得的功能性材料。

第十一章　拼合宝石和再造宝石

第一节　拼 合 宝 石

一、拼合宝石概述

拼合宝石是由两块或两块以上材料经人工拼合而成，且给人以整体印象的珠宝玉石，简称“拼合石”。拼合石宝石材料的组成可以是天然的，也可以是人工合成的或其他材料。拼合石的组合形式多种多样，综合起来可分为二层石、三层石和衬底石。

拼合宝石在国外已有久远的历史，特别是在合成宝石上市之前最为盛行。例如，罗马帝国时期的首饰匠已能够将三种不同颜色的宝石用威尼斯松油粘接在一起制成较大的宝石；也曾有人将融化了的玻璃覆盖在石榴石上，然后再切磨、抛光，从而制成一块完好的拼合宝石。但是，自从合成宝石出现后，特别是人工合成宝石在工艺技术方面的不断改进和人工合成宝石质量的不断提高，使得合成宝石在市场上的占有率不断增加，而拼合宝石则渐渐地失去了其原有的优势。尽管如此，拼合宝石至今仍然很常见，并依然保持着其两大用途。一是用来模仿那些没有相应便宜的合成宝石对应物的天然宝石，如模仿祖母绿，作为祖母绿的代用品。这是因为合成祖母绿的市场价格较为昂贵，有时甚至还会超过同等大小的天然祖母绿的价格，而市场对祖母绿仿制品的需求始终存在，这就为拼合宝石的应用提供了空间和机会。二是使没有多少使用价值的宝石得以利用，如用欧泊的薄片和其他材料制成的拼合石，既可以增强欧泊的强度，又能够增强欧泊的变彩效果。

拼合宝石可使一块粒度较小的天然宝石经拼合变成较大的宝石，或者可使其颜色和外观更漂亮，或者可使宝石表面更具耐磨性并具有比玻璃仿制品宝石更强的表面光泽。

拼合宝石的加工也至关重要，它是体现拼合宝石外观的一把钥匙。通常加工成刻面型的拼合宝石，其结合面多设在腰棱处，通过亭部反光来映衬整体。如果按照一般的圆钻型和祖母绿型打磨，则不能使拼合石亭部具有强烈的反光，因而可在拼合宝石的亭部多打磨一些刻面。例如圆钻型拼合石的亭部打磨16个主刻面，并且打磨成二层；祖母绿型拼合石的亭部多打磨几层，这样拼合宝石的颜色以及其他一些光学性质都能够通过良好的光学效果反映出来。

二、拼合宝石的分类

根据拼合宝石所用材料、结构特点、工艺美术特征、产品质量及效果等方面的不同，可以将拼合宝石的组合形式分为三大类：二层石（Doublet）、三层石（Triplet）和衬底石（Foilbacks）。

（一）二层石

当拼合石主要由两块宝石组成时称作“二层石”，也有人称之为“双合石”和“双组合件”等，是通过胶粘或熔接的方法将两块材料接合在一起的。按其所使用材料的差异，可进一步将二层石划分为真二层石、半真二层石和假二层石三类。

1. 真二层石

真二层石是由两块与所要模仿宝石品种完全相同的天然宝石材料粘接而成的拼合石，其中一块做冠部，另一块做亭部。真二层石可以由两块钻石组成，也可以由两块红宝石，或两块祖母绿，或两块欧泊组成，等等。例如，钻石的真二层石就是将钻石与钻石粘接起来，如图 11-1(a) 所示，上下两块钻石粘接在一起，外观上给人以“大”钻石的感觉。

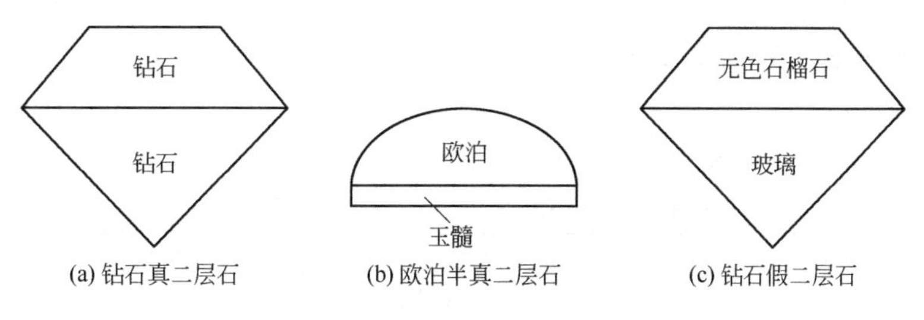

图 11-1 二层石的分类

事实上，除了欧泊的真二层石外，其他宝石品种的真二层石非常少见。

2. 半真二层石

半真二层石是由一块与所要模仿宝石品种相同的天然宝石（通常作为冠部或观赏面）和另一块其他材料（通常价值较低）粘接而成的拼合石。例如，欧泊半真二层石［见图 11-1(b)］的上部为欧泊的薄片，下部则为玉髓或玻璃等其他材料。钻石半真二层石的冠部为钻石，而亭部则可用合成尖晶石或合成立方氧化锆等材料。

3. 假二层石

假二层石是指上部（或冠部）和下部（或亭部）由与所要模仿的宝石品种完全不同的材料粘接而成的双层宝石。例如，无色或有色石榴石（冠部）与无色或有色玻璃（亭部）粘接起来，就可以分别制成无色钻石假二层石［见图 11-1(c)］、彩色钻石假二层石等。

（二）三层石

三层石是指将三种不同的材料粘接或熔合在一起而构成的拼合石，又称“三合石”“三组合件”等。三层石可以使用一种彩色物质与另外两块宝石材料粘接在一起或用无色胶将三块宝石粘接在一起而制成。那种使用带色的黏结剂将两种不同的材料粘接而成的拼合石目前在国际上定名时存在着某些差异，如在北美这种拼合石被称为三层石，而在欧洲则称为二层石。

三层石按其所使用材料的差异和组合方式的不同，亦可分为三类。

1. 真三层石

真三层石是指由三块与所要模仿宝石品种完全相同的天然宝石材料粘接而成的拼合石。例如，翡翠真三层石就是由三片翡翠材料通过黏结剂粘接而成，然后按照既定的款式经过加工而制成翡翠饰物。其他如青金石、绿松石等真三层石均可采用类似的方法制成。另外，选用两片无色或浅绿色的绿柱石材料，其间用呈浓绿或祖母绿色的黏结剂粘接起来［图 11-2(a)］，亦可制成祖母绿真三层石（但也有人将其视为半真三层石）。

2. 半真三层石

半真三层石是指由一块与所要模仿宝石品种相同的天然宝石与两块其他材料粘接而成，或者由两块与所要模仿宝石品种相同的天然宝石与一块其他材料粘接而成的拼合石。例如，钻石半真三层石的制作就可以上部用钻石、中部用无色合成尖晶石、下部用无色玻璃［见图 11-2(b)］，或上下部均用钻石、中部用无色合成尖晶石或无色玻璃。其他如红宝石、蓝宝石、欧泊等半真三层石亦可采用类似的方法制成。

3. 假三层石

假三层石是指各个组合件选用的材料与所要模仿的宝石品种材料完全不同，并将其粘接而成的拼合石。例如祖母绿假三层石［见图 11-2(c)］可以上下分别选用无色合成尖晶石，而中间则可用浓绿色黏结剂将其粘接起来。

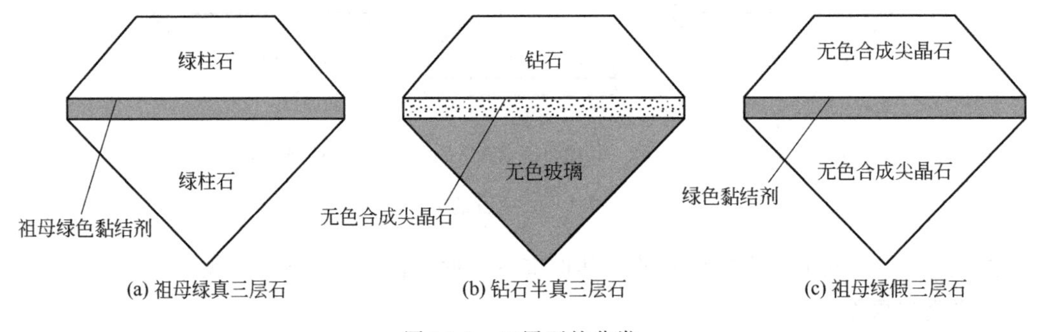

图 11-2　三层石的分类

（三）衬底石

这是拼合石的一种特殊类型，包括背箔石（Backfoil）和涂膜石（Coated stones），是指用非透明材料作为衬底粘贴或涂膜在宝石的背面或亭部的一种拼合石。

1. 背箔石

背箔石是指用一种非透明材料（如金属箔等）粘贴在宝石的背面或亭部，以增强其反射能力，改善其星彩效应、颜色等工艺美术特征所构成的宝石。例如，在星光芙蓉石背面粘贴上蓝色的小反射镜，既可以增强其星光效应，亦可以产生类似于星光蓝宝石那样的色彩。同时，星光芙蓉石在有了反光衬底或背衬之后，还可以产生出十分引人注目的光芒。又如，可在金属薄片上刻线，继而将其粘贴到具有透明圆顶、扁平背面的宝石上，甚至可以粘贴到玻璃和其他透明材料上，用来模仿星光宝石。有时还可以将第二片合成宝石或天然宝石粘贴到金属薄片的后边。凡此种种，均可以使宝石具有比较自然的外观。

2. 涂膜石

涂膜石，也称涂层石，是在宝石的背部涂上一些带颜色的物质，以增强某些宝石的色彩或掩盖一些其他缺陷而制成的拼合宝石。例如，为了提高蓝色钻石的颜色，可在真空条件下将一种透明、耐磨的有色氟化物涂膜在钻石的底部反光部位。另外，在有裂纹且没有价值的绿柱石底部涂上一层绿色薄膜以模仿祖母绿，曾在市场上出现过此种仿祖母绿的珠串和镶嵌好的耳坠。

由于组成拼合石的材料极其复杂多样，而使用所谓“真”或“假”字样来描述拼合石的种类往往麻烦且容易引起误解，因此，目前珠宝行业内按照所模仿宝石品种和所使用的材料类型相结合的方法进行分类已普遍被接受。下面便根据该方法进行分类并具体介绍一些常见拼合石的制作和鉴别特征。

三、常见拼合石的制作及鉴别

（一）石榴石与玻璃二层石

1. 石榴石与玻璃二层石的制作

这是一种古老的拼合石组合，它可以模仿各种颜色的透明宝石。在合成宝石问世之前，这种拼合宝石曾是多种宝石的代用品。由于它比纯玻璃制品的耐磨性强，所以，直至今日依然有一定的使用价值。石榴石与玻璃组合可产生令人喜爱的蓝宝石、红宝石、祖母绿、紫晶等各种宝石的颜色，无色石榴石的组合还可模仿钻石，同时该拼合石也是石榴石本身的良好代用品。

制作石榴石与玻璃二层石的基本方法是，在一块厚度为 1in 左右的钢板上打上 0.5in 左右的孔，在每个小孔内填上玻璃的粉末原料，再将抛光好的石榴石薄片（通常是铁铝榴石）放在每个小孔上，然后将钢板置于加热炉中进行加热。加热一段时间后，待钢板完全冷却至室温，取出粘有玻璃的石榴石，再进行加工抛光，将石榴石作为冠部的一部分，即可得到所需要的石榴石与玻璃二层石产品。通常石榴石在冠部可以呈不规则状，并对亭部有色玻璃的颜色影响不大。

之所以采用石榴石，而不是其他矿物材料，是因为它与玻璃相熔时不会破裂，并且熔化部分与下面玻璃之间没有明显的界限，而且制造速度快，成本低。

2. 石榴石与玻璃二层石的鉴别

① 将除红色以外的任何颜色石榴石与玻璃二层石台面向下置于一张白纸上，在光的照射下，可观察到石榴石显示出的红色环状效应［见图 11-3(a)］。

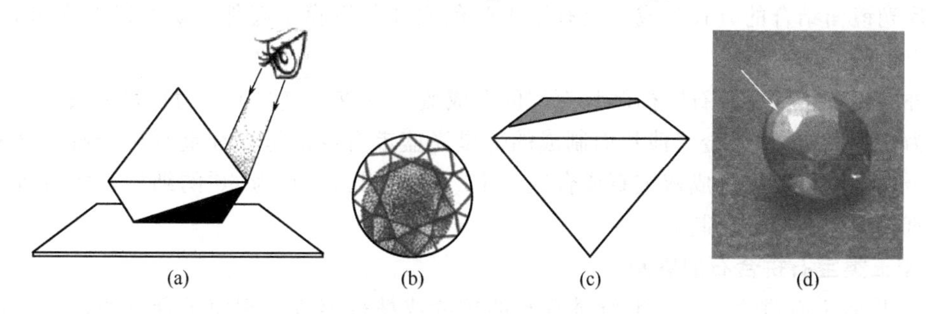

图 11-3　石榴石和玻璃二层石的鉴定

② 用反射光观察冠部刻面，可以发现粘接的两部分之间的不规则线，在线的两侧显示出石榴石和玻璃不同的光泽［见图 11-3(b)］。

③ 在宝石放大镜和显微镜下放大检查，可观察到顶部石榴石中所含的天然矿物包裹体，尤其是针状的金红石包裹体；还可观察到在接合面处多而明显的气泡以及玻璃中的球形或细长管状气泡。

④ 从侧面（或将拼合石放入浸油或水中）进行观察，可发现拼合石的分层结构和石榴石顶部的红色［见图 11-3(c)］。

⑤ 在紫外荧光灯下，平行腰平面观察，可发现顶部的石榴石无荧光，而底部的玻璃可呈任意颜色的荧光［见图 11-3(d)］。

⑥ 使用折射仪测定时，底部石榴石的折射率在 1.76 以上，而玻璃的折射率常在 1.54 左右（稀土玻璃和铅玻璃除外）；在折射仪上还可观察到一种“红旗效应”(Redflag effect)，即当用白光作为光源并将目镜去掉进行冠部折射率测定时，在刻度尺上宝石影像底部显示出红光反射的现象。

（二）刚玉类宝石拼合石

1. 刚玉类宝石拼合石的制作

（1）蓝宝石拼合石和红宝石拼合石　最常见的蓝宝石拼合石和红宝石拼合石品种为二层石，它们的冠部材料选择天然的深蓝色或深绿色蓝宝石以及天然的红宝石薄块，亭部材料多选择焰熔法生长的合成蓝宝石或合成红宝石，冠部和亭部用胶粘接在一起，接合位置或称接缝在腰部，见图 11-4(a)。也有采用天然蓝宝石和红宝石扁平薄片或楔形薄片进行粘接的，它们仅为冠部的一部分，有的甚至只有台面大小，接缝呈斜线或在台面下，见图 11-4(b) 和图 11-4(c)。这类拼合石常见于亚洲宝石市场，冒充天然蓝宝石和红宝石。

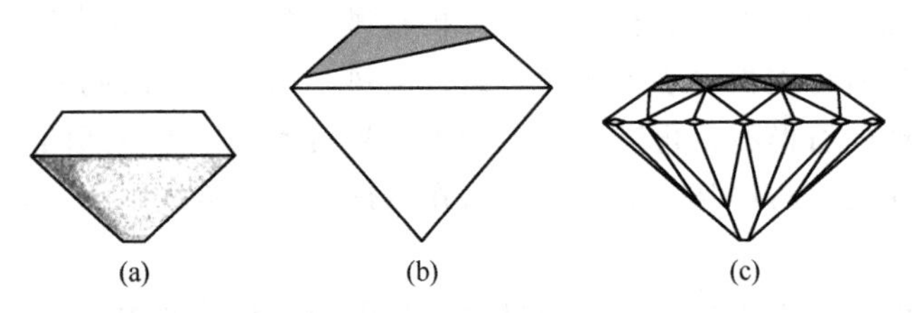

图 11-4　刚玉类宝石二层石的粘接方式

（2）星光蓝宝石和星光红宝石的拼合石仿制品　在发明焰熔法合成星光蓝宝石和合成星光红宝石之前，人们通常用拼合石来模仿天然的星光刚玉类宝石。常见的品种之一是一种背箔石，即用椭圆弧面型的天然星光芙蓉石作顶，底部使用反光镜面或者采用蓝色（或红色）玻璃与反光镜面结合的方式制成；也有采用蓝色或红色涂膜于底部，既可以增强星光效应，又能够产生所需的颜色。

此外，还有一种背箔石以椭圆弧面型的合成蓝宝石或合成红宝石为顶，在底部贴上刻有三组互为 60°细线的抛光金属薄片而制成的仿星光蓝宝石或仿星光红宝石拼合石。这种仿制品的一个变种是直接在合成蓝宝石或合成红宝石背面刻三组互为 60°的细线，然后将反光金属薄膜直接覆盖在底部而制成。

2. 刚玉类宝石拼合石的鉴别

① 寻找蓝宝石拼合石和红宝石拼合石的接缝或粘接痕迹。刻面拼合石的接缝或粘接痕迹主要集中于腰部或冠部，弧面型拼合石的接缝或粘接痕迹主要集中于底部或背面，其次为顶部和中部。放大检查，可发现接缝处有扁平气泡和粘接的缝隙及胶；冠部天然宝石部分会发现有平直色带或天然矿物包裹体，而合成宝石部分会有弧形生长纹和气泡。

② 将刚玉类宝石拼合石置于水中观察，可发现接缝两端颜色有差异。

③ 将拼合石放在紫外荧光灯下观察，接缝两端的发光性即荧光不同。

④ 对于模仿星光蓝宝石和星光红宝石的星光芙蓉石背箔石，可平行腰围方向从侧面观察，可见顶部多呈无色或略带粉红色，未受到衬底颜色的影响。

⑤ 对于合成蓝宝石和合成红宝石背部刻线的星光芙蓉石背箔石，可通过使用宝石显微

镜从一侧进行放大检查，可明显观察到刻上去的条痕，而且星光的颜色和形状有些失真，不自然。

（三）钻石的拼合石及其仿制品

1. 钻石拼合石及其仿制品的制作

钻石拼合石及其仿制品有五种类型。

（1）钻石与钻石二层石 用两块天然钻石材料在腰部粘接而成的拼合石，被称为“猪背钻石”（Piggy-back diamond）。

（2）钻石与其他宝石二层石 以钻石为冠部，采用无色水晶、无色合成蓝宝石、无色合成尖晶石或无色玻璃等材料作为亭部粘接而成的拼合石。

（3）“漂亮宝石”（Nifty gem） 这种宝石的冠部采用合成无色蓝宝石或合成无色尖晶石材料，腰部用胶粘接人造钛酸锶材料的亭部。该拼合石曾是合成立方氧化锆问世之前的钻石代用品。之所以选择人造钛酸锶，是因为它的折射率接近于钻石，而且光泽强，色散高，但其硬度较低，因而影响其耐久性。为了弥补这一缺憾，选择合成蓝宝石或合成尖晶石作为冠部，从而增强了拼合石表面的耐久性。

（4）“莱茵石”(Rhine stones) 曾经是最为流行的钻石仿制品之一，实际是一种背箔石，其名称来自于衬底使用的是莱茵河产的水晶。将莱茵河产的水晶切磨成钻石的琢型，然后在其背面贴上金属箔片而制成。

（5）玻璃背箔石 是采用无色铅玻璃在背部进行金属箔片衬底而制成的钻石仿制品，至今在时装首饰中仍很流行。

2. 钻石拼合石及其仿制品的鉴别

① 钻石与钻石二层石和钻石与其他宝石二层石可通过观察接缝进行鉴别。在接合面的胶层，或多或少存在着气泡，这是拼合时造成的或黏结剂本身含有空气，在机器压力下聚集而成的气泡。此外，也可以观察到胶的干裂纹，原因是：无论多好的黏结剂都要老化，随着时间的推移，黏结剂会产生干裂、收缩；有时也由于黏结剂与宝石的收缩不相同产生较大的差异。

② 将拼合石放入水中，由于两个组成部分的折射率不相同或者其方位（光轴方向）不同，会产生分层的现象，见图 11-5。

③ 分别测定“漂亮宝石”冠部和亭部的折射率，发现它们的折射率不同；并且可观察到其亭部色散极强且硬度较低、棱线粗糙、抛光较差等。

④ 莱茵石和玻璃背箔石的背部不透明，可通过放大检查来进行鉴定，但对于已镶嵌好的首饰制品鉴定有一定难度，可通过观察其色散、色泽和加工精细度及棱线粗糙程度来加以判断。

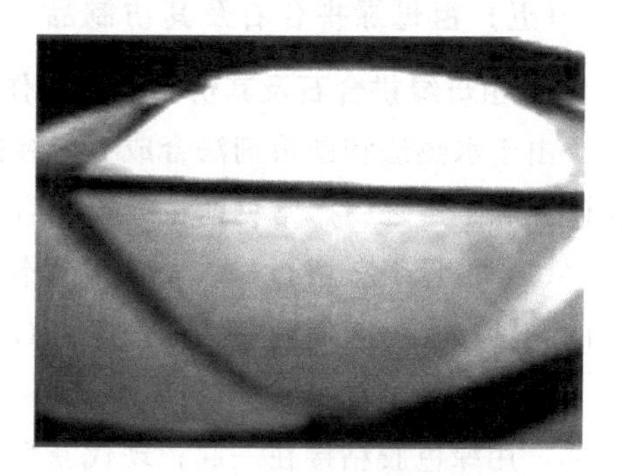

图 11-5 二层石的分层现象

（四）欧泊拼合石

欧泊一直被认为是漂亮而昂贵的宝石之一，但其出产时，碎片的比例较大。为了充分利用这些材料，常将欧泊薄片与其他材料拼合在一起制成二层石或三层石，从而提高这种宝石的利用价值。

1. 欧泊拼合石的制作

（1）欧泊二层石　用胶将欧泊薄片粘接在深色材料基底上而制成，见图 11-6(a)。最常使用的基底为黑玛瑙或黑色玻璃等材料，使其产生黑色背景，从而使欧泊的变彩更加明显，同时会产生黑色的体色，提高欧泊的商品价值。拼合石所采用的粘接胶是一种深色沥青状物质，它具有一定的柔韧性，因而可以降低欧泊遭损害的可能性，增强了欧泊的耐久性。

（2）欧泊三层石　制作方法基本与欧泊二层石相同，不同之处是欧泊三层石的顶部加了一层无色透明的物质，见图 11-6(b) 和图 11-6(c)。这种无色透明的物质可以是玻璃，也可以是水晶、合成尖晶石、合成蓝宝石等材料，并采用无色胶粘接在欧泊之上，以增强拼合石的耐磨性。

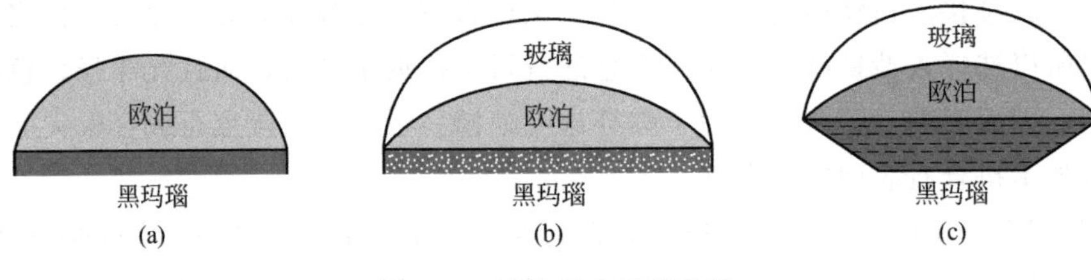

图 11-6　欧泊拼合石的种类

（3）黑欧泊拼合石　此类拼合石有两种，其中之一是将欧泊压进染成黑色的玉髓凹坑中去；另一种制法是把欧泊碎渣粘接起来，再放进黑色玉髓的凹坑之中，最后切磨抛光，从而形成一件成品。

2. 欧泊拼合石的鉴别

① 从侧面观察欧泊二层石，可见明显的平直分界线，并且欧泊部分显示变彩效应，而底座呈黑色，一般不透明。

② 放大检查，用强光纤灯照明，可发现欧泊二层石接缝间的胶中含有气泡。

③ 欧泊三层石较容易鉴别，从侧面可见无色透明的顶盖；放大检查可见欧泊与顶盖间胶接层中的气泡以及胶的干裂纹。

④ 黑欧泊拼合石的鉴别主要是观察其碎块间有粘接痕迹，且胶有收缩和变干的痕迹。

（五）祖母绿拼合石及其仿制品

1. 祖母绿拼合石及其仿制品的制作

由于水热法和助熔剂法合成祖母绿的成本较高，所以祖母绿拼合石及其仿制品至今一直在研究和生产之中。常见的祖母绿拼合石及其仿制品如下。

（1）祖母绿三层石　以天然（基本上无色的）绿柱石两块分别做冠部和亭部，其间用绿色的胶粘接在一起而制成，如图 11-2(a)。

（2）苏德祖母绿（Soude emeralds）三层石仿制品　早期的品种是用无色水晶做冠部和亭部，用绿色胶粘接在一起；现代新型的品种用绿色铅玻璃代替了绿色胶，用无色胶将其与水晶粘接在一起而制成。

（3）祖母绿拼合石仿制品　采用无色合成尖晶石为冠部和亭部，中间用绿色胶粘接在一起而制成；也有用绿色玻璃代替绿色胶的品种，制作方法同苏德祖母绿。

2. 祖母绿拼合石及其仿制品的鉴别

① 将拼合石置于水中，沿着平行于腰面的方向进行观察，可发现三层石的冠部和亭部基本无色，而两者之间有平薄的颜色层。

② 沿平行于腰围方向放大检查或用手电筒从背部照明肉眼观察，均可容易看到中间的色带层。

③ 放大检查，可见有色胶层内的气泡以及胶中的干裂纹。

（六）其他拼合石及鉴别

1. 翡翠拼合石

由三块半透明近无色的翡翠拼合而成。制作方法是，将一块椭圆形翡翠插入中空圆盖形翡翠中并用胶与第三块平底翡翠相粘接。在圆盖形翡翠和椭圆形翡翠之间充填绿色胶状物质，使拼合石整体看起来像优质绿色翡翠，见图 11-7(a)。

2. 弧面型合成刚玉拼合石

用合成刚玉制作出中空椭圆弧面型顶盖，在其中加入纤维状硼钠钙石（Ulexite）矿物，基底由中空椭圆形合成刚玉组成，见图 11-7(b)。

3. 欧泊拼合石仿制品

由无色玻璃或塑料制成椭圆弧面型顶部，用胶粘接贝壳底座制成，见图 11-7(c)。

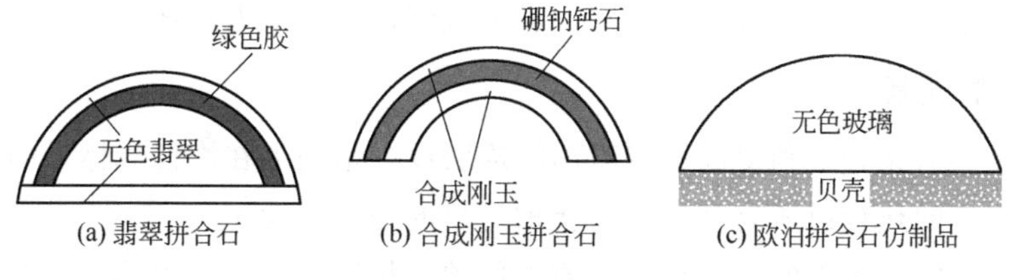

图 11-7　其他拼合石

4. 合成欧泊拼合石

香港欧泊供应商 Honour Gems Ltd. 最近推出一种新方法制成的合成欧泊拼合石，名为“flaming doublet”。这种新产品的批发价仅为一般同尺寸欧泊的 5%。新产品采用一种日本出产的合成欧泊切片贴在澳大利亚昆士兰出产的天然砾石表面而制成。其外观与一般欧泊拼合石非常接近，可按照顾客的不同需求制造出不同颜色及变彩的产品，见彩色图版。

上述拼合石的鉴别，除了集中检查其接缝和粘接痕迹、气泡等特征外，还要注意不是同一材料的拼合石具有不同的折射率、颜色、光泽、透明度和包裹体特征。

第二节　再造宝石

通过人工手段将天然珠宝玉石的碎块或碎屑熔接或压结成具整体外观的珠宝玉石称为再造宝石，常见的品种主要有再造琥珀、再造绿松石、再造青金石等。

实际上在 1885 年，弗雷米等人在红宝石碎屑中加入重铬酸钾，用氢氧火焰熔化生长出的所谓“日内瓦红宝石”，其实就是再造红宝石，也就是说，焰熔法合成红宝石的前身就是再造红宝石。

至于再造绿松石和再造青金石，在第九章化学沉淀法中已介绍过，由于技术保密，工艺制作的细节未能披露。因此，本节主要针对目前较为流行的再造琥珀进行介绍。

一、再造琥珀的制作

再造琥珀是将细小粉粒琥珀置于模具中，在抽真空条件下加热（200～250℃）并加压使其熔化，冷却后熔凝成块而制成的，主要是用于模仿天然大块琥珀。

早在20世纪40年代后期至50年代初，再造琥珀在苏联、波兰、英国、德国就已经开始被制造。当时是用大量的碎琥珀经压制而进行生产的。苏联还曾经以波罗的海的碎琥珀为原料生产出了具有一定疗效的烟具而闻名于世。20世纪60年代以来，一些国家对压制琥珀的再加工工艺进行了较深入的研究，如制作古玩琥珀、用植物油（亚麻油）提高琥珀的透明度、加入添加剂以制取具有不同色泽的琥珀，或加入人造香料以期产生松脂的天然香味等。

我国于20世纪80年代开始进行压制琥珀的研究，再造琥珀工艺的主要过程如下。

（一）原料的提纯

再造琥珀所用的原料为辽宁抚顺的天然碎琥珀，也称“原生琥珀”。为了使压制琥珀的颜色纯正，透光度高，先对表面包有煤质、内部含有矿物质和腐殖质等杂质的天然碎琥珀进行了提纯。也就是先将天然碎琥珀粉碎到一定的粒度，再用重力浮选法除去杂质。

（二）琥珀的压制

为防止琥珀的氧化分解和提高压制琥珀的透明度，采用了在惰性气体下的远红外热熔压制工艺。这种工艺的热辐射还有利于提高琥珀受热的均匀程度。

压制工艺主要实验条件的选择包括：原生琥珀的粒度和用量、浮选液、升温速度、最高温度、恒温时间、压力大小、加压时间等。其具体参数属保密范畴。

二、再造琥珀的特点

利用上述工艺所生产出来的再造琥珀与国外的再造琥珀相比，没有添加其他化学物质，物质成分与原生琥珀基本一致，内部无气泡，无“未熔物”存在，部分产品完全透明。其基本特征与原生琥珀相比亦彼此相近或相同。经红外吸收光谱分析，再造琥珀与原生琥珀的主要吸收峰在波数、峰形和相对峰高等方面均基本一致，说明二者的基本化学组成及结构并无改变。用再造琥珀为材料所加工出来的艺术品亦相当美观。

三、再造琥珀的鉴定

（一）放大检查

老式的压制琥珀一般具有明显的流动构造，清澈的夹层与带云雾状的夹层相间，含有气泡和“未熔物”的模糊轮廓，还可能见到组成压制琥珀的各小碎块之间颜色较深的表面氧化层，见彩色图版。较新式的压制琥珀一般没有云雾状区域，不存在气泡和流动构造，而且几乎都是透明的。另外还有在再造琥珀中加入蜂、蚊、树叶等，使再造琥珀更像天然琥珀，但再造琥珀中的蚊脚为蜷缩状，而天然琥珀中的蚊脚因挣扎而伸直（彩色图版）。

（二）密度和光性

再造琥珀的密度为1.06g/cm^3，比天然琥珀的密度（1.08g/cm^3）稍低。

在正交偏光镜下可以观察到压制琥珀的应变（异常）双折射，而天然琥珀的典型特征为局部发亮。

（三）紫外荧光特征

在短波紫外线照射下，压制琥珀的荧光为“鲜明的白垩蓝”色，它比天然琥珀的浅白、浅蓝或浅黄色荧光要强。在紫外线的照射下，还曾有粒状结构出现。

附录一 人工宝石中英文名称对照表

人工宝石基本名称	英文名称	备注
合成钻石	Synthetic diamond	Laboratory Grown(Lab-Grown) Diamond
合成红宝石	Synthetic ruby	
合成蓝宝石	Synthetic sapphire	
合成祖母绿	Synthetic emerald	
合成绿柱石	Synthetic beryl	
合成金绿宝石	Synthetic chrysoberyl	
合成变石	Synthetic alexandrite	
合成尖晶石	Synthetic spinel	
合成欧泊	Synthetic opal	
合成水晶	Synthetic quartz	
合成紫晶	Synthetic Amethyst	
合成黄晶	Synthetic Citrine	
合成烟晶	Synthetic Smoky quartz	
合成绿水晶	Synthetic Green quartz	
合成金红石	Synthetic rutile	
合成绿松石	Synthetic turquoise	
合成立方氧化锆	Synthetic cubic zirconia	CZ
合成碳硅石	Synthetic moissanite	莫桑石、莫依桑石、美神莱、莫桑钻
人造钇铝榴石	YAG-artificial product	
人造钆镓榴石	GGG-artificial product	
人造钛酸锶	Strontium titanate-artificial product	

续表

人工宝石基本名称	英文名称	备注
塑料	Plastic	
玻璃	Glass-artificial product	
合成变色刚玉	Alexandrine	或称合成尖晶石，现已不常用
合成变色蓝宝石	Alexandrine sapphire	已不常用
合成变石	Allexite	商品名称
合成尖晶石仿钻石	Alumag	商品名称
浅绿色合成刚玉	Amaryl	商品名称
合成紫黄晶	Ametrine	
仿钻拼合石	Amourant	(冠-无色刚玉，亭-钛酸锶)商品名称
浅蓝色合成尖晶石	Aquagem	商品名称
红色合成尖晶石	Berylite	商品名称
绿黄色合成尖晶石	Berigem	商品名称
布朗祖母绿	Biron Emerald	水热法合成
查塔姆制造祖母绿	Chatham Created Emerald	助熔剂法，商品名称
查塔姆制造红宝石	Chatham Created Ruby	助熔剂法，商品名称
查塔姆制造蓝宝石	Chatham Created Sapphire	助熔剂法，商品名称
无色合成尖晶石	Corundolite	商品名称
合成变石	Crescent Vert Alexandrite	京陶公司生产，商品名称
合成蓝宝石	Crown Jewel	商品名称
YAG 仿钻	Diamite，Diaonair，Diamonaura	商品名称
YAG 仿钻	Diamogem，Diamolin	商品名称
YAG 仿钻	Diamon-Brite，Diamonique Ⅰ	商品名称
无色合成刚玉	Diamonette，Diamonflame	商品名称
GGG 仿钻	Diamonique Ⅱ	商品名称
合成 CZ 仿钻	Diamonique Ⅲ	商品名称
合成金红石仿钻	Diamonite	商品名称
绿色合成尖晶石	Dirigem	商品名称
都拉斯合成红宝石	Douros Synthetic Ruby	
祖母绿涂层绿柱石	Emeraldolite	
铅玻璃	Flint glass	
石榴石为顶的二层石	Garnet-topped doublet (GTD)	
石榴石型的合成宝石	Garnet-type synthetic stone	

续表

人工宝石基本名称	英文名称	备注
合成蓝宝石仿钻	Gemette	商品名称
吉尔森制造珊瑚	Gilson Created Coral	商品名称
吉尔森制造青金石	Gilson Created Lapis	商品名称
吉尔森制造绿松石	Gilson Created Turquoise	商品名称
吉尔森合成欧泊	Gilson Synthetic Opal	商品名称
合成金红石仿钻	Jarra Gem,Java Gem	商品名称
合成金红石仿钻	Rainbow Diamond,Rainbow Gem	商品名称
无色合成尖晶石	Jourado Diamond	商品名称
合成方镁石	Lavernite	
林德制造祖母绿	Linde Created Emeraled	商品名称
合成尖晶仿钻	Magalux	商品名称
欧泊二层石	Opal doublet	
拉马拉合成红宝石	Ramaura synthetic ruby	
YAG 仿钻	Replique,Yttro Garnet,Geminair	商品名称
树脂粘接绿松石	Resin-bonded turquoise	商品名称
粉色合成蓝宝石	Rose kunzite	商品名称
浅红色合成尖晶石	Rozircon	商品名称
合成立方氧化锆	Synthetic CZ	
合成立方氧化锆	Synthetic cubic zirconium oxide	
合成蓝宝石仿变石	Syntholite	商品名称
合成金红石仿钻	Tirum Gem,Titania,Brilliante	商品名称
合成金红石仿钻	Titangem,Titania,Titanium	商品名称
合成刚玉仿钻	Vega Gem	商品名称

附录二　主要人工宝石性质及鉴别特征一览表

宝石名称	合成方法	透明度	晶系	莫氏硬度	密度/(g/cm³)	折射率	双折射率	色散	紫外荧光		外观及内部特征
									长波	短波	
合成钻石	高温高压法	透明	等轴	10	3.52	2.417	0	0.044	无	黄色、黄绿色（中～强）磷光	无色、黄色、绿色、蓝色、粉色；长圆形铁或铁镍合金触媒的包裹体，有时具金属外观，定向排列或散布
	化学气相沉淀法	透明	等轴	10	3.52	2.417	0	0.044	无～橙色	无～橙色	无色、褐色、蓝色；单晶体呈板状，生长表面具“生长阶梯”；净度好，偶见针点状包裹体和非钻石碳
合成翡翠	高温高压法	半透明～不透明	多晶体	6～7	2.9～3.3	1.66	—	—	无		透明度差、发干；颜色不正、呆板；无苍蝇翅特征；滤色镜下多为红色
合成红宝石	焰熔法	透明	三方	9	4.0	1.762～1.770	0.008	0.018	红色(强)		有弧形生长纹；偶见气泡和面包渣状未熔的白色氧化铝粉末包裹体
	水热法										指纹状包裹体、灰白色面包屑状粉末、黄金微晶残余物、云烟状裂隙；偶见籽晶片和气泡；生长纹理呈平直带状相间分布
	助熔剂法										有与周围反差较大的似断非断、似连非连的气泡群或黏滞状包裹体或笤帚状、云朵状助熔剂包裹体及自形铂金属包裹体
合成蓝宝石	焰熔法	透明	三方	9	4.0	1.762～1.770	0.008	0.018	多变		弧形生长纹；偶见气泡和面包渣状未熔的白色氧化铝粉末包裹体
	水热法										不规则的枝晶状、放射状或不规则粒状的可溶性杂质包裹体；点絮状或团絮状分布的黄金微晶；籽晶片
	提拉法										钼、钨等金属的包裹体；位错、拉长气泡和细密的弯曲生长条纹

续表

宝石名称	合成方法	透明度	晶系	莫氏硬度	密度/(g/cm³)	折射率	双折射率	色散	紫外荧光		外观及内部特征
									长波	短波	
合成星光红、蓝宝石	焰熔法	半透明	三方	9	4.0	1.762～1.770	0.008	0.018	合成星光红宝石呈强红色；合成星光蓝宝石长波下呈惰性，短波下呈弱蓝白色		星光明亮不柔和；星线细长不均匀、交汇点清晰、无加宽加亮现象；星光有浮于表面的感觉；有弯曲条纹或气泡和白色金红石粉末分散包裹体
合成祖母绿	水热法	透明	六方	7.5	2.65～2.73	1.566～1.578	0.005～0.006	0.014	红色（中～强）		籽晶残留物、多相填充物的腔体；晶种形状的平面；扭曲的羽状痕、沙絮状、针状、钉状包裹体
	助熔剂法				2.65～2.69	1.560～1.566	0.003～0.006				羽毛状、沙状或束状包裹体和阶梯状助熔剂包裹体，有时有铂片或硅铍石包裹体（可呈楔形钉状）或以两相包裹体形式出现
合成变石猫眼	导模法	半透明	斜方	8.5	3.72	1.745～1.755	0.007～0.009	0.018	红色(强)		常见未熔的粉料包裹体和较多的气体包裹体，偶见生长条纹和坩埚材料、绝缘材料等杂质的包裹体
合成海蓝宝石	水热法	透明	六方	7.5	2.72	1.575～1.583	0.007～0.008	0.014	无		籽晶残留物、多相填充物的腔体；晶种形状的平面；扭曲的羽状痕、沙絮状、针状、钉状包裹体
合成水晶	水热法	透明	三方	7	2.65	1.544～1.553	0.009	0.012	无		圆形或拉长气泡；位错、腐蚀隧道及生长条纹等缺陷
合成金红石	焰熔法	透明	四方	6.5	4.25	2.605～2.901	0.287	0.330	多变		内部洁净；可含有气泡
合成尖晶石	焰熔法	透明	等轴	8	3.64	1.728	0	0.020	多变		颜色浓艳且均一、呆板；内部洁净；偶见伞状或酒瓶状气泡

续表

宝石名称	合成方法	透明度	晶系	莫氏硬度	密度/(g/cm^3)	折射率	双折射率	色散	紫外荧光		外观及内部特征
									长波	短波	
人造钛酸锶	焰熔法	透明	等轴	5.55	5.12	2.41	0	0.198	无		通常无裂隙；可含有气泡；常见抛光不良及面棱磨损
人造钇铝榴石	提拉法	透明	等轴	8.5	4.55	1.83	0	0.028	橙色（无～中）	橙色（无～弱）	内部洁净；偶见拉长气泡及细的弯曲生长纹
	助熔剂法										内部洁净；偶见气泡和未熔的助熔剂包裹体
	浮区法										内部洁净；偶见紊乱的生长纹或颜色不均匀现象
人造钆镓榴石	提拉法	透明	等轴	6.5	7.05	1.95	0	0.038	橙色（无～中）	橙色（无～弱）	内部洁净；偶见拉长气泡及细密的弯曲生长纹
	导模法										内部洁净；一般无裂隙；可含有气泡
合成立方氧化锆	壳熔法	透明	等轴	8.5	5.9	2.18	0	0.060	橙色（无～中）	黄或绿黄色（无～中）	可含有未熔的氧化锆粉末和气泡，多为内部洁净；亚金刚光泽
合成欧泊	化学沉淀法	不透明	非晶体	5.5～6.5	1.97～2.20	1.42～1.46	—	—	橙色（无～中）	蓝～黄色（中～强）弱磷光	具独特的游彩斑点，常为嵌花状图案，斑点中具蜥蜴皮或鳞片状结构，有时呈现波纹状结构
合成绿松石	化学沉淀法	不透明	多晶体	5～6	2.6～2.9	1.60～1.65	—	—	无		可见细小的蓝球，亦有黑色到深褐色的“蜘蛛网状”脉石，但不形成凹雕

续表

宝石名称	合成方法	透明度	晶系	莫氏硬度	密度/(g/cm^3)	折射率	双折射率	色散	紫外荧光		外观及内部特征
									长波	短波	
合成青金石	化学沉淀法	不透明	多晶体	5～6	2.7～2.9	1.50	—	—	无		仅有少量黄铁矿和方解石，颗粒小且大小均匀；黄铁矿常呈棱角状平直外形并规则分布
合成孔雀石	化学沉淀法	不透明	多晶体	3.5～4	3.88～4.10	1.65～1.91	—	—	无		差热曲线有两个吸收峰，与天然孔雀石不同
合成碳硅石	化学气相沉淀法	透明	六方	9.25	3.20～3.22	2.65～2.69	0.043	0.104	橙色（无～弱）	橙色（无～弱）	可见金属球状、极小白点状包裹体呈线状分布；有重影
塑料	其他	透明～半透明	非晶体	1.5～3	1.05～1.55	1.46～1.47	—	—	多变		常具流线；有球状、卵状、管状等各种形状的气泡；表面成小坑和不平坦状；常见划痕、凹坑等
陶瓷	其他	透明～半透明	非晶体	因原料不同而不同			—	—	多变		质地细密均匀，有粉末颗粒感；光泽较差；颜色呆板
玻璃	其他	透明～半透明	非晶体	5～6	2.30～4.50	1.48～1.70	—	多种	多变 常见白垩色		常具流线；有球状、卵状、管状等各种形状的气泡；棱角和断面可见粗糙的贝壳状断口

参考文献

[1] HE X M，DU M Y，ZHANG Y H，et al. Gemologic and Spectroscopy Properties of Chinese High-Pressure High-Temperature Synthetic Diamond [J]. JOM，2019，71 (8)：2531-2540.

[2] 苑执中．合成钻石的现在与未来 [J]．宝石和宝石学杂志，2018，20 (增刊)：169-173.

[3] 沈才卿．近十年来中国人工宝石的最新研究成果（上）[J]．中国宝玉石，2017 (5)：42-47.

[4] 沈才卿．近十年来中国人工宝石的最新研究成果（下）[J]．中国宝玉石，2017 (6)：42-46.

[5] GB/T 16552—2017 珠宝玉石名称 [S].

[6] 苑执中，张洪涛．饰品用合成钻石的发展与未来 [C]．第十九届中国超硬材料技术发展论坛论文集．2015：19-22.

[7] 沈湄，苑执中．CVD 法合成钻石的特征及鉴别 [C]．2015 中国珠宝首饰学术交流会论文集．2015：46-48.

[8] 赵永红，张琼．人工合成橄榄石单晶方法综述 [J]．地球物理学进展，2015，30 (3)：1039-1048.

[9] 付芬，田亮光，徐现刚，等．彩色合成碳硅石的鉴定特征 [C]．2013 中国珠宝首饰学术交流会论文集．2013：69-71.

[10] 陈庆汉．壳熔法生长蓝宝石单晶的进展 [J]．宝石和宝石学杂志，2012 (3)：17-21.

[11] SETKOVA T，SHAPOVALOV Y，BALITSKY V. Growth of Tourmaline Single Crystals Containing Transition Metal Elementsin Hydrothermal Solutions [J]．Journal of Crystal Growth，2011，318：904-907.

[12] 郝庆隆，沈才卿，施倪承，等．人工合成“庆隆夜光宝石”的晶体结构研究及发光机理探讨．中国人工宝石 [M]．北京：地质出版社，2008：85-89.

[13] 胡百柳，印保忠．玻璃质仿猫眼宝石的制造原理和应用．中国人工宝石 [M]．北京：地质出版社，2008：106-108.

[14] 林凤英．高折射率稀土玻璃的开发和应用．中国人工宝石 [M]．北京：地质出版社，2008：109-111.

[15] 颜慰萱，陈美华．化学气相沉淀法（CVD）合成单晶钻石综述．中国人工宝石 [M]．北京：地质出版社，2008：126-133.

[16] 董长顺，玄真武，石岩，等．CVD 金刚石制备方法及其工业化前景分析 [C]．中国超硬材料发展论坛暨第 2 届中国金刚石相关材料及应用学术研讨会．2008.

[17] 何雪梅，高尚久．壳熔法技术发展及新应用．中国人工宝石 [M]．北京：地质出版社，2008：49-53.

[18] 何雪梅，李源，李晓林．莫斯科晶体研究所水热法合成红色绿柱石．中国人工宝石 [M]．北京：地质出版社，2008：120-125.

[19] 孙广年．焰熔法合成尖晶石的原理和应用．中国人工宝石 [M]．北京：地质出版社，2008：62-65.

[20] KANAZAWA H，ITO K，SATO H，et al. Synthesis and Absorption Spectra of Large Homogeneous Single Crystals of Forsterite Doped with Manganese [J]. Journal of Crystal Growth，2007 (304)：492-496.

[21] 李尚升，马红安，臧传义，等．用 NiMnCo 触媒合成优质Ⅱa 型金刚石大单晶 [J]．金刚石与磨料磨具工程，2006 (2)：16-18.

[22] 何雪梅，张钰，吴锁平．触媒在合成宝石级金刚石中的作用及影响 [J]．珠宝科技，2003，15 (4)：23-25.

[23] 陈振强，周卫宁，曾骥良，等．适合生长祖母绿晶体的水热新体系的研究 [J]．人工晶体学报，2003，32 (3)：267-271.

[24] 臧传义，贾晓鹏，任国仲，等．快速生长优质宝石级金刚石大单晶 [J]．金刚石与磨料磨具工程，2003 (6)：13.

[25] SHIGLEY J E，ABBASCHIAN R，CLARKE C. Gemesis Laboratory-Created Diamonds [J]. Gem & Gemology，2002，38 (4)：301-309.

[26] BALITSKY V S，BALITSKAYA L V，LU T，et al. Experimental Study of the Simultaneous Dissolution and Growth of Quartz and Topaz [J]. Journal of Crystal Growth，2002，237 (part 1)：833-836.

[27] 陈振强，曾骥良，张昌龙，等．彩色刚玉多单晶体的梯形水热生长 [J]．人工晶体学报，2002，31（1）：18-21.

[28] 王丽华，匡永红．桂林水热法合成红宝石与其它红宝石内部特征的鉴别 [J]．珠宝科技，2002，14（4）：55-57.

[29] 何绪林，覃秉振．提高国内人造金刚石竞争力的思考 [J]．超硬材料与宝石，2002，14（3）：38-41.

[30] 傅举有．随珠明月 楚璧夜光——中国古代的玻璃 [J]．收藏界，2002（9）：19-22.

[31] 沈才卿．桂林水热法合成祖母绿的生长原理、鉴定特征和发展前景 [J]．珠宝科技，2002，14（2）：14-21.

[32] 郑一星．美神莱——合成碳硅石 Synthetic Moissanite [J]．珠宝科技，2002，14（1）：51.

[33] 张昌龙，余海陵，周卫宁，等．桂林水热法合成红宝石晶体 [J]．珠宝科技，2002，14（1）：16-19.

[34] 郑日升，周慈平，张沪．合成金刚石用材料的基本作用与选择原则 [J]．超硬材料与宝石，2002，14（3）：32-34.

[35] 陈征编译．俄罗斯人工合成莫依桑石 [J]．宝石和宝石学杂志，2002，4（2）：17.

[36] 余海陵，张昌龙，曾骥良．桂林水热法合成红宝石的宝石学特征及呈色 [J]．宝石和宝石学杂志，2001，3（3）：21-24.

[37] 洪辉益．谈焰熔法合成刚玉行业的问题与前景 [J]．珠宝科技，2001，13（3）：25-26.

[38] 李劲松，赵松龄．宝玉石大典 [M]．北京：北京出版社，2000.

[39] 苑执中．俄罗斯无色合成钻石上市 [J]．中国宝石，1999（1）：55-57.

[40] NASSAU K. 莫依桑石：一种新的合成宝石材料 [J]．宝石和宝石学杂志，1999，1（4）：47-55.

[41] SCHMETZER K，KIEFERT L. The Color of Igmerald：L. G. Farbenindustrie Flux-grown Synthetic Emerald [J]．The Journal of Gemology，1998，26（3）：145-157.

[42] BALITSKY V S，LU T，ROSSMAN G R，et al. Russian Synthetic Ametrine [J]．Gem & Gemology，1999，35（2）：122-134.

[43] 何雪梅，沈才卿，吴国忠．宝石的人工合成与鉴定 [M]．修订版．北京：航空工业出版社，1998.

[44] 亓利剑，林崇山．泰罗斯水热法合成红宝石 [J]．中国宝石，1998（1）：122-124.

[45] 陈钟惠．珠宝首饰英汉-汉英词典 [M]．武汉：中国地质大学出版社，1998.

[46] 张克从，张乐潓．晶体生长科学与技术 [M]．第二版．北京：科学出版社，1997.

[47] TSAI T L，MARKGRAF S A，HIGUCHI M，et al. Growth of（$Fe_x Mg_{1-x}$）SiO_4 single crystals by the doubl e passfloating zone method [J]．Journal of Crystal Growth，1996，169：764-772.

[48] SCHMETZER K，PERETTI A，MEDENBACH O，et al. Russian Flux-Grown Synthetic Alexandite [J]．Gem & Gemology，1996，32（3）：186-202.

[49] NASSAU K. Note and New Techniques [J]．Gem & Gemology，1994，30（2）：102-108.

[50] 仲维卓．人工水晶 [M]．第二版．北京：科学出版社，1994.

[51] 周国平．宝石学 [M]．武汉：中国地质大学出版社，1989.

[52] 付林堂，洪广言，李红军． 稳定立方氧化锆的色心研究 [J]．人工晶体，1987，16（4）：300-306.

[53] 刘卫国，付林堂．稳定立方氧化锆晶体掺质生长与色泽研究 [J]．人工晶体，1986，15（1）：47-51.

[54] 付林堂，刘卫国．稳定立方氧化锆晶体的生长 [J]．人工晶体，1984，13（2）：100-106.

[55] 郭永存，李植华，张广云．金刚石的人工合成与应用 [M]．北京：科学出版社，1984.

[56] 沈菊云，陈学贤．玻璃新世纪 [M]．上海：上海科学技术出版社．1984.

[57] 王崇鲁．白宝石单晶 [M]．天津：天津科学技术出版社，1983.

[58] NASSAU K. Gems Made by Man. Santa Monica，CA：Gemological Institute of America，1980.

[59] 陆学善．激光基质钇铝石榴石的发展 [M]．北京：科学出版社，1972.